초등수학

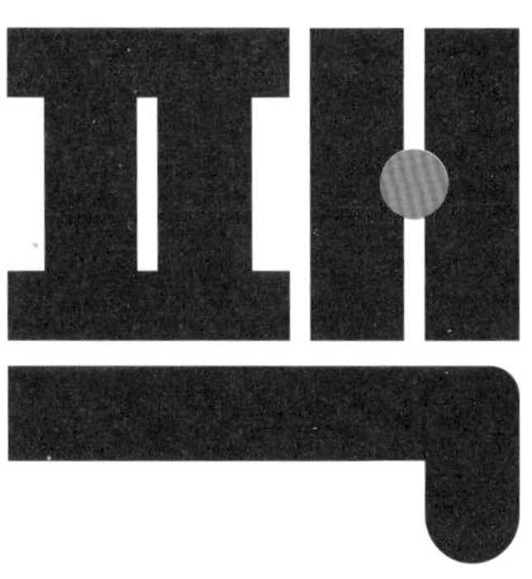

규칙 · 기하 · 문제해결력

머리말

"

서로 다른 펜토미노 조각 퍼즐을 맞추어
직사각형 모양을 만들어 본 경험이 있는지요?

한참을 고민하여 스스로 완성한 후 느끼는 행복은 꼭 말로 표현하지 않아도 알겠지요. 퍼즐 놀이를 했을 뿐인데, 여러분은 펜토미노 12조각을 어느 사이에 모두 외워버리게 된답니다. 또 보도블록을 보면서 조각 맞추기를 하고, 화장실 바닥과 벽면의 조각들을 보면서 멋진 퍼즐을 스스로 만들기도 한답니다.
이 과정에서 공간에 대한 감각과 또 다른 퍼즐 문제, 도형 맞추기, 도형 나누기 에 대한 자신감도 생기게 되지요. 완성했다는 행복감보다 더 큰 자신감과 수학에 대한 흥미가 생기게 되는 것입니다.

팩토가 만드는 창의사고력 수학은 바로 이런 것입니다.

수학 문제를 한 문제 풀었을 뿐인데, 그 결과는 기대 이상으로 여러분을 행복하게 해줍니다. 학교에서도 친구들과 다른 멋진 방법으로 문제를 해결할 수 있고, 중학생이 되어서는 더 큰 꿈을 이루는 밑거름이 되어 줄 것입니다.
물론 고민하고, 시행착오를 반복하는 것은 퍼즐을 맞추는 것과 같이 여러분들의 몫입니다. 팩토는 여러분에게 생각할 수 있는 기회를 주고, 그 과정에서 포기하지 않도록 여러분들을 도와주는 친구가 되어줄 것입니다.
자 그럼 시작해 볼까요?

"

Contents

Ⅰ 규칙

Ⅱ 기하

Ⅲ 문제해결력

구성과 특징

팩토를 공부하기 前 » 진단평가

1. 매스티안 홈페이지 www.mathtian.com의 교재 자료실에서 해당 학년의 진단평가 시험지와 정답지를 다운로드 하여 출력한 후 정해진 시간 안에 풀어 봅니다.
2. 학부모님 또는 선생님이 정답지를 참고하여 채점하고 채점한 결과를 홈페이지에 입력한 후 팩토 교재 추천을 받습니다.

팩토를 공부하는 방법

① 원리 탐구하기

주제별 원리 이해를 위한 활동으로 구성되며, 주제별 기본 개념과 문제 해결의 노하우가 정리되어 있습니다.

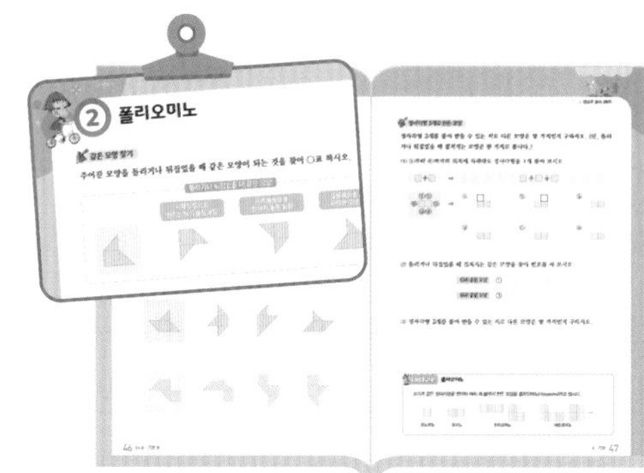

② 대표 유형 익히기

대표 유형 문제를 해결하는 사고의 흐름을 단계별로 전개하였고, 반복 수행을 통해 효과적으로 유형을 습득할 수 있습니다.

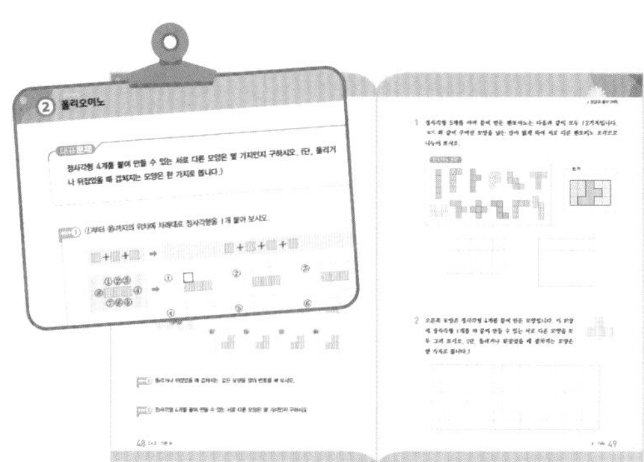

③ 실력 키우기

유형별 학습이 가장 놓치기 쉬운 주제 통합형 문제를 수록하여 내실 있는 마무리 학습을 할 수 있습니다.

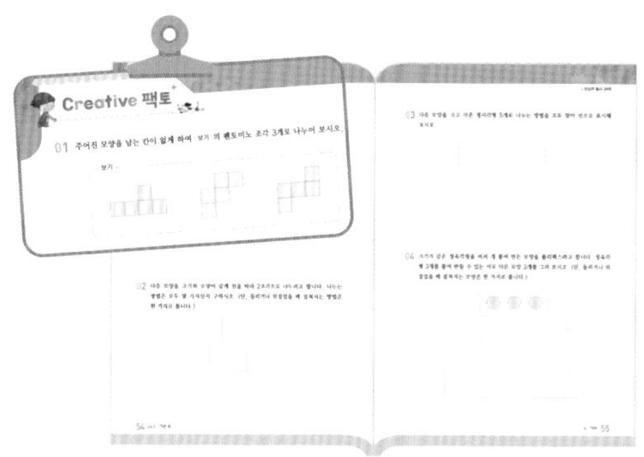

④ 경시대회 & 영재교육원 대비

- 각 주제의 대표적인 경시대회 대비, 심화 문제를 담았습니다.
- 영재교육원 선발 문제인 영재성 검사를 경험할 수 있는 개방형 · 다답형 문제를 담았습니다.

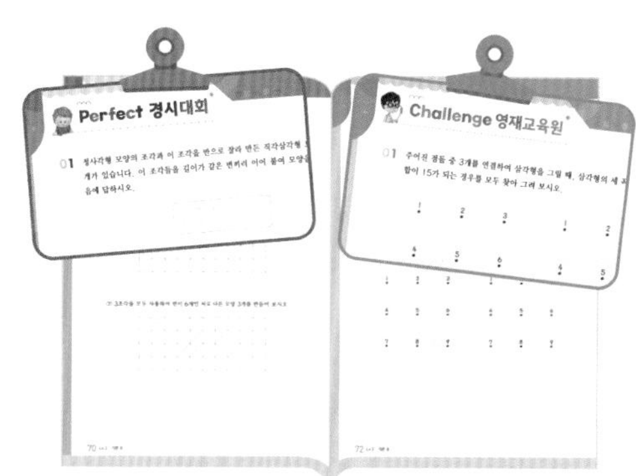

⑤ 명확한 정답 & 친절한 풀이

채점하기 편하게 직관적으로 정답을 구성하였고, 틀린 문제를 이해하거나 다양한 접근을 할 수 있도록 친절하게 풀이를 담았습니다.

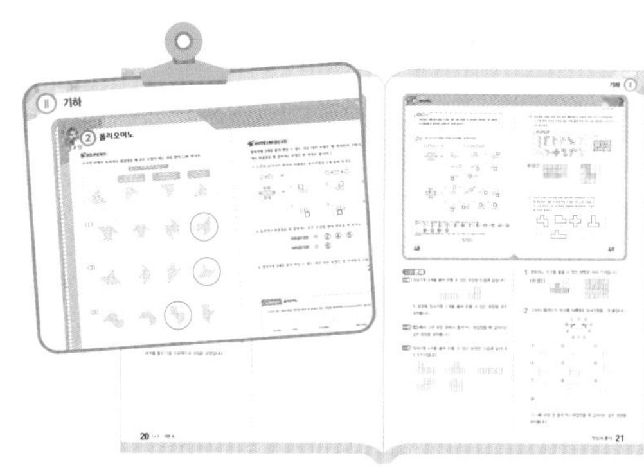

팩토를 공부하고 난 後 » 형성평가·총괄평가

1. 팩토 교재의 부록으로 제공된 형성평가와 총괄평가를 정해진 시간 안에 풀어 봅니다.
2. 학부모님 또는 선생님이 정답지를 참고하여 채점하고 채점한 결과를 매스티안 홈페이지 www.mathtian.com에 입력한 후 학습 성취도와 다음에 공부할 팩토 교재 추천을 받습니다.

I

규칙

학습 Planner

계획한 대로 공부한 날은 (웃는 얼굴)에, 공부하지 못한 날은 (찡그린 얼굴)에 ◯표 하세요.

공부할 내용	공부할 날짜	확 인
1 ■째 번 모양	월 일	
2 숫자 회전 규칙	월 일	
3 등차수열	월 일	
Creative 팩토	월 일	
4 등비수열	월 일	
5 수 배열표	월 일	
6 바둑돌 규칙	월 일	
Creative 팩토	월 일	
Perfect 경시대회	월 일	
Challenge 영재교육원	월 일	

1 ■째 번 모양

나머지로 모양 찾기

규칙을 찾아 ▢ 안에 알맞은 수를 써넣고, 알맞은 모양에 ○표 하시오. 그리고 알 수 있는 사실을 완성해 보시오.

알 수 있는 사실

〈 나머지를 이용하여 ■째 번 모양을 찾는 방법 〉

반복되는 모양의 개수가 3개일 때

■÷3의
- 나머지가 1인 경우 → (■ , ★ , ●)
- 나머지가 2인 경우 → (■ , ★ , ●)
- 나머지가 0인 경우 → (■ , ★ , ●)

정답과 풀이 2쪽

규칙을 찾아 안에 알맞은 수를 써넣고, 알맞은 모양에 ○표 하시오.

1째 번 2째 번 3째 번 4째 번 5째 번 6째 번 7째 번 8째 번 …

반복되는 부분: 3개

9째 번 모양 9÷3의 나머지가 0 이므로 (○, ◇, △)입니다.

11째 번 모양 11÷3의 나머지가 이므로 (○, ◇, △)입니다.

1째 번 2째 번 3째 번 4째 번 5째 번 6째 번 7째 번 8째 번 9째 번 …

반복되는 부분: 4개

10째 번 모양 10÷4의 나머지가 이므로 (⬡, ♡, ☆, □)입니다.

12째 번 모양 12÷4의 나머지가 이므로 (⬡, ♡, ☆, □)입니다.

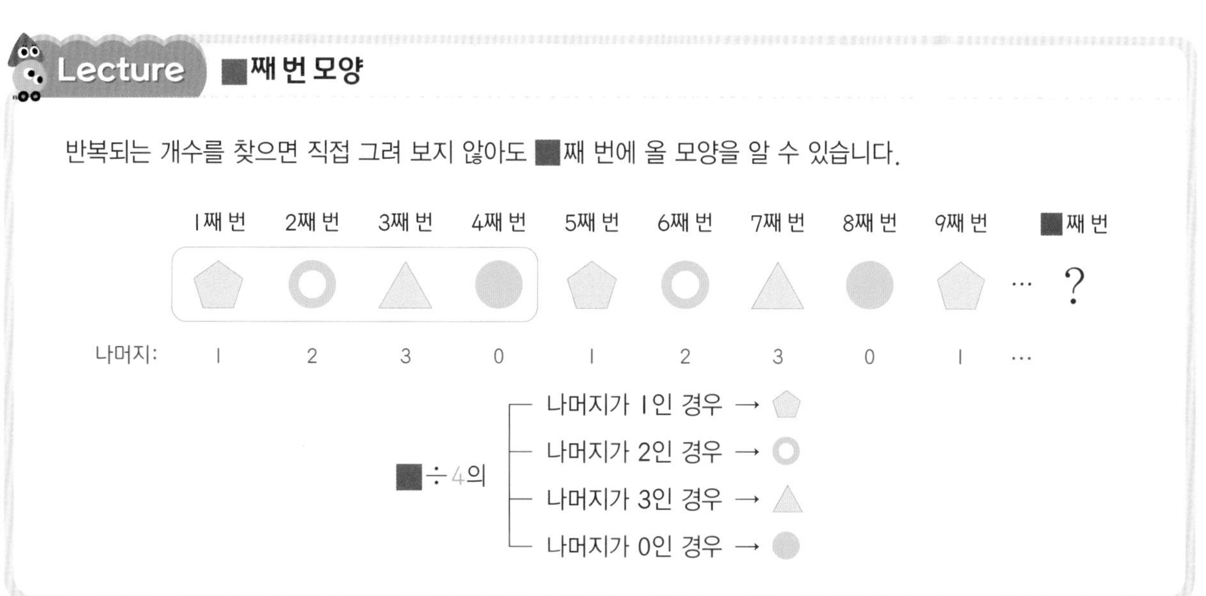

1 ■째 번 모양

대표문제

규칙에 따라 17째 번에 올 그림을 찾아 기호를 써 보시오.

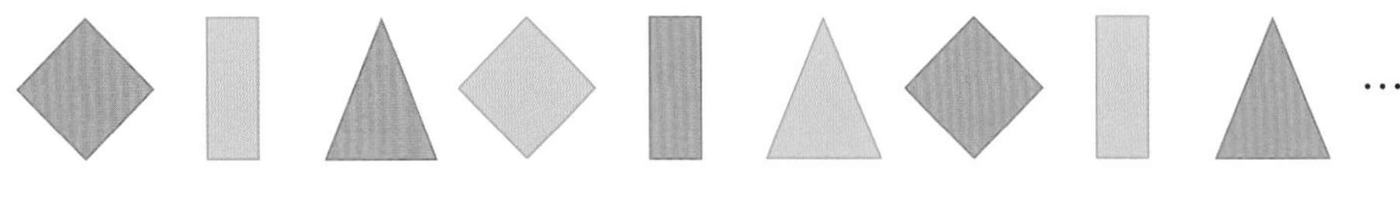

㉮ ㉯ ㉰

STEP 1 규칙을 찾아 빈칸을 알맞게 채워 보시오.

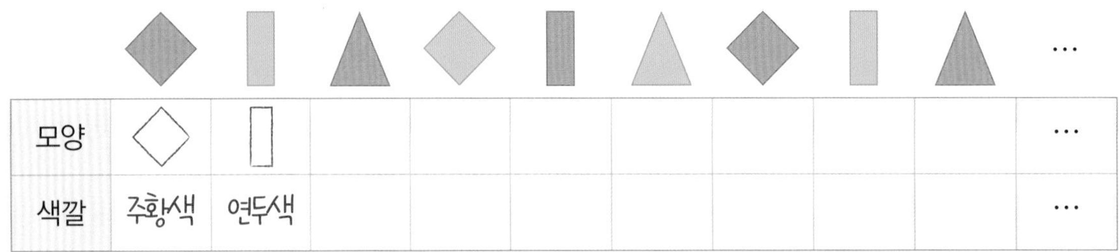

모양	◇	▯								…
색깔	주황색	연두색								…

STEP 2 규칙을 찾아 ☐ 안에 알맞은 수를 써넣고, 알맞은 모양에 ○표 하시오.

STEP 1 의 모양에서 반복되는 부분은 ☐ 개입니다.

17째 번 17÷☐의 나머지가 ☐이므로, 모양은 (◇ , ▯ , △)입니다.

STEP 3 규칙을 찾아 ☐ 안에 알맞은 수를 써넣고, 알맞은 색깔에 ○표 하시오.

STEP 1 의 색깔에서 반복되는 부분은 ☐ 개입니다.

17째 번 17÷☐의 나머지가 ☐이므로, 색깔은 (주황색 , 연두색)입니다.

STEP 4 17째 번에 올 그림을 찾아 기호를 써 보시오.

정답과 풀이 3쪽

01 규칙에 따라 18째 번에 올 그림을 그려 보시오.

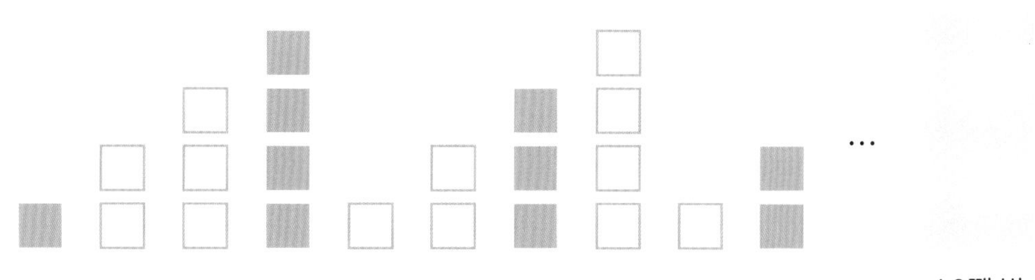

18째 번

02 규칙에 따라 20째 번에 올 그림을 찾아 기호를 써 보시오.

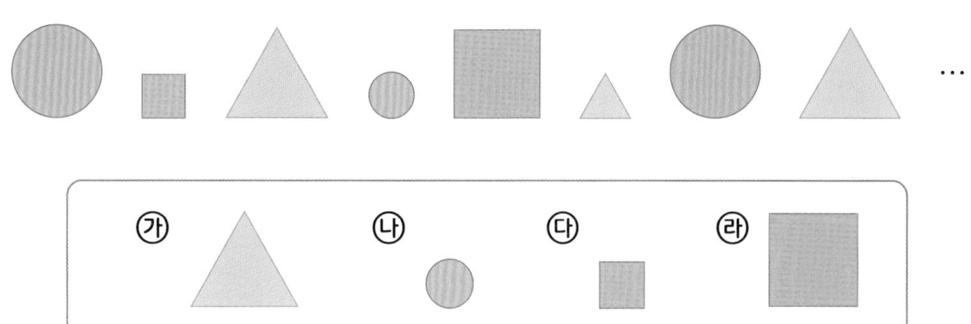

2 숫자 회전 규칙

규칙을 찾아 마지막 그림으로 알맞은 것에 ○표 하시오.

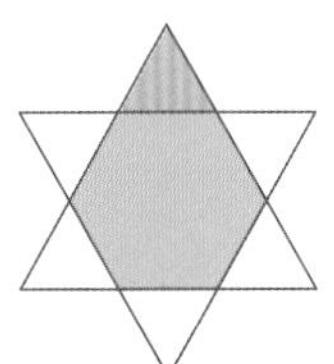 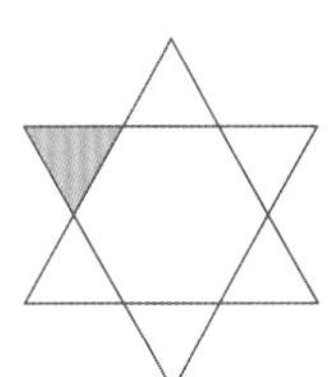 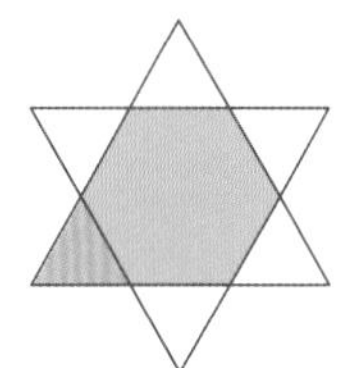 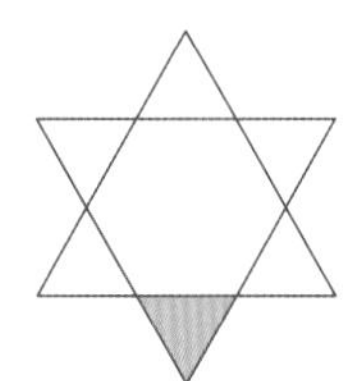 ?

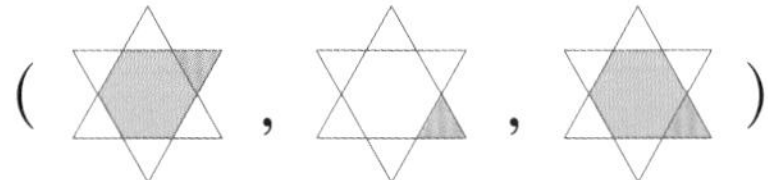

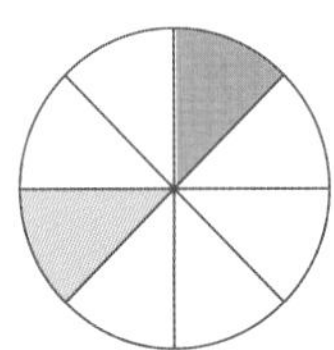 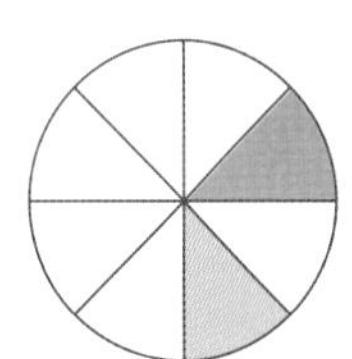 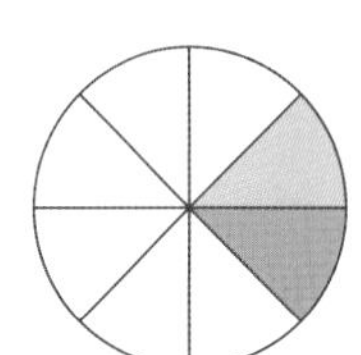 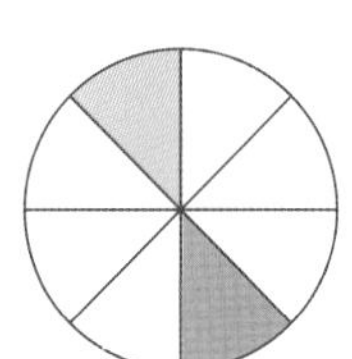 ?

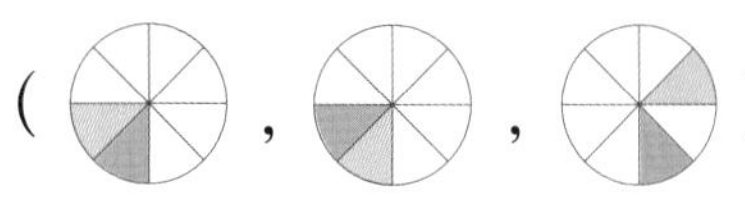

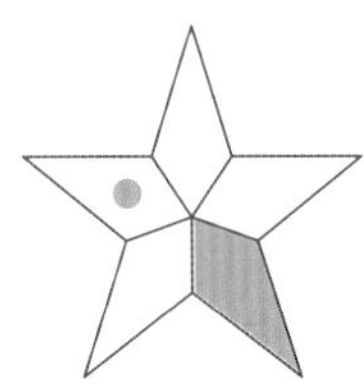 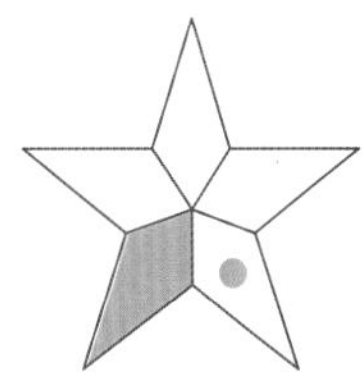 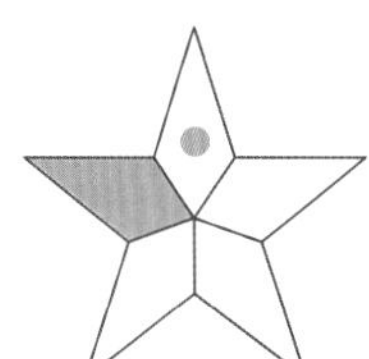 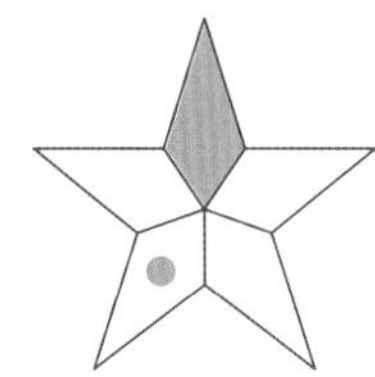 ?

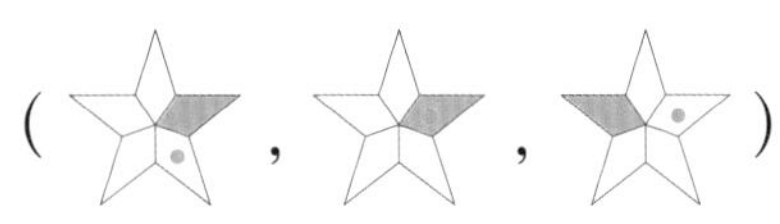

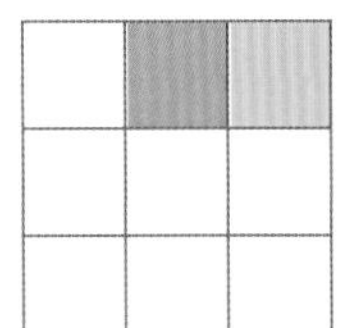 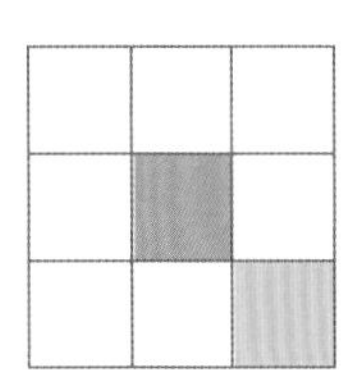 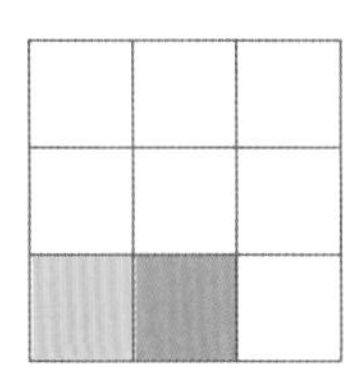 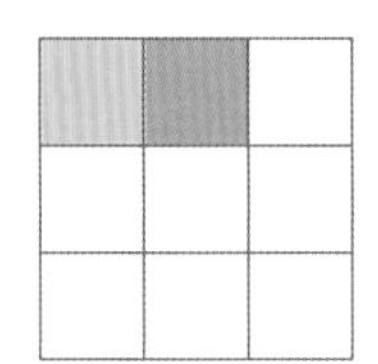 ?

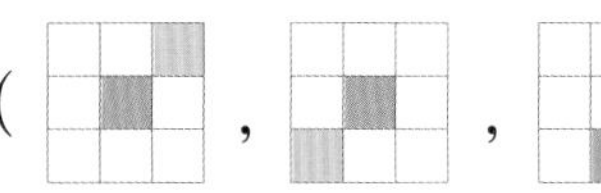

정답과 풀이 4쪽

규칙을 찾아 마지막 모양에 알맞은 수를 써넣으시오.

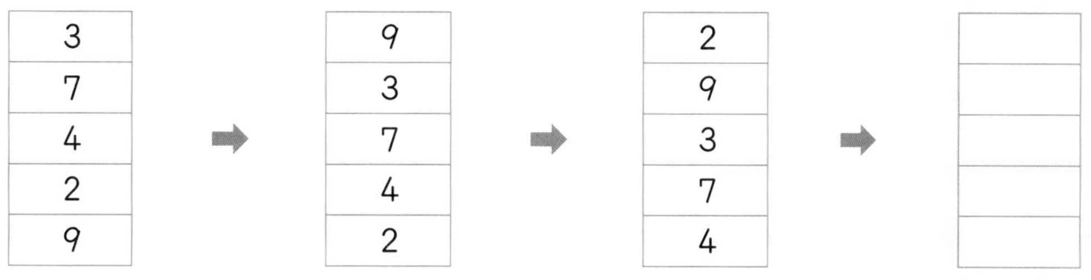

5	1	8
9	7	2
3	4	6

➡

3	9	5
4	7	1
6	2	8

➡

6	4	3
2	7	9
8	1	5

➡

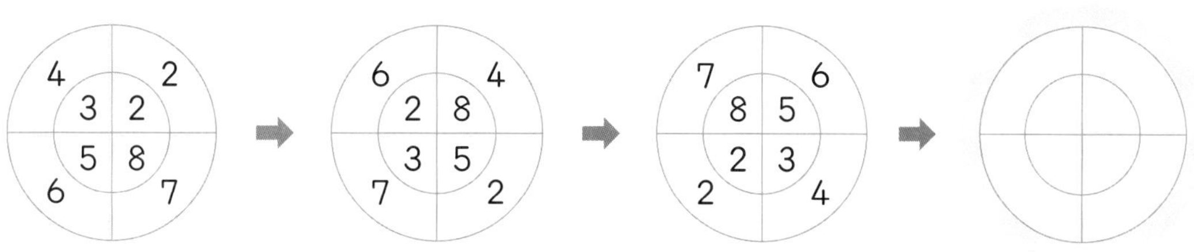

Lecture 숫자 회전 규칙

숫자가 시계 방향 또는 시계 반대 방향으로 회전하는 규칙을 숫자 회전 규칙이라고 합니다.

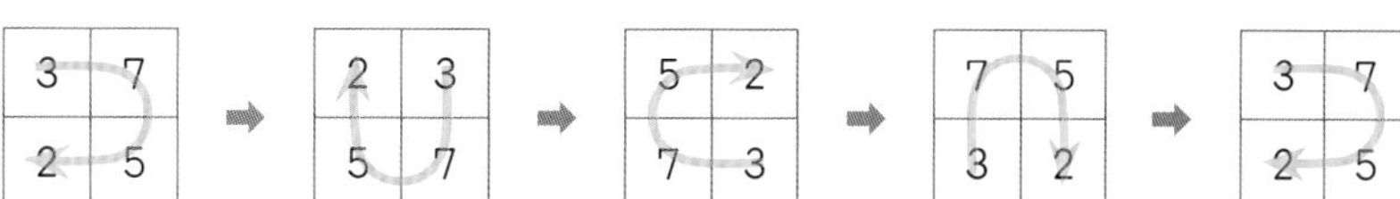

➡ 숫자 3, 7, 5, 2가 시계 방향으로 1칸씩 이동합니다.

대표문제

규칙을 찾아 빈칸에 알맞은 수를 써넣으시오.

12	46
83	79

➡

43	72
19	86

➡

79	83
46	12

➡

86	
	43

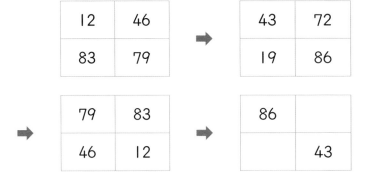

STEP 1 각 수의 십의 자리 숫자에 □표 하고, □표 한 숫자가 어떻게 이동하는지 알맞은 말에 ○표 하시오.

12	46
83	79

➡

43	72
19	86

➡

79	83
46	12

➡ □표 한 숫자는 (시계 방향, 시계 반대 방향)으로 한 칸씩 이동합니다.

STEP 2 각 수의 일의 자리 숫자에 △표 하고, △표 한 숫자가 어떻게 이동하는지 알맞은 말에 ○표 하시오.

12	46
83	79

➡

43	72
19	86

➡

79	83
46	12

➡ △표 한 숫자는 (시계 방향, 시계 반대 방향)으로 한 칸씩 이동합니다.

STEP 3 STEP 1, STEP 2 에서 찾은 규칙에 따라 빈칸에 알맞은 수를 써넣으시오.

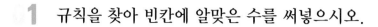

1 규칙을 찾아 빈칸에 알맞은 수를 써넣으시오.

1	5	5	3
4	4	7	2
4	1	2	4
8	8	6	7

➡

4	1	5	5
4	7	2	3
8	4	1	2
8	6	7	4

➡

4	4	1	5
8	2	1	5
8	7	4	3
6	7	4	2

➡

8	4	4	1
8	1	4	5
6	2	7	5
7	4	2	3

➡

8	8	4	4
		2	5
	2		5

2 규칙을 찾아 빈칸에 알맞은 수를 써넣으시오.

1	3
2	4

➡

3	1
2	4

➡

3	4
2	1

➡

3	4
1	2

➡

1	4
3	2

➡

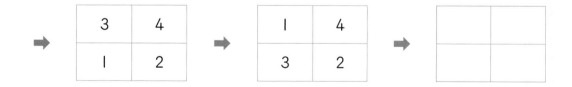

3 등차수열

■째 번 수 찾는 방법 (1)

규칙을 찾아 ☐ 안에 알맞은 수를 써넣으시오.

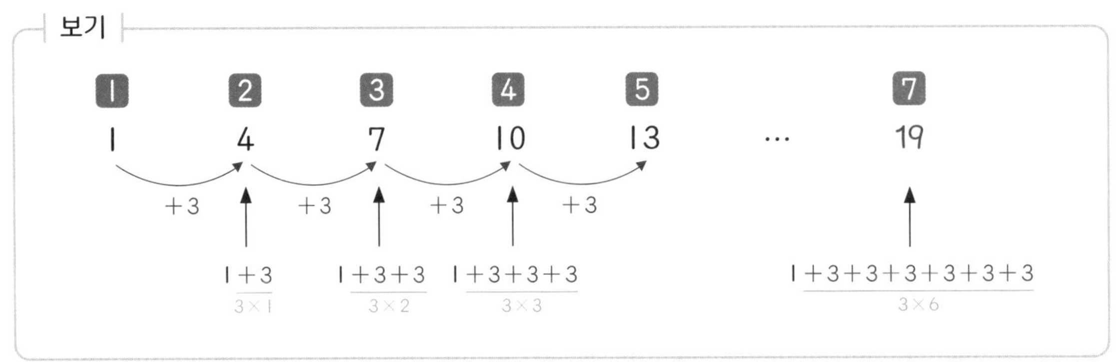

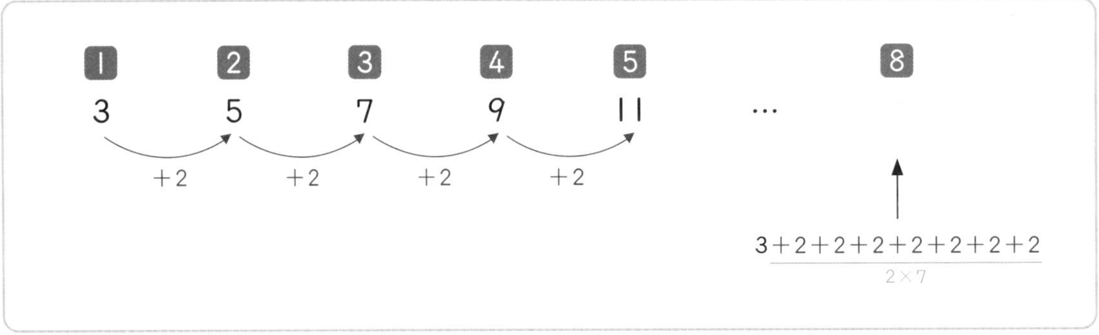

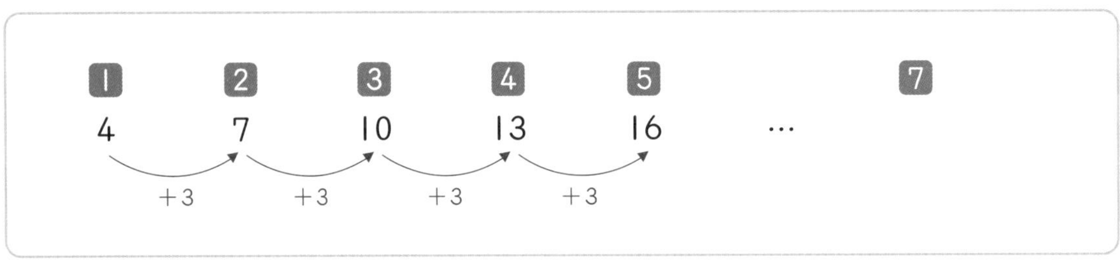

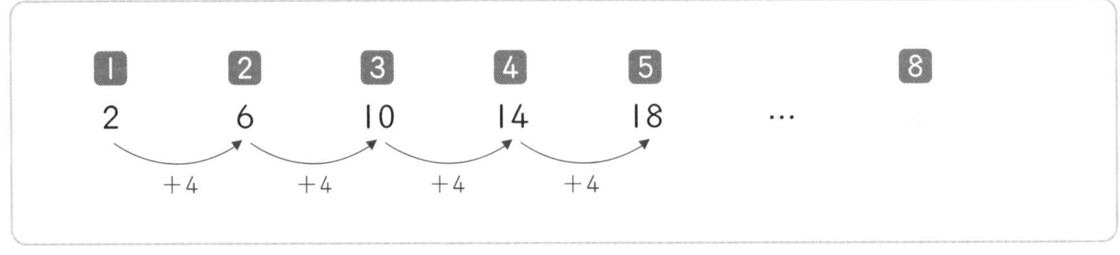

정답과 풀이 6쪽

규칙을 찾아 □ 안에 알맞은 수를 써넣으시오.

보기
수의 배열에서 규칙을 찾아 10째 번 수를 구합니다.
① 3씩 커지는 규칙
1 2 3 4
1 4 7 10 …
+3 +3 +3
3씩 커지므로 3의 단으로 만들기
② 3의 단으로 고치기
1 2 3 4 10
1 4 7 10 … 28
+2 +2 … +2 −2
3 6 9 12 … 30
3×1 3×2 3×3 3×4 3×10

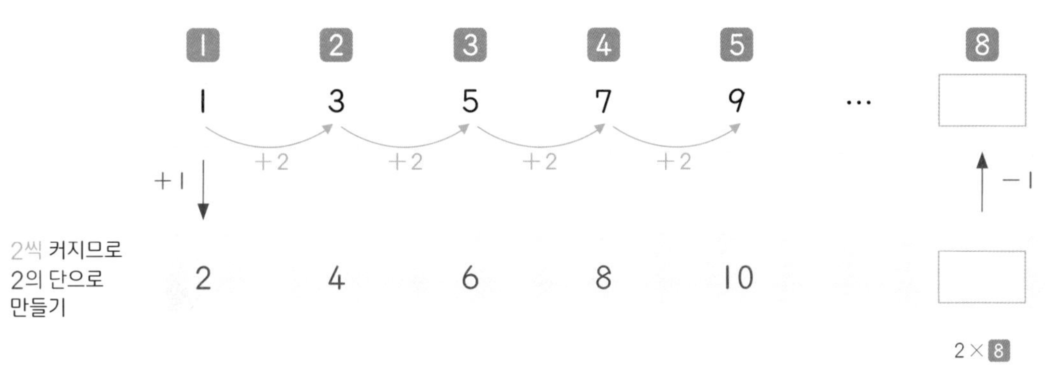

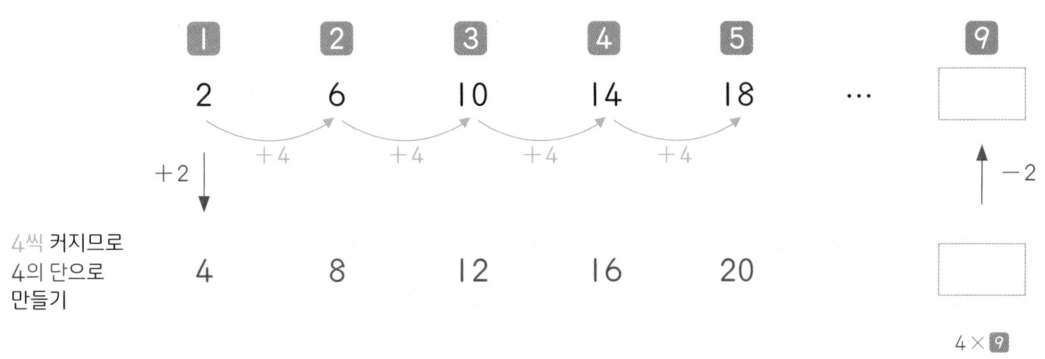

대표문제

다음과 같은 규칙으로 그림을 벽에 붙이려고 합니다. 그림 12장을 붙일 때, 필요한 압정은 모두 몇 개인지 구해 보시오.

STEP 1 안에 알맞은 수를 써넣어 늘어나는 압정의 개수를 알아보시오.

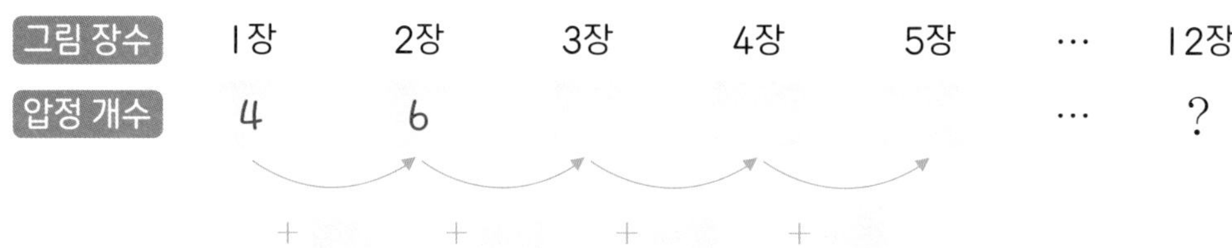

STEP 2 규칙을 찾아 안에 알맞은 수를 써넣으시오.

STEP 1 에서 그림이 1장씩 늘어날 때마다 압정의 개수가 개씩 커지므로 의 단으로 만들어 생각합니다.

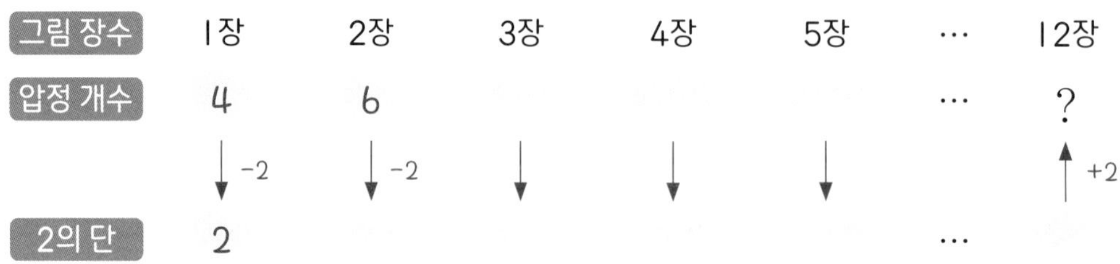

STEP 3 STEP 2 에서 찾은 규칙에 따라 그림 12장을 붙일 때, 필요한 압정은 모두 몇 개인지 구해 보시오.

정답과 풀이 7쪽

01 일정한 규칙으로 점과 선을 이용하여 모양을 만들었습니다. 14째 번 모양의 점은 모두 몇 개인지 구해 보시오.

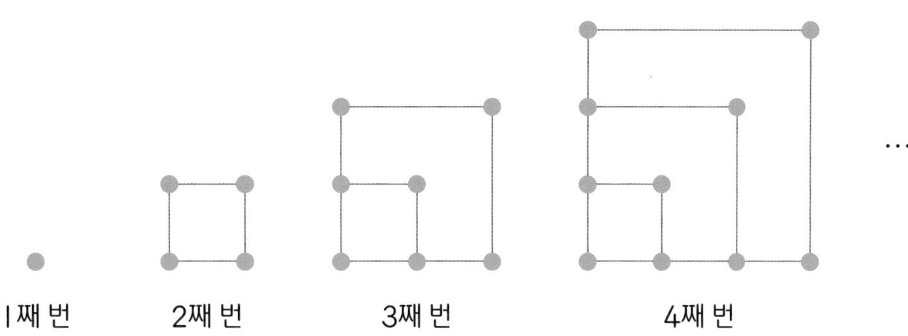

02 일정한 규칙으로 성냥개비를 늘어놓았습니다. 16째 번에 놓일 성냥개비는 모두 몇 개인지 구해 보시오.

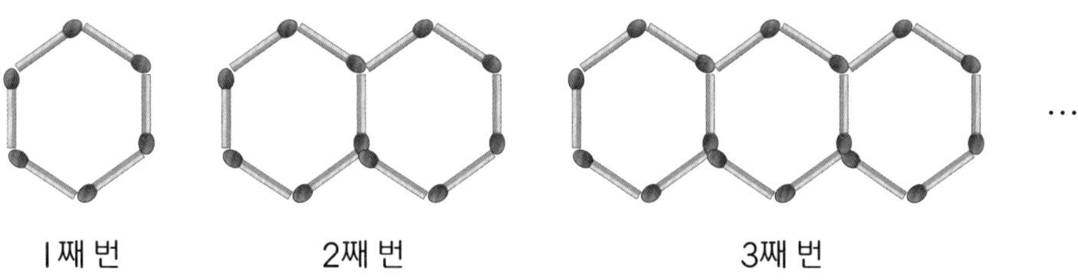

01 규칙을 찾아 18째 번에 올 그림을 그려 보시오.

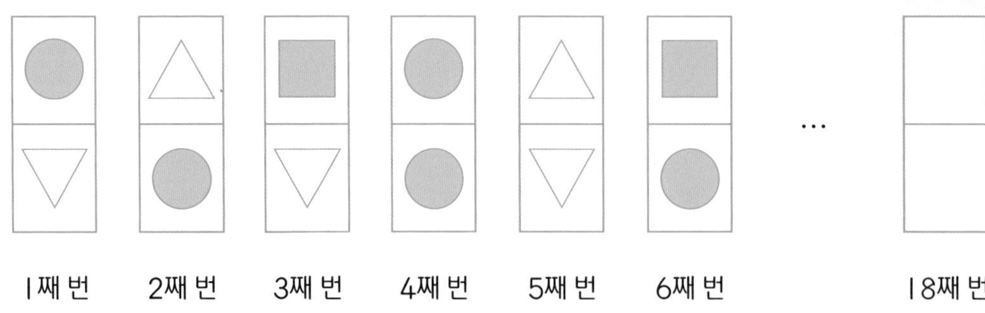

02 규칙을 찾아 빈 곳에 알맞은 수를 써넣으시오.

23, 17, 82, 64 ➡ 87, 24, 63, 12 ➡ (빈 곳) ➡ 12, 63, 24, 87

03 그림과 같이 한쪽 모서리에 1명씩 앉을 수 있는 탁자를 한 줄로 붙여서 의자를 놓으려고 합니다. 9개의 탁자를 붙일 때, 필요한 의자는 모두 몇 개인지 구해 보시오.

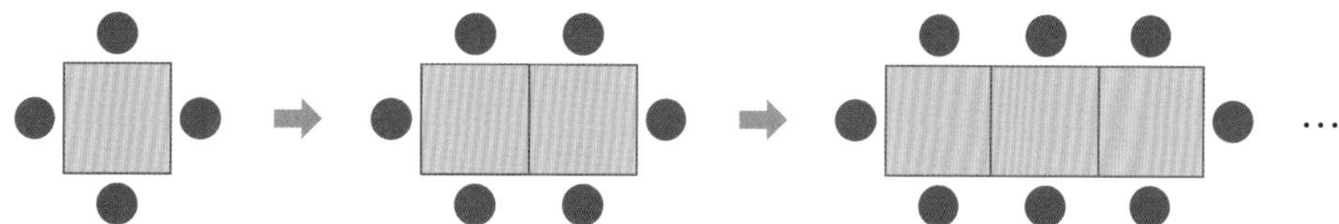

04 일정한 규칙으로 바둑돌을 늘어놓았습니다. 64째 번 바둑돌은 무슨 색인지 구해 보시오.

4 등비수열

규칙을 찾아 안에 알맞은 수를 써넣으시오.

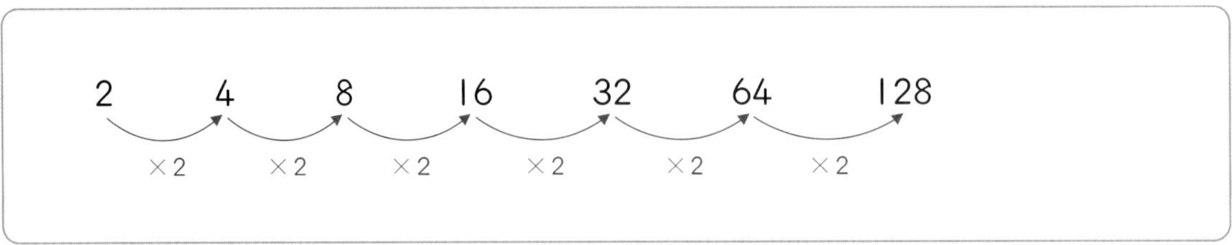

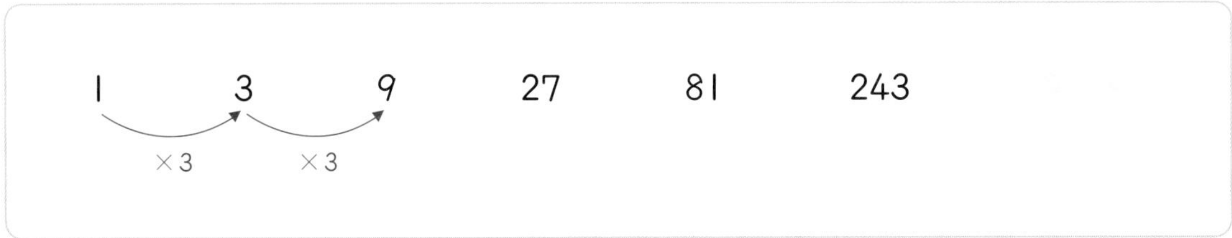

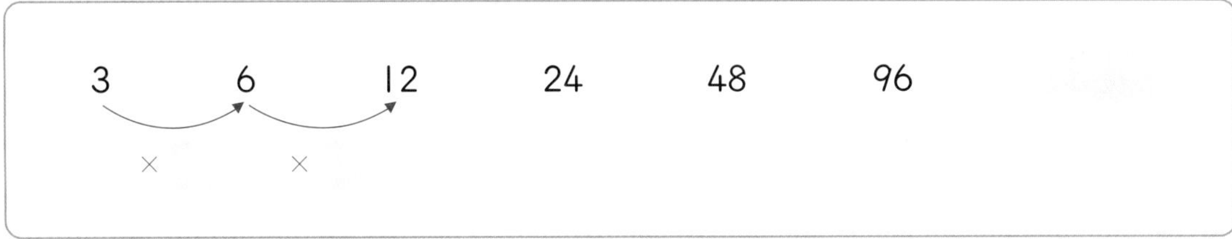

2 6 18 54 162 486

× ×

정답과 풀이 9쪽

규칙을 찾아 ☐ 안에 알맞은 수를 써넣으시오.

리본을 반으로 자르고 나누어진 리본을 겹치기

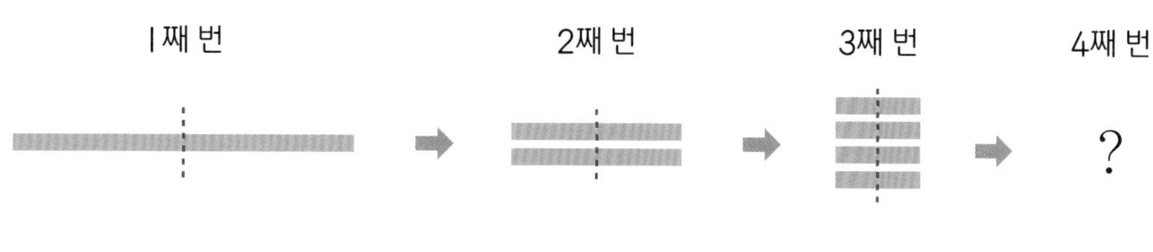

리본의 수	2	☐	☐	☐

신문지를 3등분으로 접기

나누어진 부분의 수	3	☐	☐	☐

Lecture 등비수열

일정한 수를 반복하여 곱한 수열을 등비수열이라고 합니다.

〈앞의 수에 2씩 곱한 수열〉

1	2	3	4	5	6	7	…	★
1	2	4	8	16	32	64	…	☐

×2 ×2 ×2 ×2 ×2 ×2

➡ ☐ = 1 × 2 × 2 × 2 × … × 2 (★ − 1)개

대표문제

원을 똑같이 나누어 규칙적으로 작은 조각을 만들고 있습니다. 6째 번 그림에서 만들어지는 작은 조각의 개수를 구해 보시오.

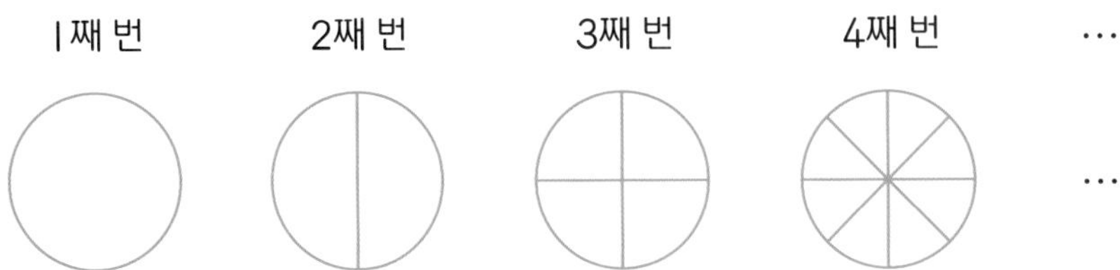

STEP 1 그림을 보고 조각의 개수를 세어 □ 안에 알맞은 수를 써넣으시오.

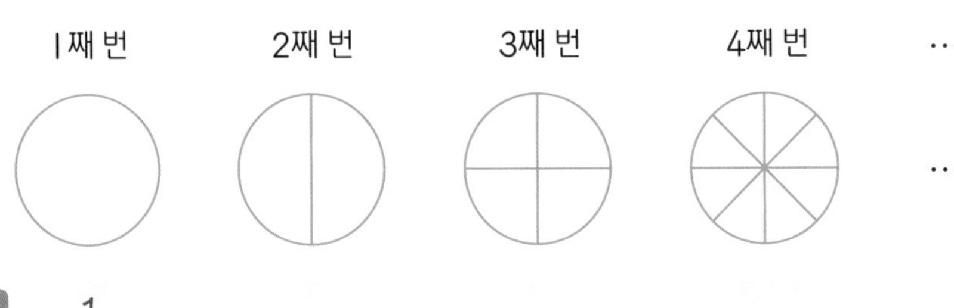

조각의 개수 1

STEP 2 STEP 1 에서 찾은 조각의 개수를 보고 규칙을 찾아보시오.

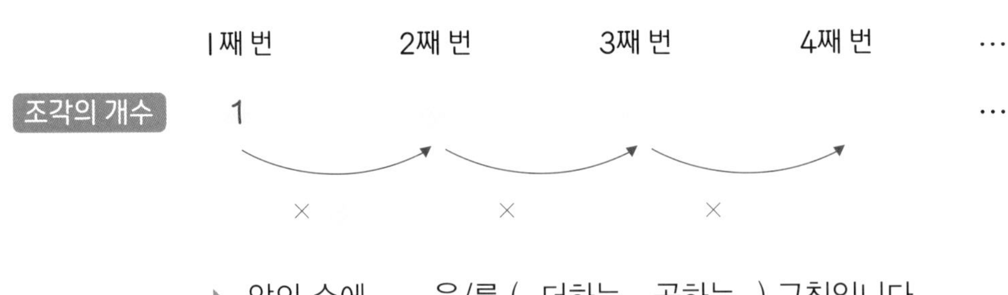

➡ 앞의 수에 □ 을/를 (더하는, 곱하는) 규칙입니다.

STEP 3 STEP 2 에서 찾은 규칙에 따라 6째 번 그림에서 만들어지는 작은 조각의 개수를 구해 보시오.

정답과 풀이 10쪽

01 그림과 같이 색종이를 2번씩 더 접었다 펼친 다음 접혀진 선을 따라 자르려고 합니다. 색종이를 8번 접었다 펼쳐서 자르면 색종이는 모두 몇 조각으로 나누어지는지 구해 보시오.

02 그림과 같이 도화지를 3등분으로 계속 자르려고 합니다. 도화지의 잘린 부분이 243개가 되는 것은 몇째 번인지 구해 보시오.

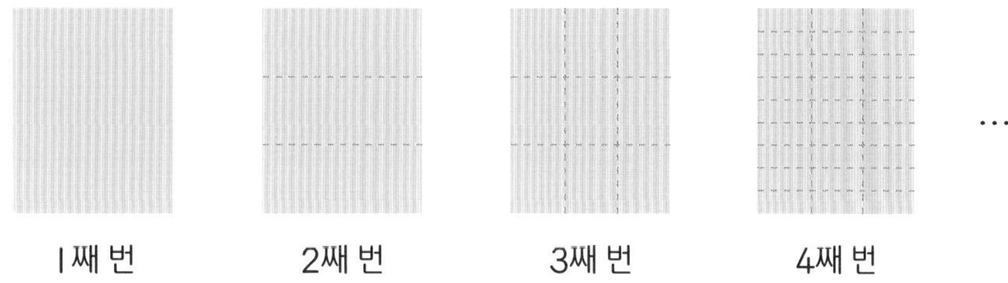

5 수 배열표

행과 열 알아보기

규칙을 찾아 안에 알맞은 수를 써넣으시오.

	1열	2열	3열	4열	5열	…
1행	1	2	5	10	17	…
2행	4	3	6	11	18	…
3행	9	8	7	12	19	…
4행	16	15	14	13	20	…
5행	25	24	23	22	21	…
⋮	⋮	⋮	⋮	⋮	⋮	⋱

보기

3행 4열 = (12)

4행 2열 =

2행 5열 =

5행 3열 =

수 배열표

수 배열표의 규칙을 찾아 □ 안에 알맞은 수를 써넣으시오.

	1열	2열	3열	4열	5열
1행	1	2	3	4	5
2행	10	9	8	7	6
3행	11	12	13	14	15
4행		□			16
⋮	⋮	⋮	⋮	⋮	⋮

	1열	2열	3열	4열	…
1행	1	4	9		…
2행	2	3	8		…
3행	5	6	7	□	…
4행	10				…
⋮	⋮	⋮	⋮	⋮	⋱

	1열	2열	3열	4열	…
1행	1	10	11		…
2행	2	9	12		…
3행	3	8	13	□	…
4행	4	7			…
5행	5	6			…

	1열	2열	3열	4열	5열
1행	1	4	5		
2행	2	3	6		□
3행	9	8	7		
4행	10	11	12	13	
⋮	⋮	⋮	⋮	⋮	⋮

정답과 풀이 11쪽

수 배열표의 규칙 찾기

수 배열표에서 규칙을 찾아 □ 안에 알맞은 수를 써넣어 A, B, C에 들어갈 수를 구해 보시오.

	1열	2열	3열	4열	5열	6열
1행	1	2	5	10	17	A
2행	4	3	6	11	18	
3행	9	8	7	12	19	
4행	16	15	14	13	20	
5행	25	24	23	22	21	
6행	B					C

1행에 놓여 있는 수

1 2 5 10 17 A

+1 +3 +5

1열에 놓여 있는 수

1 4 9 16 25 B

+3 +5 +7

1부터 대각선 방향에 있는 수

1 3 7 13 21 C

+2 +4 +6

Lecture 수 배열표

수 배열표에서 행은 가로 방향, 열은 세로 방향을 나타냅니다. 일정한 규칙으로 수를 배열할 때, 가로, 세로, 대각선 방향으로 수들의 규칙을 찾을 수 있습니다.

	1열	2열	3열	4열	5열
1행	1	2	4	7	11
2행	3	4	6	9	13
3행	6	7	9	12	…
4행	10	11	13	16	…
⋮	⋮	⋮	⋮	⋮	⋱

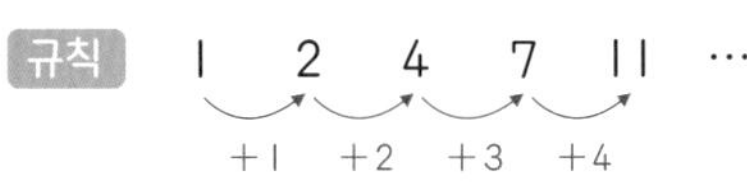

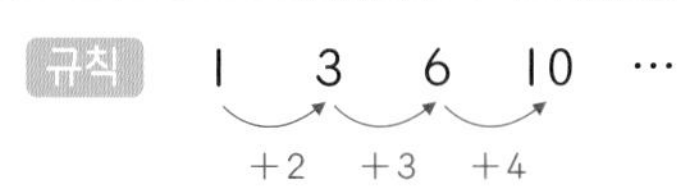

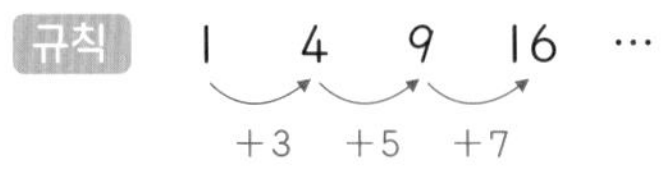

대표문제

다음 수 배열표에서 규칙을 찾아 5행 4열의 수를 구해 보시오.

	1열	2열	3열	4열	…
1행	1	4	9	16	…
2행	2	3	8	15	…
3행	5	6	7	14	…
4행	10	11	12	13	…
⋮	⋮	⋮	⋮	⋮	⋱

STEP 1 1열에 놓여 있는 수들의 규칙을 찾아 5행 1열의 수를 구해 보시오.

STEP 2 수가 배열된 규칙을 찾아 열이 변할 때, 수의 변화를 알아보시오.

- 3행은 3열까지 오른쪽으로 갈수록 　 씩 커집니다.
- 4행은 4열까지 오른쪽으로 갈수록 　 씩 커집니다.
- 5행은 　 열까지 오른쪽으로 갈수록 　 씩 커집니다.

STEP 3 STEP 1과 STEP 2에서 찾은 규칙에 따라 5행 4열의 수를 구해 보시오.

01 규칙을 찾아 색칠된 칸에 들어갈 수를 구해 보시오.

1	4	5	16	17		
2	3	6	15	18		
9	8	7	14	19		
10	11	12	13	20		
25			22			

02 다음 수 배열표에서 규칙을 찾아 7행 3열의 수를 구해 보시오.

	1열	2열	3열	4열	5열	⋯
1행	1	2	5	10	17	⋯
2행	4	3	6	11	18	⋯
3행	9	8	7	12	19	⋯
4행	16	15	14	13	20	⋯
⋮	⋮	⋮	⋮	⋮	⋮	⋱

6 바둑돌 규칙

그림을 보고 흰색 바둑돌과 검은색 바둑돌의 개수를 비교하여 알맞게 답해 보시오.

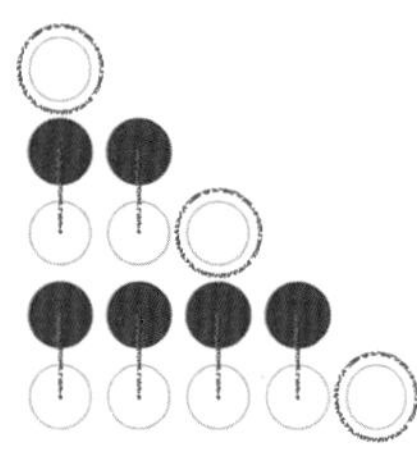

(흰색, 검은색) 바둑돌이

개 더 많습니다.

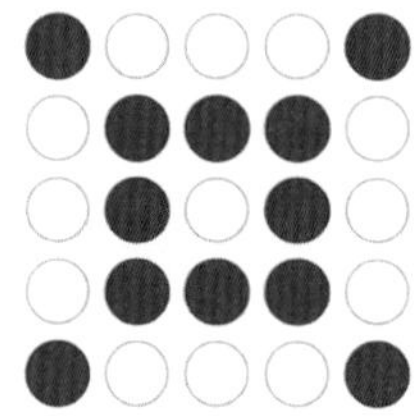

(흰색, 검은색) 바둑돌이

개 더 많습니다.

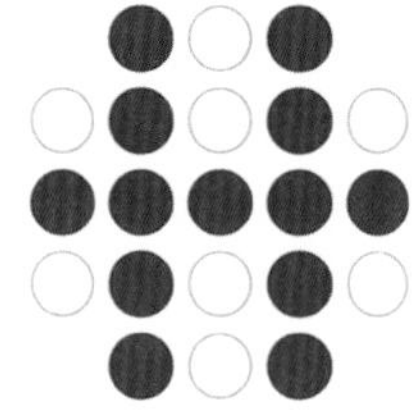

(흰색, 검은색) 바둑돌이

개 더 많습니다.

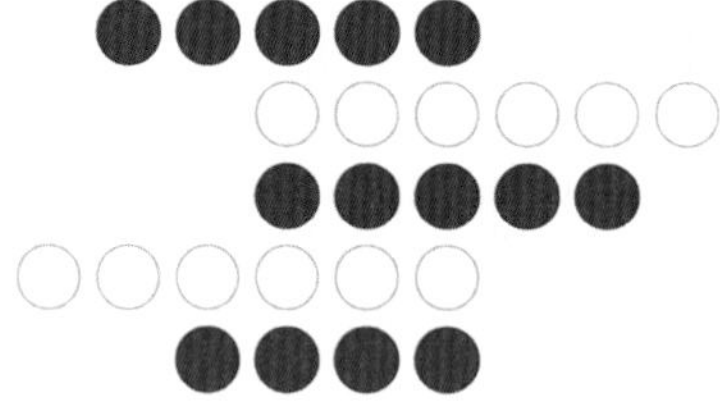

(흰색, 검은색) 바둑돌이

개 더 많습니다.

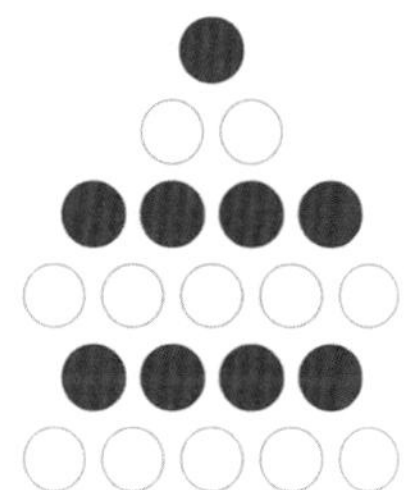

(흰색, 검은색) 바둑돌이

개 더 많습니다.

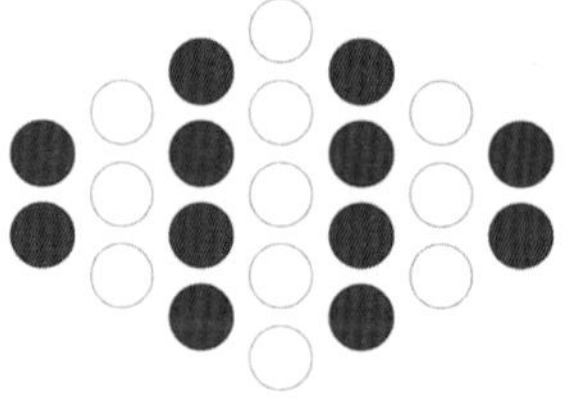

(흰색, 검은색) 바둑돌이

개 더 많습니다.

정답과 풀이 13쪽

7째 번 모양의 바둑돌의 개수 구하기

다음과 같이 식을 사용하여 7째 번 모양의 바둑돌의 개수를 구해 보시오.

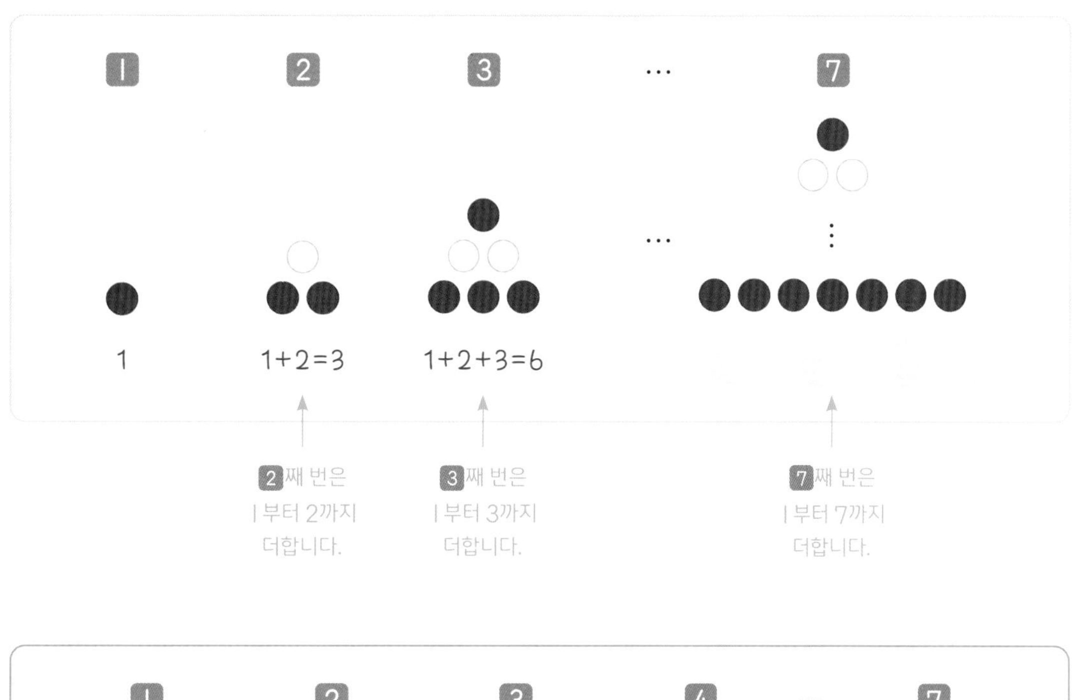

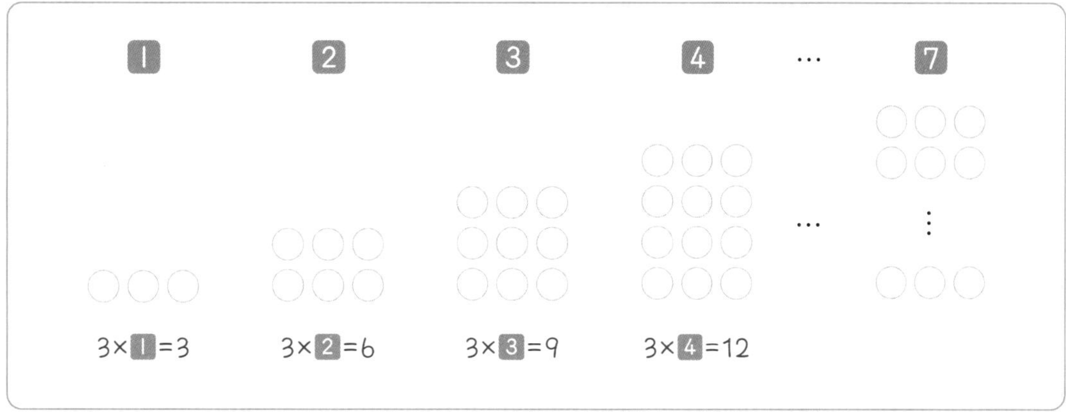

Lecture 바둑돌 규칙

바둑돌의 개수를 식으로 나타내면 ■째 번 모양의 개수를 쉽게 알 수 있습니다.

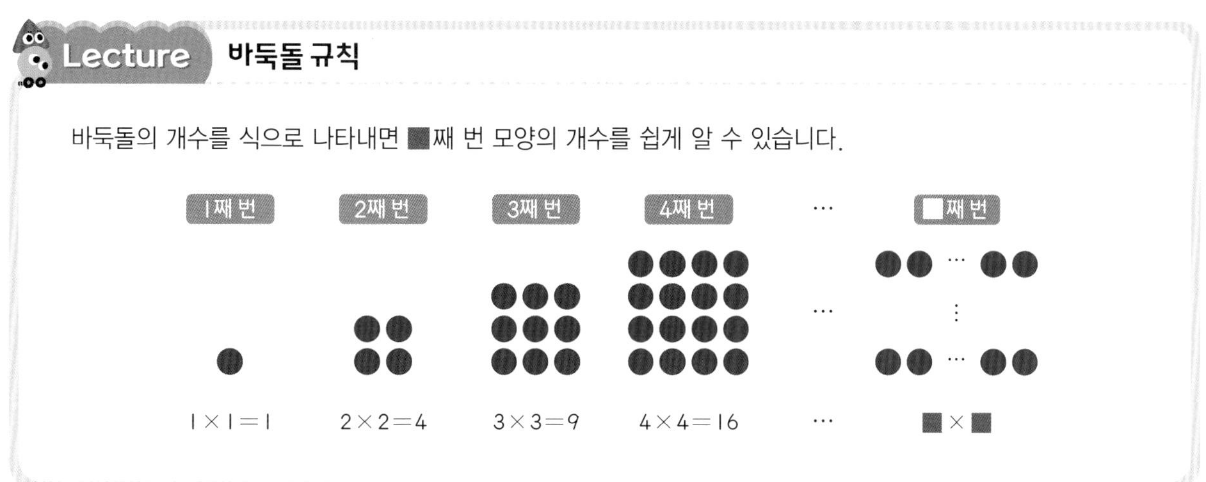

대표문제

그림과 같이 규칙에 따라 바둑돌을 1째 번부터 7째 번까지 늘어놓을 때, 흰색 바둑돌과 검은색 바둑돌 중 어느 것이 몇 개 더 많은지 구해 보시오.

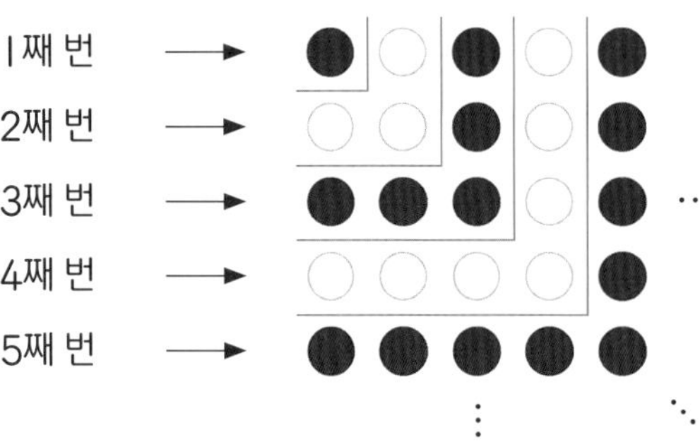

STEP 1 선을 그어 흰색 바둑돌과 검은색 바둑돌의 개수를 비교하여 알맞게 답해 보시오.

1째 번 바둑돌	2째 ~ 3째 번 바둑돌 비교	4째 ~ 5째 번 바둑돌 비교
검은색 바둑돌이 1개 더 많습니다.	(흰, 검은)색 바둑돌이 개 더 많습니다.	(흰, 검은)색 바둑돌이 개 더 많습니다.

STEP 2 STEP 1 에서 찾은 규칙에 따라 6째 ~ 7째 번 바둑돌 비교 를 알맞게 답해 보시오.

6째 ~ 7째 번 바둑돌 비교

(흰, 검은)색 바둑돌이 개 더 많습니다.

STEP 3 바둑돌을 1째 번부터 7째 번까지 늘어놓을 때, 흰색 바둑돌과 검은색 바둑돌 중 어느 것이 몇 개 더 많은지 구해 보시오.

정답과 풀이 14쪽

01 그림과 같이 규칙에 따라 흰색 바둑돌과 검은색 바둑돌을 1째 번부터 8째 번 줄까지 늘어놓을 때, 흰색 바둑돌과 검은색 바둑돌 중 어느 것이 몇 개 더 많은지 구해 보시오.

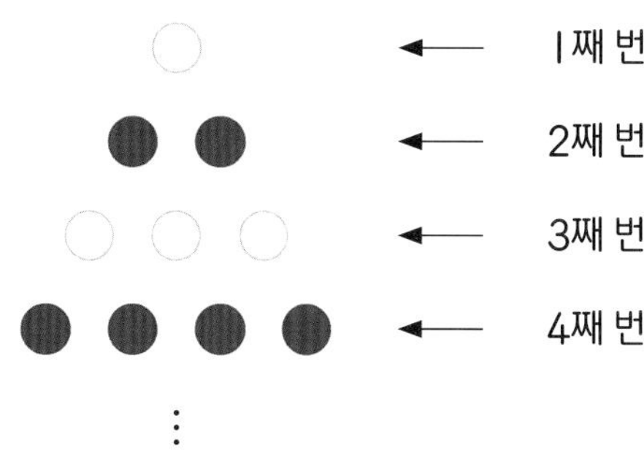

02 그림과 같이 규칙에 따라 바둑돌을 늘어놓을 때, 8째 번에 놓일 바둑돌의 개수를 구해 보시오.

Creative 팩토

01 다음과 같이 일정한 규칙으로 수를 나열합니다. 3째 줄의 왼쪽 첫째 번 수가 5일 때, 6째 줄의 왼쪽 첫째 번 수를 구해 보시오.

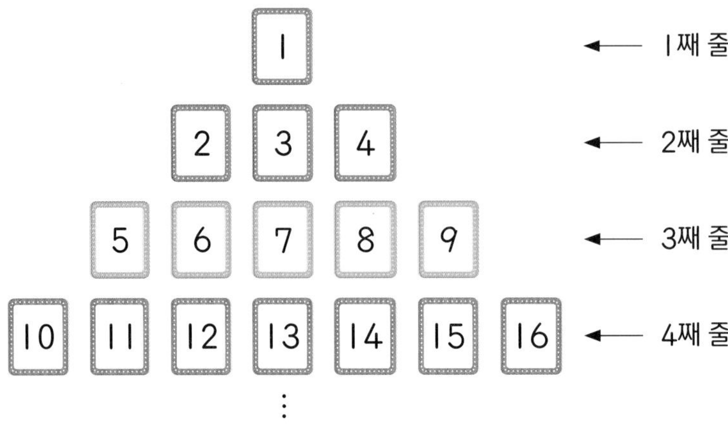

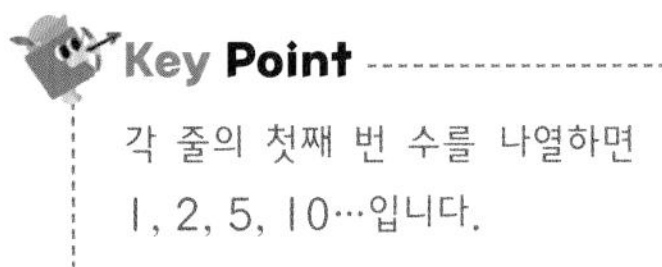

Key Point
각 줄의 첫째 번 수를 나열하면
1, 2, 5, 10…입니다.

02 두께가 2 mm인 종이가 한 장 있습니다. 이 종이를 반으로 계속 접는다고 할 때, 이 종이의 두께가 100 mm를 넘으려면 적어도 몇 번 접어야 하는지 구해 보시오.

종이의 두께는 1번 접으면 4 mm, 2번 접으면 8 mm가 됩니다.

정답과 풀이 15쪽

03 다음 수 배열표에서 규칙을 찾아 7행 6열의 수를 구해 보시오.

	1열	2열	3열	4열	5열	…
1행	1	4	5	16	17	…
2행	2	3	6	15	18	…
3행	9	8	7	14	19	…
4행	10	11	12	13	20	…
⋮	⋮	⋮	⋮	⋮	⋮	⋱

Key Point
먼저 7행 7열의 수를 구해 봅니다.

04 그림과 같이 규칙에 따라 바둑돌을 늘어놓을 때, 7째 번 모양에서 흰색 바둑돌과 검은색 바둑돌 중 어느 것이 몇 개 더 많은지 구해 보시오.

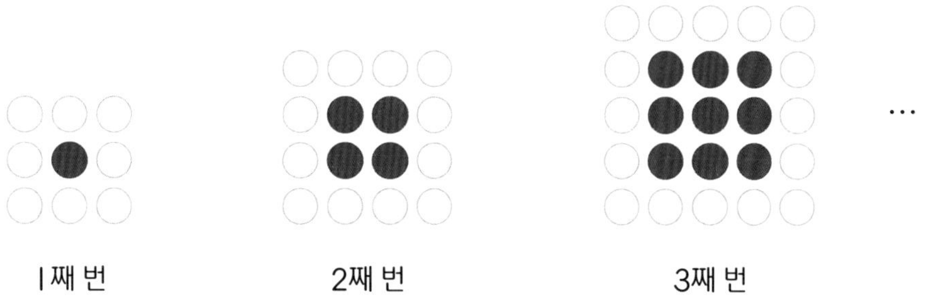

01 수 배열표에서 2행 3열의 수를 (2, 3)으로 나타낼 때, (6, 7)÷(A, B)=(2, 2)의 A+B의 값을 구해 보시오.

	1열	2열	3열	4열	5열	…
1행	1	2	5	10	17	…
2행	4	3	6	11	18	…
3행	9	8	7	12	19	…
4행	16	15	14	13	20	…
⋮	⋮	⋮	⋮	⋮	⋮	⋱

02 다음과 같이 손가락을 이용하여 수를 셀 때, 76은 몇째 번 손가락으로 세는지 구해 보시오.

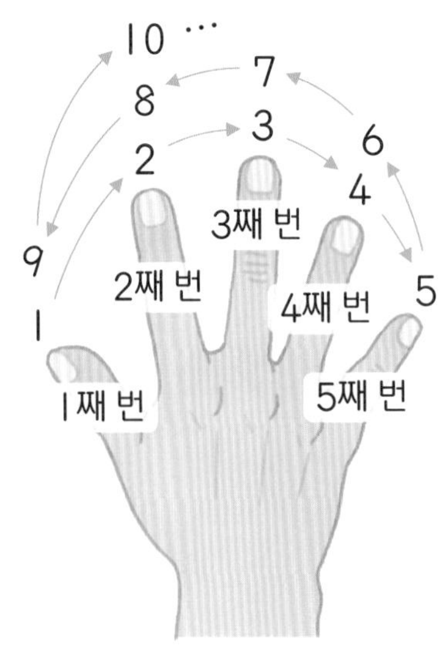

› 정답과 풀이 16쪽

03 규칙에 따라 점과 선으로 모양을 만들었습니다. 5째 번 모양의 점은 몇 개인지 구해 보시오.

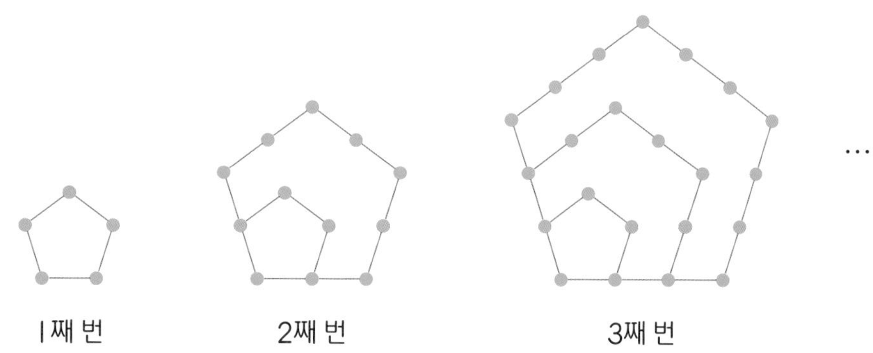

04 100개의 작은 정사각형을 붙여 큰 정사각형을 만들고 다음과 같이 색칠하였습니다. 색칠한 정사각형과 색칠하지 않은 정사각형 중 어느 것이 몇 개 더 많은지 구해 보시오.

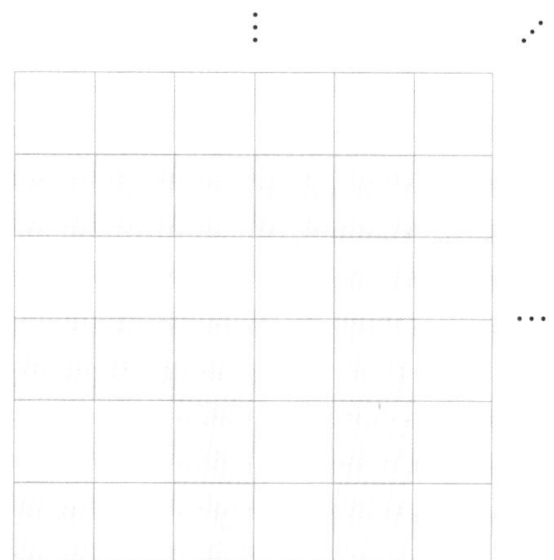

Challenge 영재교육원

01 3가지 도형 ○, △, □의 모양, 색깔, 크기, 개수를 규칙적으로 사용하여 보기 와 같이 모양 패턴을 만들어 보시오. (만든 방법을 설명하고, 이름을 붙여 보시오.)

보기

■ △ □ ▲
■△△▲□△▲△

누워 있는 강아지

① 모양은 □, △, △, △가 반복

② 도형의 개수는 2개, 1개가 반복

③ 색깔은 검은색, 흰색, 흰색이 반복

정답과 풀이 17쪽

02 보기 와 같이 주어진 바둑돌을 세어 보려고 합니다. 바둑돌을 세는 여러 가지 방법을 식으로 나타내어 보시오.

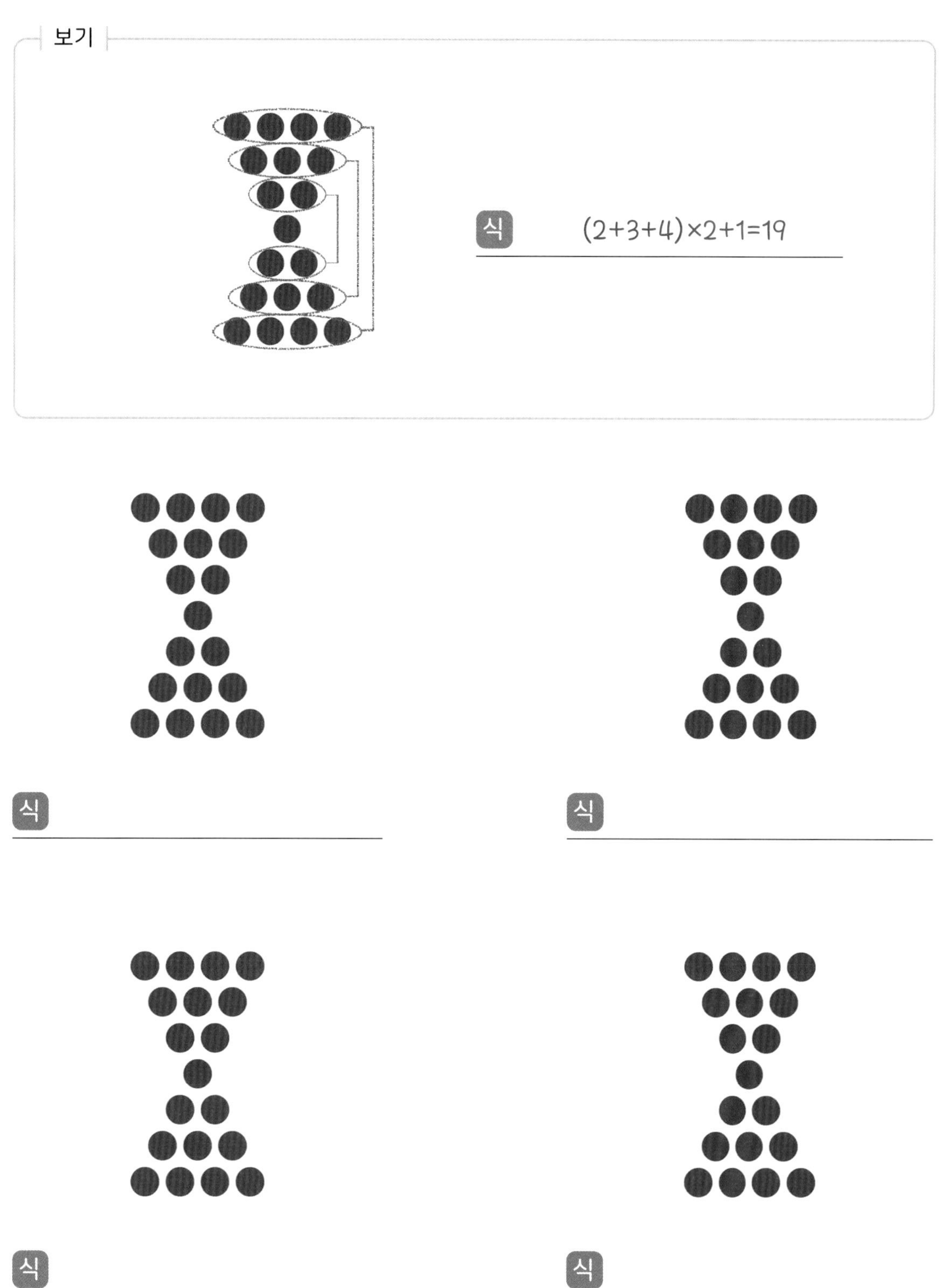

Ⅱ
기 하

학습 Planner

계획한 대로 공부한 날은 😀에, 공부하지 못한 날은 🙁에 ○표 하세요.

공부할 내용	공부할 날짜	확 인
1 조건에 맞게 나누기	월 일	😀 | 🙁
2 폴리오미노	월 일	😀 | 🙁
3 정사각형으로 나누기	월 일	😀 | 🙁
Creative 팩토	월 일	😀 | 🙁
4 폴리아몬드	월 일	😀 | 🙁
5 찾을 수 있는 도형의 개수	월 일	😀 | 🙁
6 여러 가지 도형을 붙여 만든 모양	월 일	😀 | 🙁
Creative 팩토	월 일	😀 | 🙁
Perfect 경시대회	월 일	😀 | 🙁
Challenge 영재교육원	월 일	😀 | 🙁

1 조건에 맞게 나누기

도형을 반으로 나누기

보기 와 같이 정사각형을 크기와 모양이 같게 선을 따라 2조각으로 나누려고 합니다. 6가지 방법으로 나누어 보시오. (단, 돌리거나 뒤집었을 때 겹쳐지는 방법은 한 가지로 봅니다.)

보기

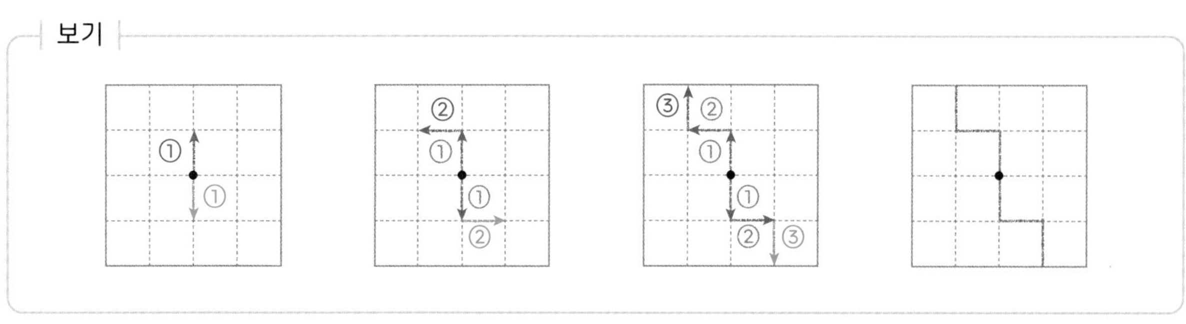

방법 1

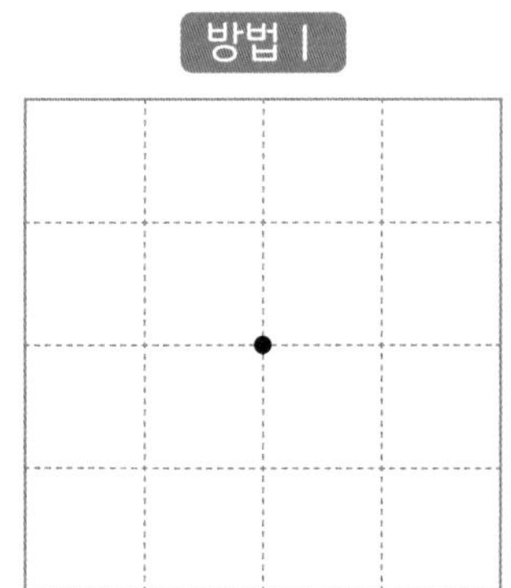

방법 2

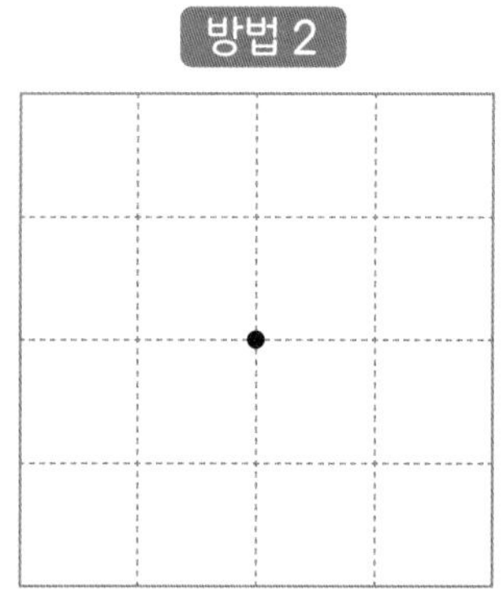

방법 3

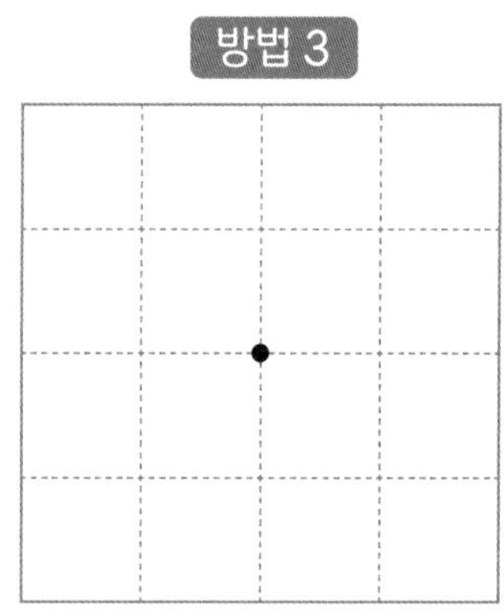

방법 4

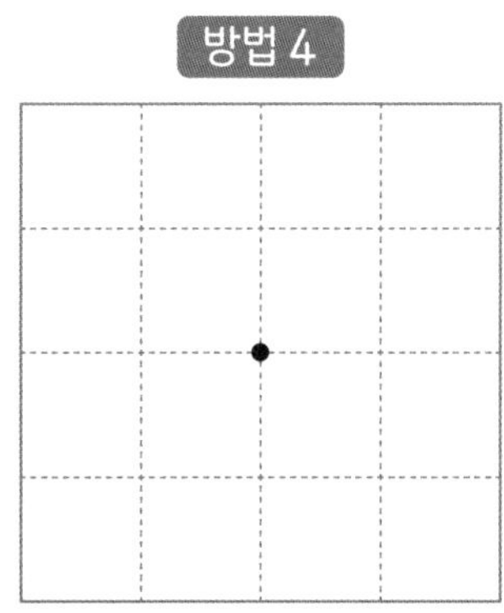

방법 5

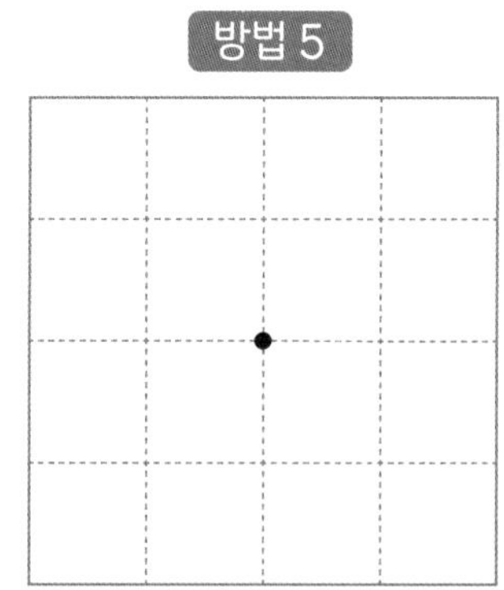

방법 6

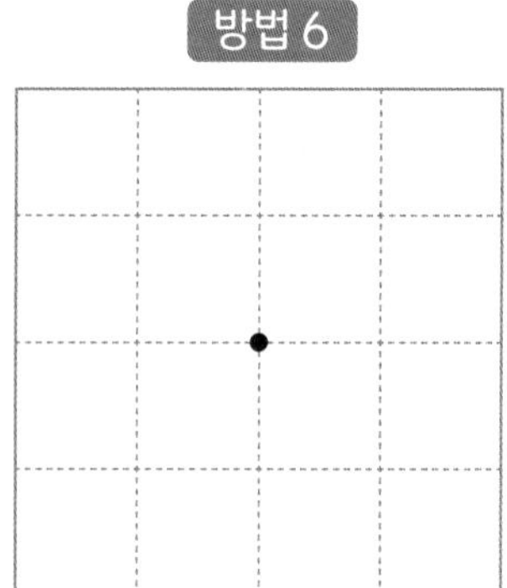

정답과 풀이 18쪽

주어진 모양을 조건 에 맞게 사각형으로 나누어 보시오.

조건

- 주어진 수는 사각형을 이루는 칸의 개수입니다.

올바른 예

2		
		4
3		

틀린 예

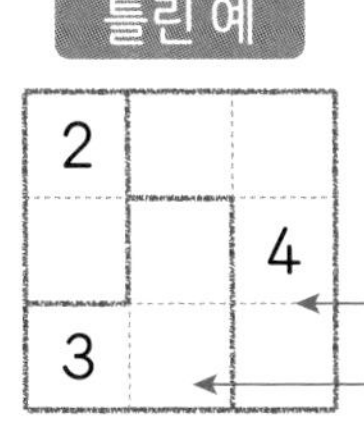

나눈 모양이 사각형이 아니므로 잘못되었습니다.

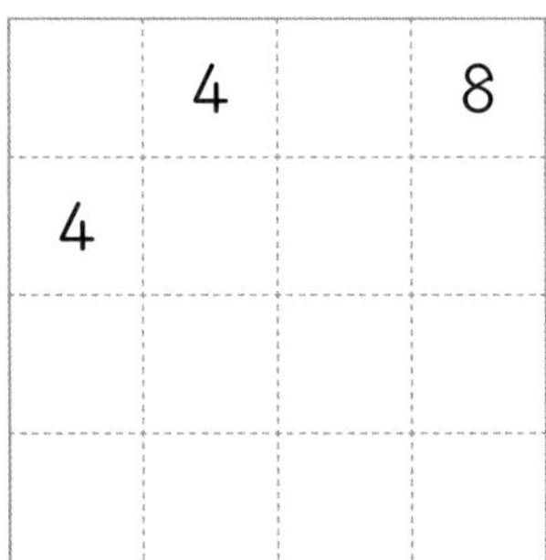

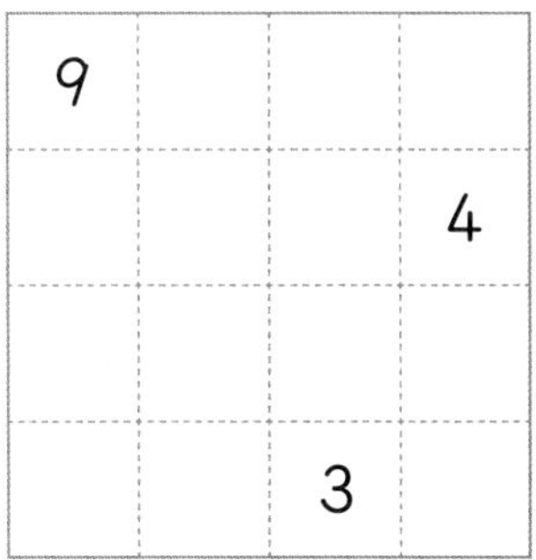

Lecture 조건에 맞게 나누기

• 도형을 반으로 나누기

① 한가운데 점(시작점)에서부터 선을 한 칸 긋습니다.

② 시작점을 중심으로 반대쪽으로 같은 길이의 선을 긋습니다.

위의 과정을 반복하면 크기와 모양이 같은 2조각으로 나누어집니다.

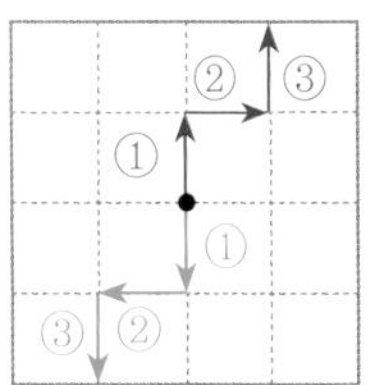

• 사각형으로 나누기

① 가장 큰 수를 포함하는 사각형을 먼저 그립니다.

② 남은 사각형을 조건에 맞게 나눕니다.

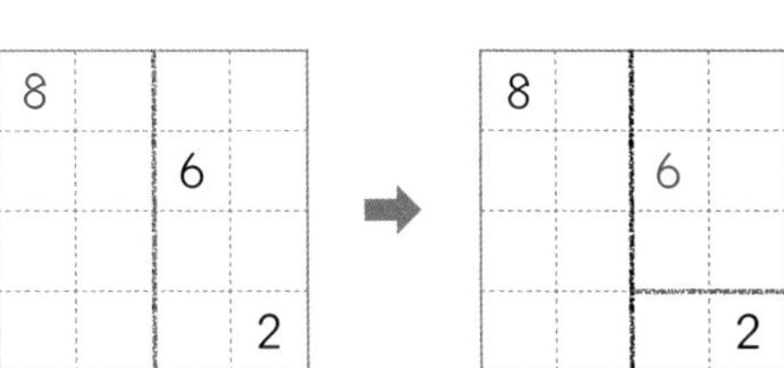

대표문제

다음 정사각형을 크기와 모양이 같게 선을 따라 4조각으로 나누려고 합니다. 6가지 방법으로 나누어 보시오. (단, 돌리거나 뒤집었을 때 겹치는 방법은 한 가지로 봅니다.)

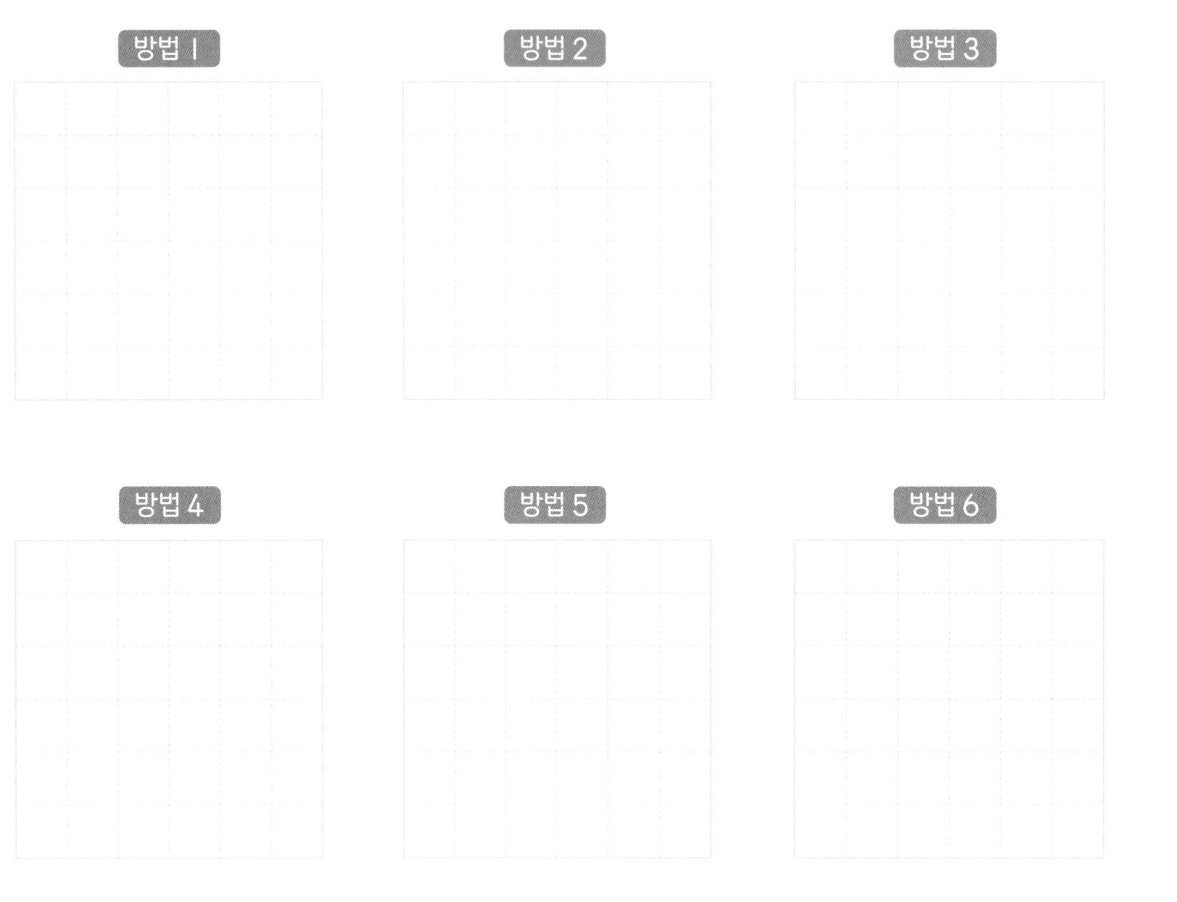

STEP 1 한가운데 점에서부터 네 방향으로 각각 같은 길이의 선을 그어 크기와 모양이 같은 4조각으로 나누어 보시오.

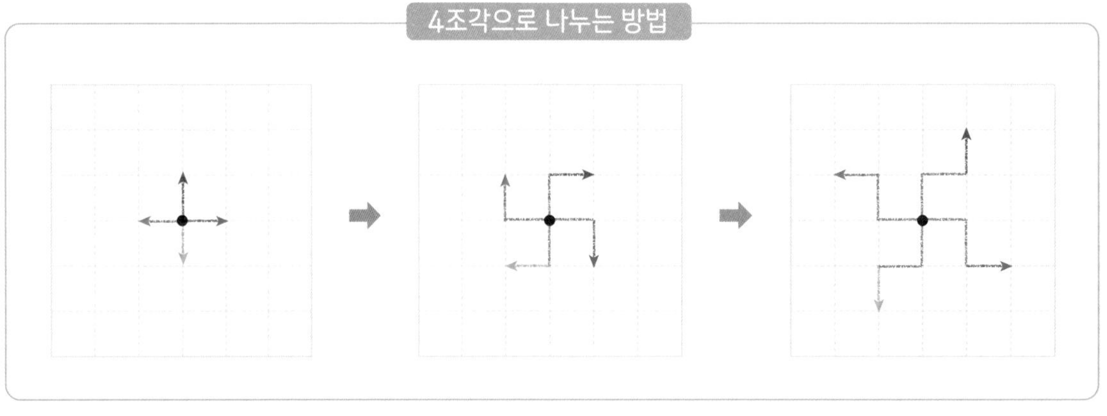

정답과 풀이 19쪽

01 다음 정사각형을 조건 에 맞게 사각형으로 나누어 보시오.

조건
- 주어진 수는 사각형을 이루는 칸의 개수입니다.

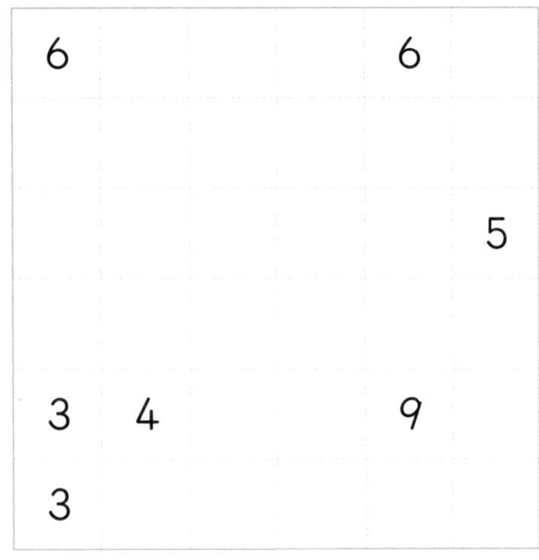

02 크기와 모양이 같게 선을 따라 2조각으로 나누는 방법을 모두 찾아 선으로 표시해 보시오. (단, 돌리거나 뒤집었을 때 겹쳐지는 방법은 한 가지로 봅니다.)

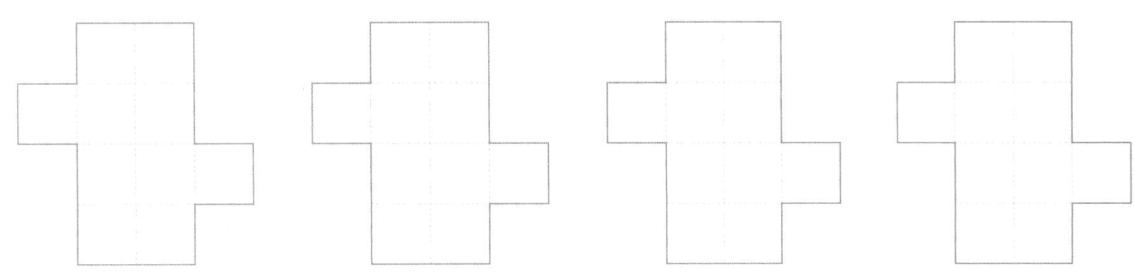

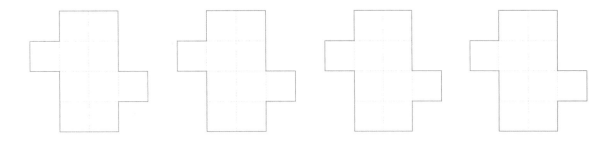

2 폴리오미노

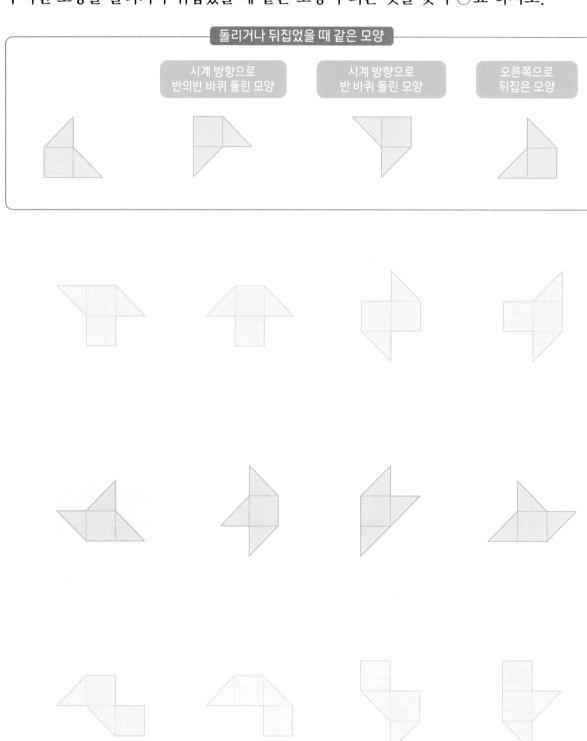

주어진 모양을 돌리거나 뒤집었을 때 같은 모양이 되는 것을 찾아 ○표 하시오.

돌리거나 뒤집었을 때 같은 모양

시계 방향으로 반의반 바퀴 돌린 모양

시계 방향으로 반 바퀴 돌린 모양

오른쪽으로 뒤집은 모양

정답과 풀이 20쪽

정사각형 3개로 만든 모양

정사각형 3개를 붙여 만들 수 있는 서로 다른 모양은 몇 가지인지 구하시오. (단, 돌리거나 뒤집었을 때 겹쳐지는 모양은 한 가지로 봅니다.)

(1) ①부터 ⑥까지의 위치에 차례대로 정사각형을 1개 붙여 보시오.

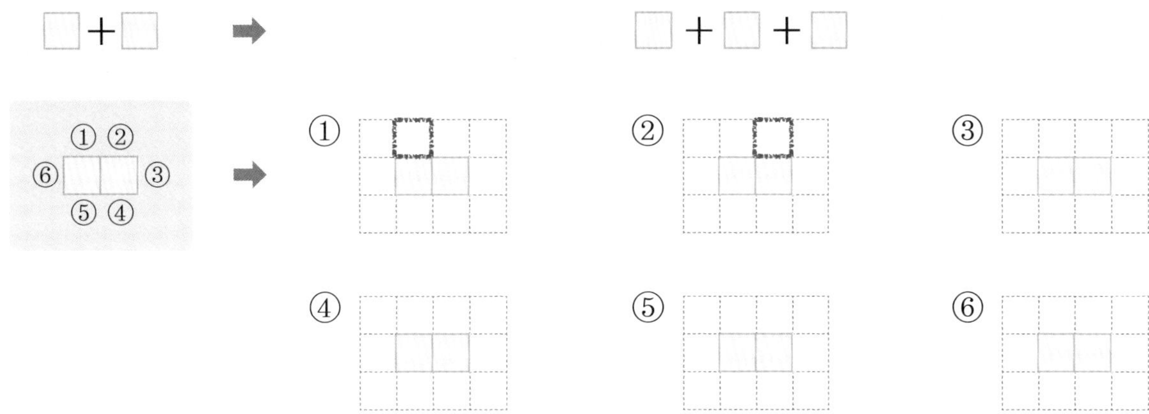

(2) 돌리거나 뒤집었을 때 겹쳐지는 같은 모양을 찾아 번호를 써 보시오.

①과 같은 모양 ① — — —

③과 같은 모양 ③ —

(3) 정사각형 3개를 붙여 만들 수 있는 서로 다른 모양은 몇 가지인지 구하시오.

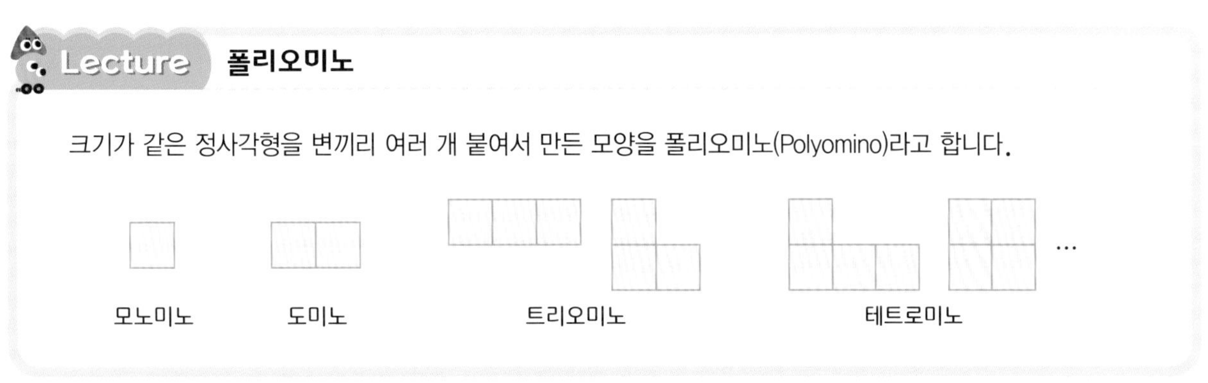

Lecture
폴리오미노
크기가 같은 정사각형을 변끼리 여러 개 붙여서 만든 모양을 폴리오미노(Polyomino)라고 합니다.
모노미노
도미노
트리오미노
테트로미노
…

대표문제

정사각형 4개를 붙여 만들 수 있는 서로 다른 모양은 몇 가지인지 구하시오. (단, 돌리거나 뒤집었을 때 겹쳐지는 모양은 한 가지로 봅니다.)

STEP 1 ①부터 ⑯까지의 위치에 차례대로 정사각형을 1개 붙여 보시오.

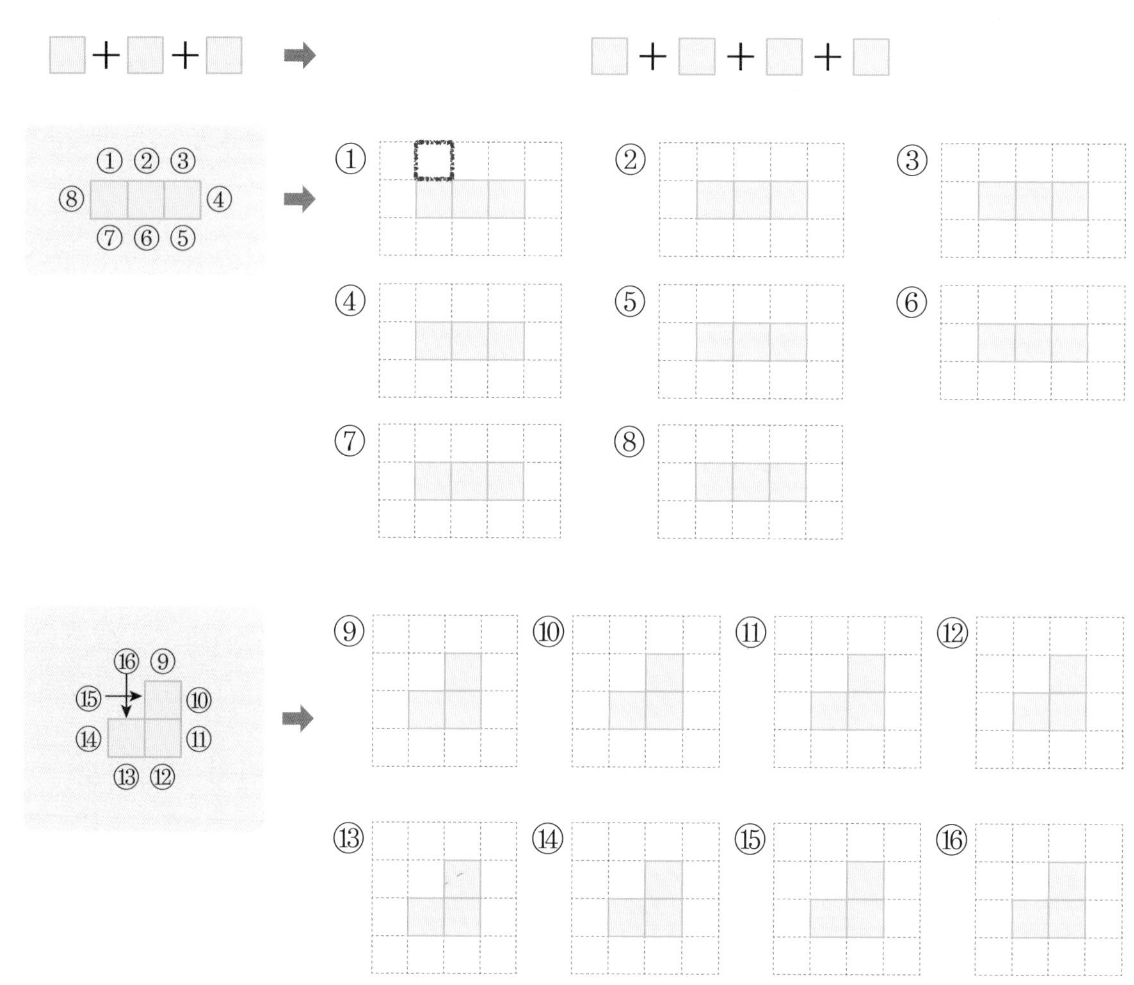

STEP 2 돌리거나 뒤집었을 때 겹쳐지는 같은 모양을 찾아 번호를 써 보시오.

STEP 3 정사각형 4개를 붙여 만들 수 있는 서로 다른 모양은 몇 가지인지 구하시오.

정답과 풀이 21쪽

1 정사각형 5개를 이어 붙여 만든 펜토미노는 다음과 같이 모두 12가지입니다. 보기 와 같이 주어진 모양을 남는 칸이 없게 하여 서로 다른 펜토미노 조각으로 나누어 보시오.

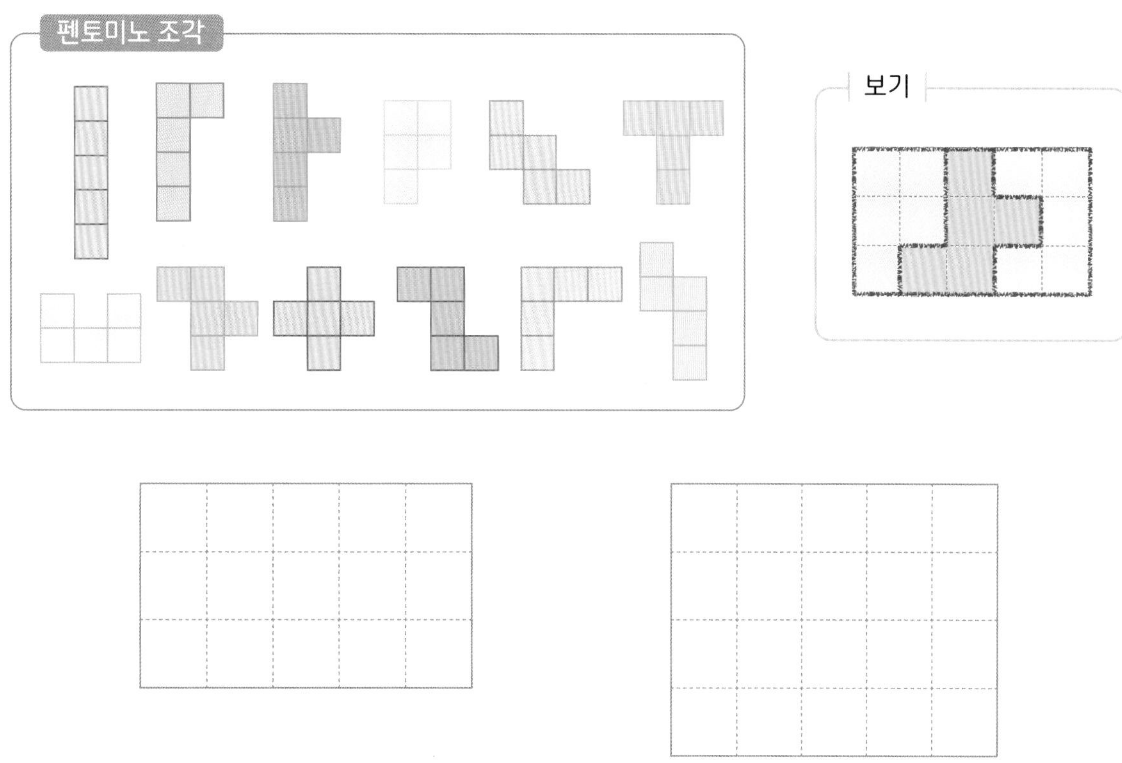

2 오른쪽 모양은 정사각형 4개를 붙여 만든 모양입니다. 이 모양에 정사각형 1개를 더 붙여 만들 수 있는 서로 다른 모양을 모두 그려 보시오. (단, 돌리거나 뒤집었을 때 겹쳐지는 모양은 한 가지로 봅니다.)

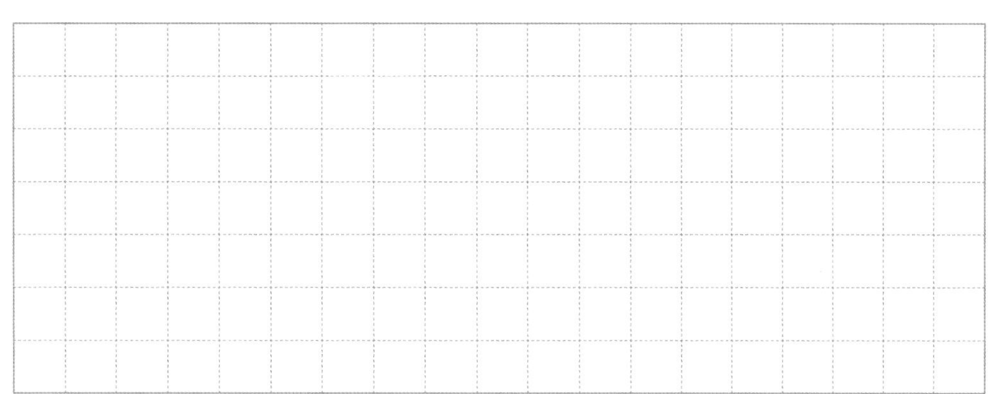

3 정사각형으로 나누기

주어진 정사각형 조각들을 모두 붙여서 큰 정사각형을 만들어 보시오.

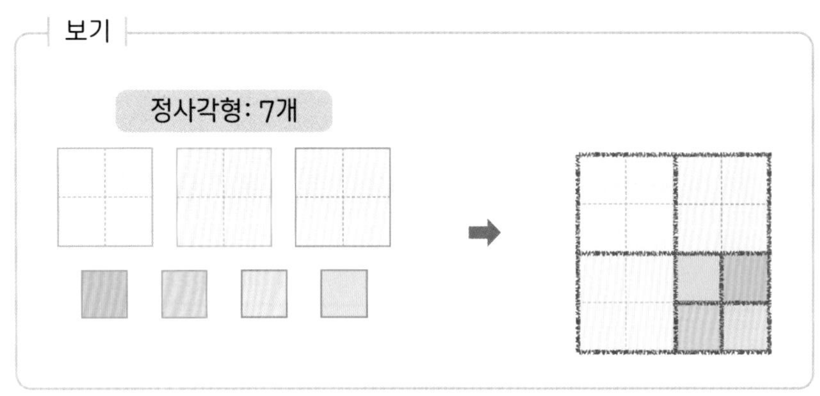

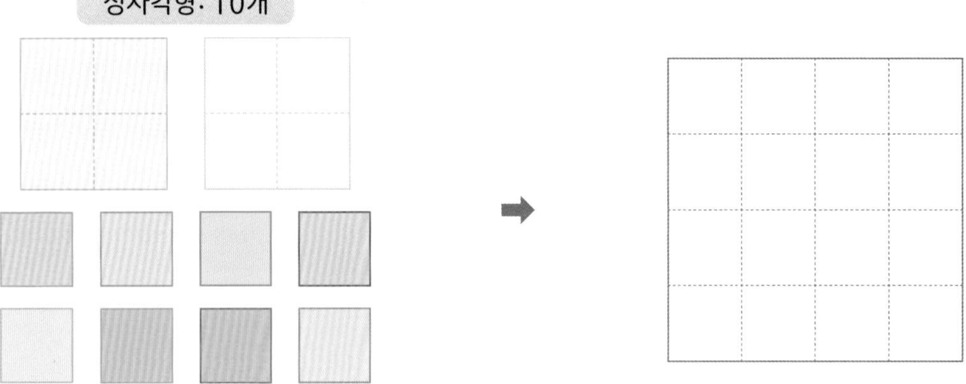

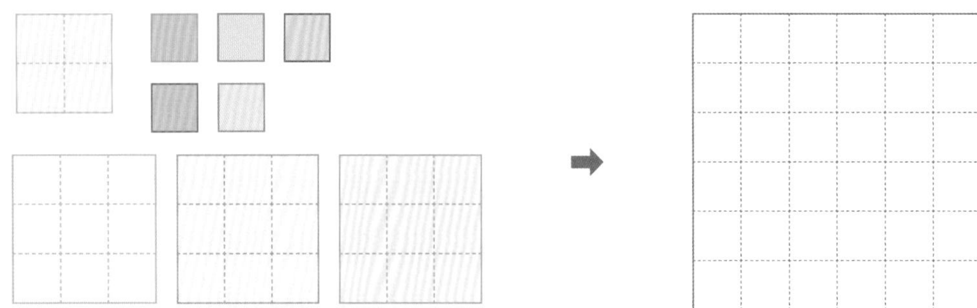

정답과 풀이 22쪽

정사각형 조각으로 나누기

다음 모양을 조건에 맞게 크고 작은 정사각형 조각으로 나누어 보시오.

조건	정사각형 6개로 나누기

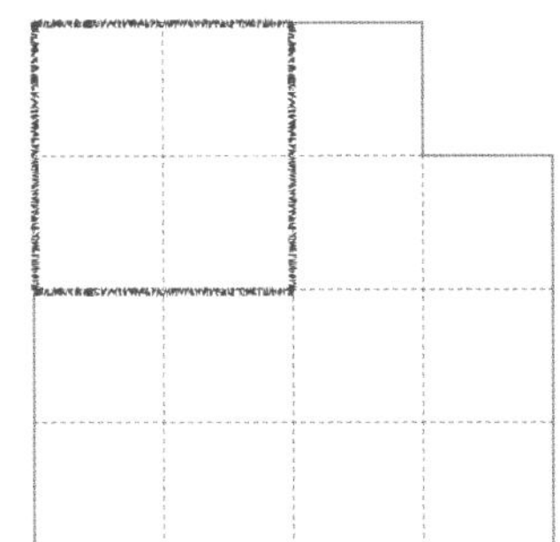

조건	정사각형 7개로 나누기

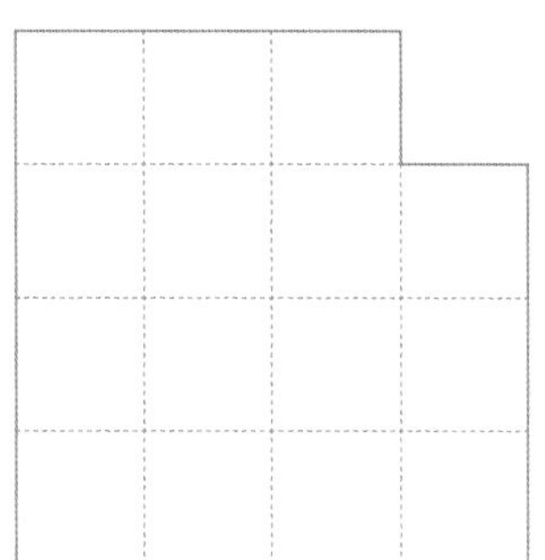

조건	정사각형 4개로 나누기

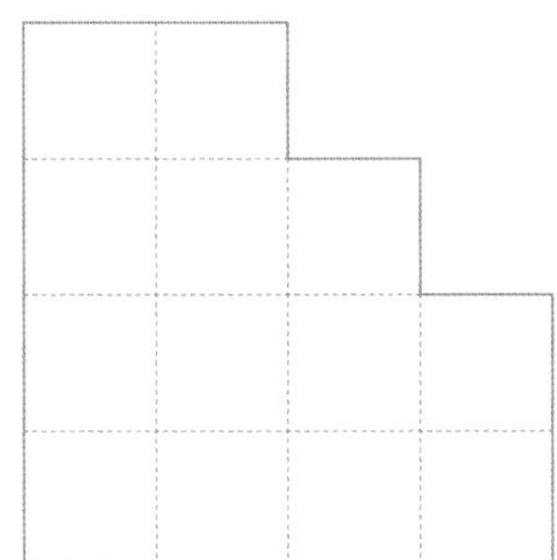

조건	정사각형 5개로 나누기

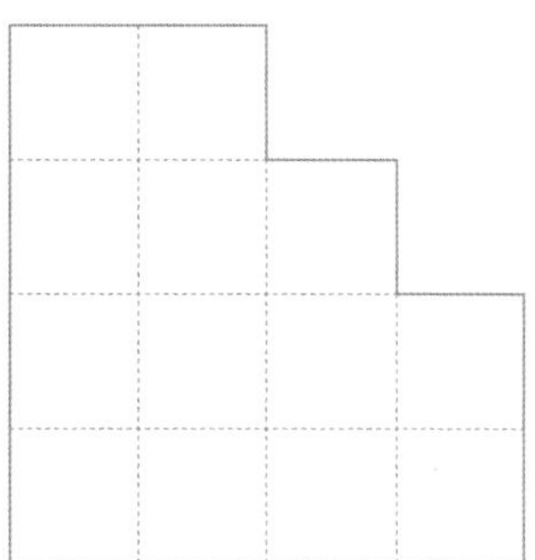

Lecture 정사각형으로 나누기

큰 정사각형을 조건에 맞게 작은 정사각형 여러 조각으로 나눌 수 있습니다.

4조각

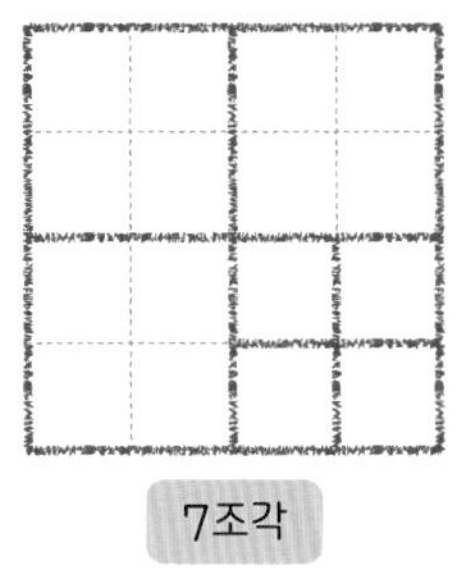

7조각

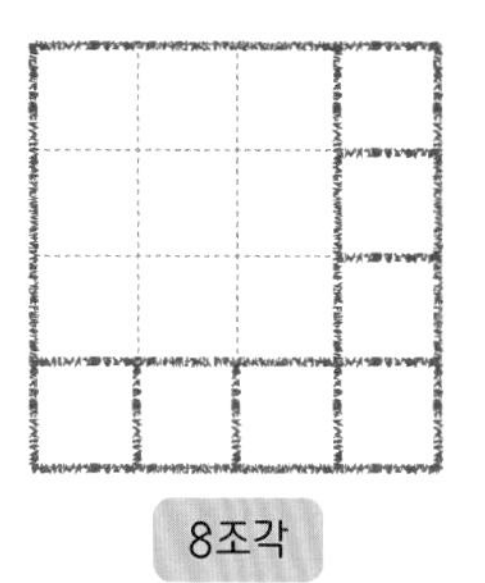

8조각

대표문제

다음 정사각형을 크고 작은 정사각형 8개로 나누어 보시오.

STEP 1 주어진 정사각형보다 작으면서 가장 큰 정사각형을 그렸을 때, 크고 작은 정사각형은 몇 개로 나누어집니까?

STEP 2 STEP 1의 정사각형 다음으로 큰 정사각형을 그려 보시오.

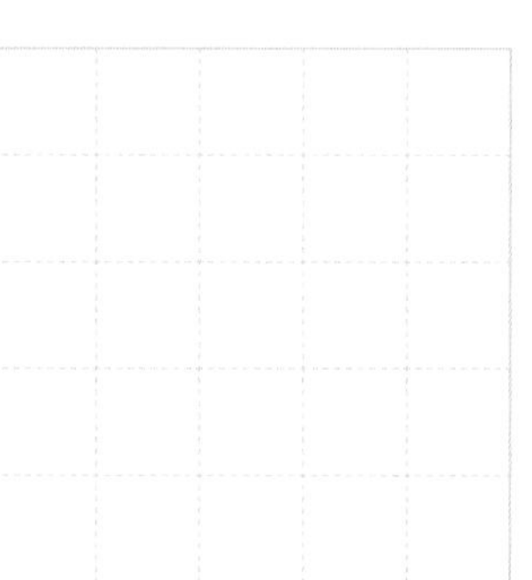

STEP 3 STEP 2의 나머지 부분을 정사각형 7개로 나누어 정사각형이 모두 8개가 되도록 나누어 보시오.

정답과 풀이 23쪽

01 다음 모양을 크고 작은 정사각형 8개로 나누어 보시오.

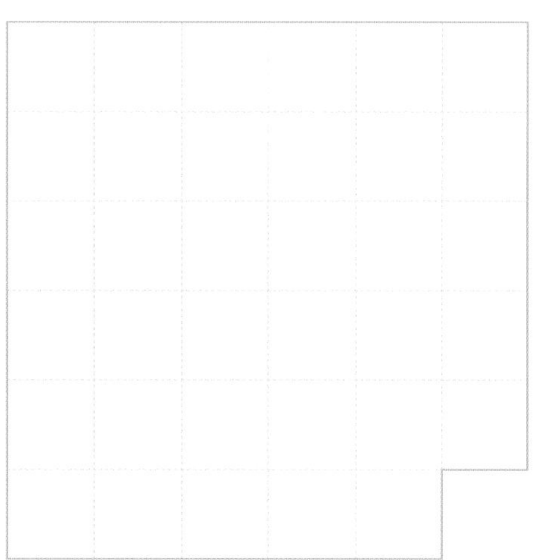

02 다음 모양을 가능한 한 적은 개수의 정사각형 모양의 조각으로 나누어 보시오.

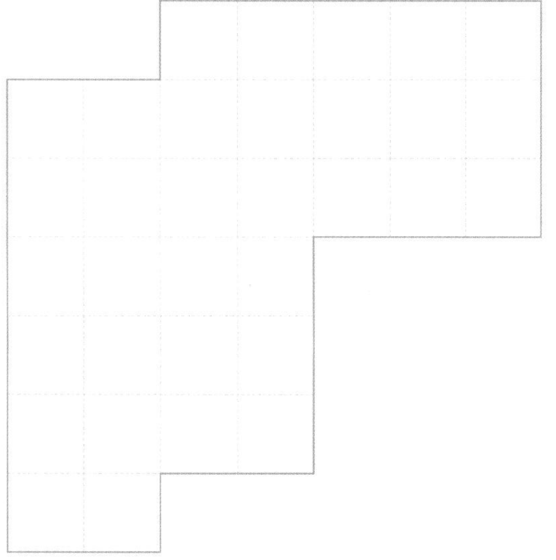

Creative 팩토

01 주어진 모양을 남는 칸이 없게 하여 보기 의 펜토미노 조각 3개로 나누어 보시오.

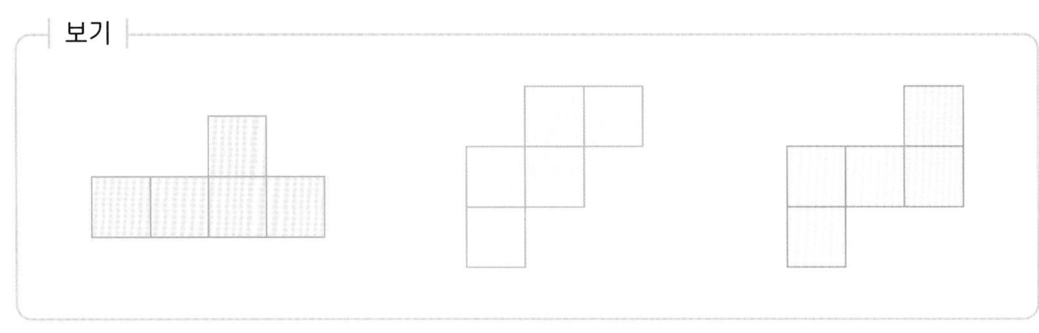

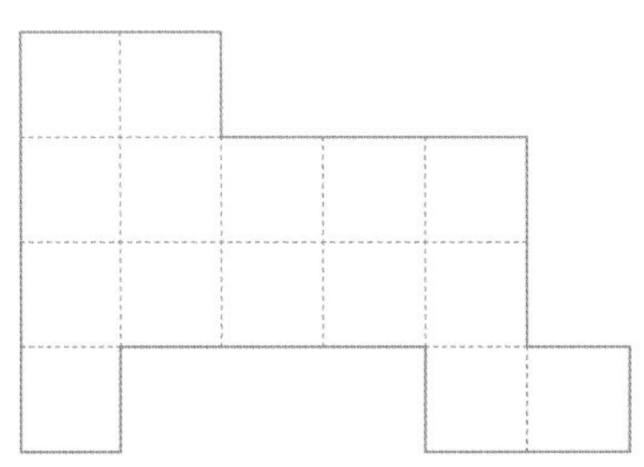

02 다음 모양을 크기와 모양이 같게 선을 따라 2조각으로 나누려고 합니다. 나누는 방법은 모두 몇 가지인지 구하시오. (단, 돌리거나 뒤집었을 때 겹쳐지는 방법은 한 가지로 봅니다.)

03 다음 모양을 크고 작은 정사각형 5개로 나누는 방법을 모두 찾아 선으로 표시해 보시오.

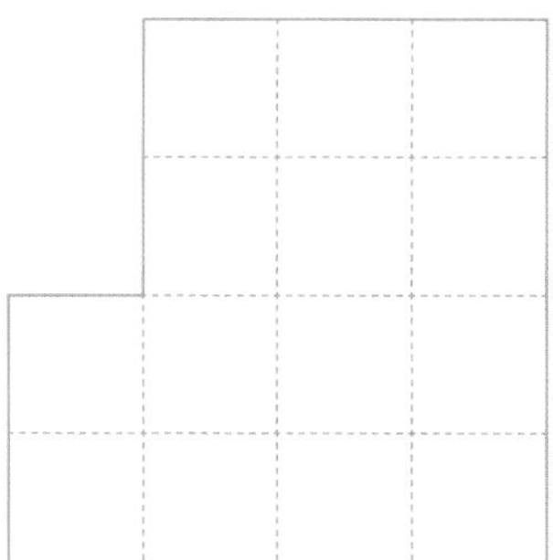

04 크기가 같은 정육각형을 여러 개 붙여 만든 모양을 폴리헥스라고 합니다. 정육각형 3개를 붙여 만들 수 있는 서로 다른 모양 3개를 그려 보시오. (단, 돌리거나 뒤집었을 때 겹쳐지는 모양은 한 가지로 봅니다.)

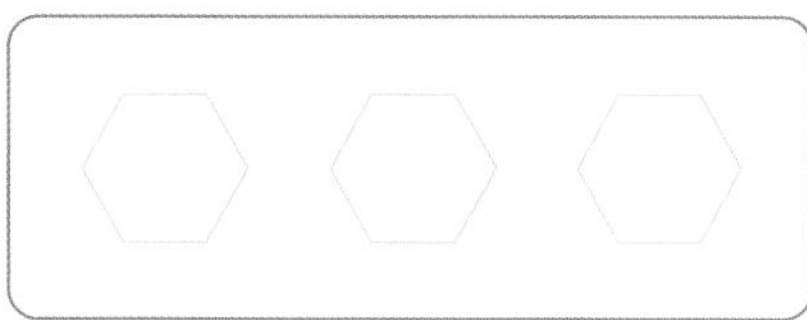

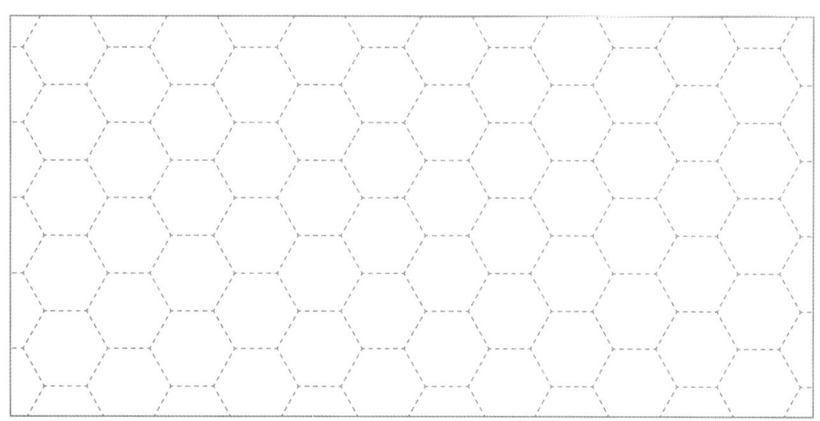

4 폴리아몬드

주어진 모양을 돌리거나 뒤집었을 때 같은 모양이 되는 것을 찾아 ○표 하시오.

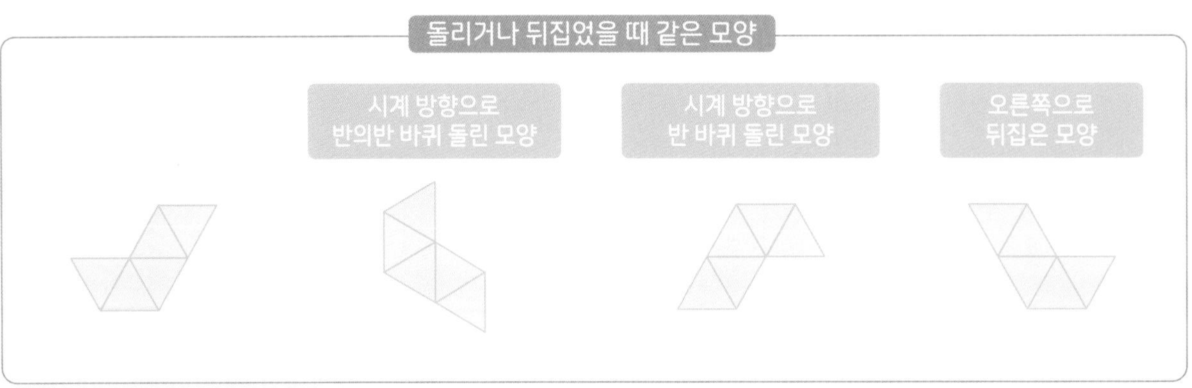

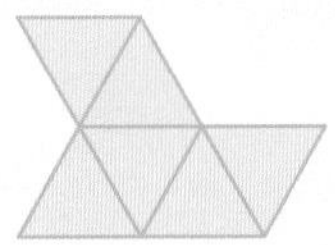 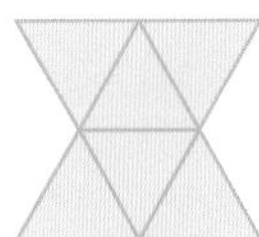 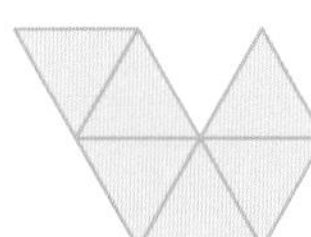 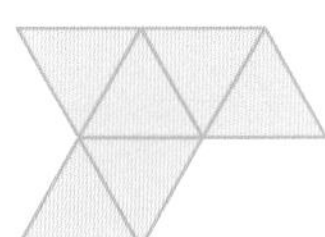

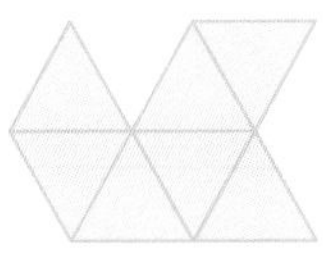   

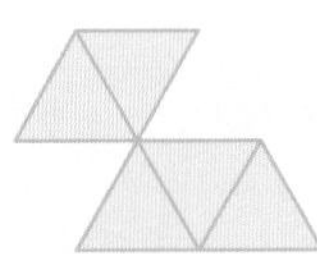 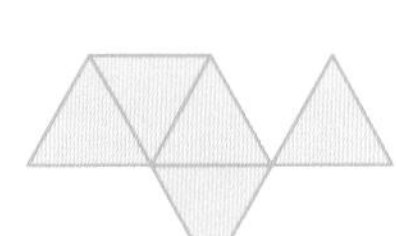 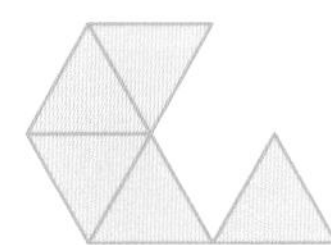 

정답과 풀이 25쪽

정삼각형 3개를 붙여 만들 수 있는 서로 다른 모양은 몇 가지인지 구하시오. (단, 돌리거나 뒤집었을 때 겹쳐지는 모양은 한 가지로 봅니다.)

(1) ①부터 ④까지의 위치에 차례대로 정삼각형을 1개 붙여 보시오.

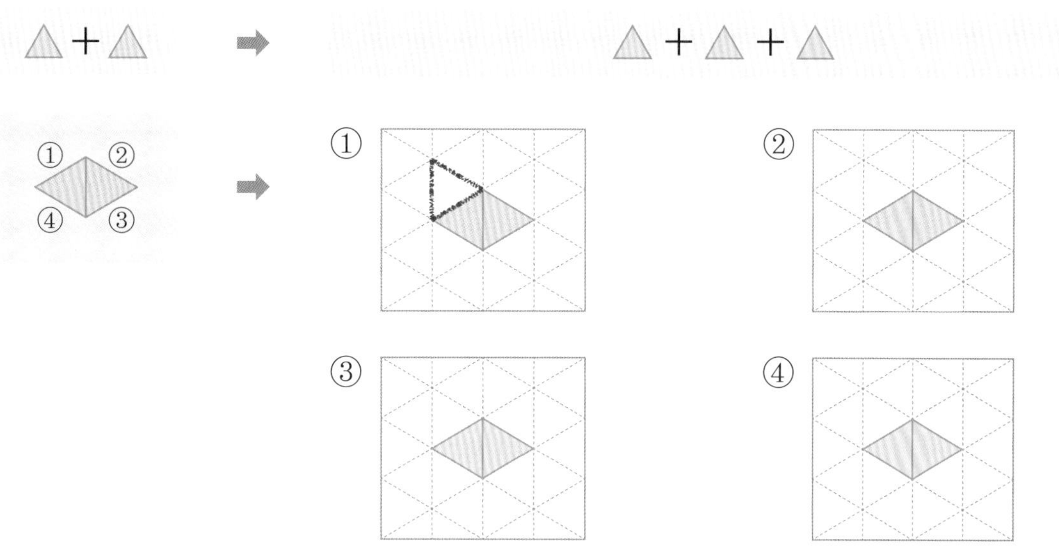

(2) 돌리거나 뒤집었을 때 겹쳐지는 같은 모양을 찾아 번호를 써 보시오.

①과 같은 모양 ① ___ ___ ___

(3) 정삼각형 3개를 붙여 만들 수 있는 서로 다른 모양은 몇 가지인지 구하시오.

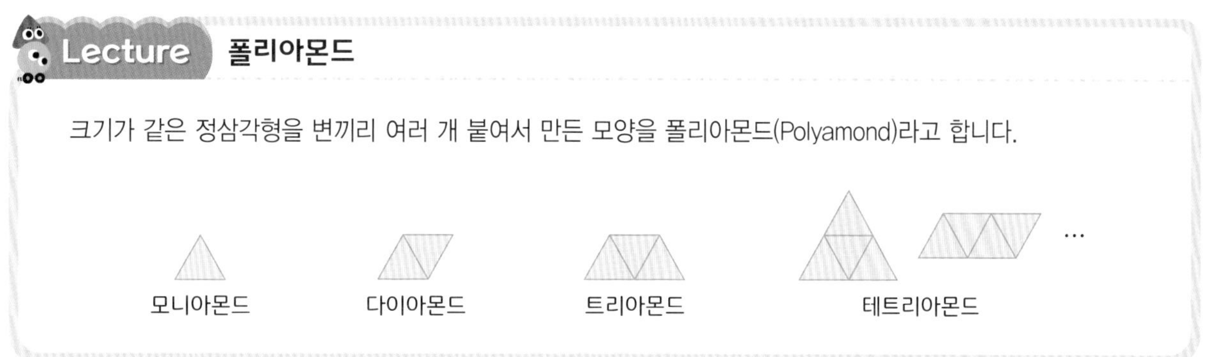

Lecture 폴리아몬드
크기가 같은 정삼각형을 변끼리 여러 개 붙여서 만든 모양을 폴리아몬드(Polyamond)라고 합니다.
…
모니아몬드
다이아몬드
트리아몬드
테트리아몬드

대표문제

정삼각형 4개를 붙여 만들 수 있는 서로 다른 모양은 몇 가지인지 구하시오. (단, 돌리거나 뒤집었을 때 겹쳐지는 모양은 한 가지로 봅니다.)

STEP 1 ①부터 ⑤까지의 위치에 차례대로 정삼각형을 1개 붙여 보시오.

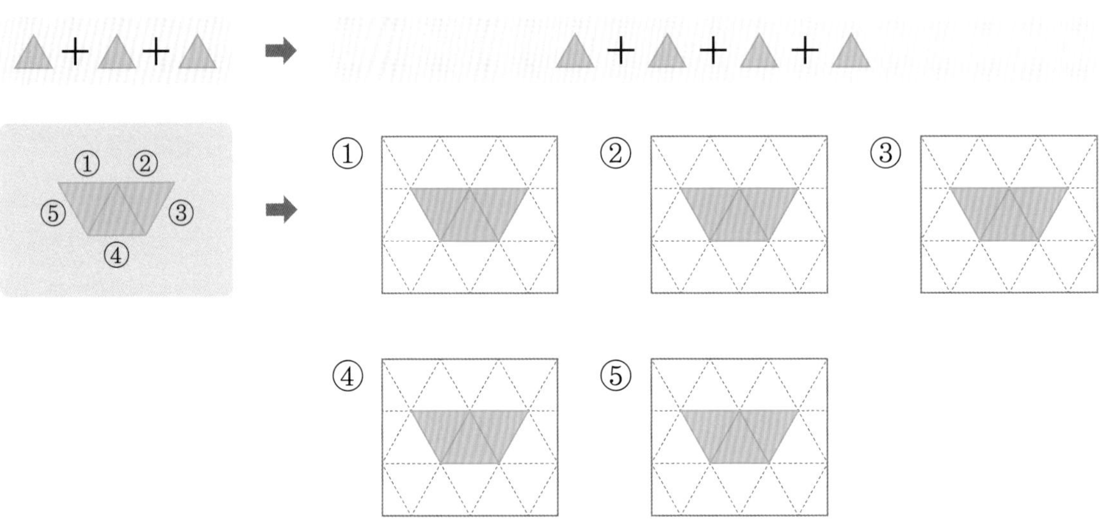

STEP 2 돌리거나 뒤집었을 때 겹쳐지는 같은 모양을 찾아 번호를 써 보시오.

STEP 3 정삼각형 4개를 붙여 만들 수 있는 서로 다른 모양은 몇 가지인지 구하시오.

정답과 풀이 26쪽

01 정삼각형 5개를 이어 붙여 만든 펜티아몬드는 다음과 같이 모두 4가지입니다. 주어진 모양을 남는 칸이 없게 하여 서로 다른 펜티아몬드 조각으로 나누어 보시오.

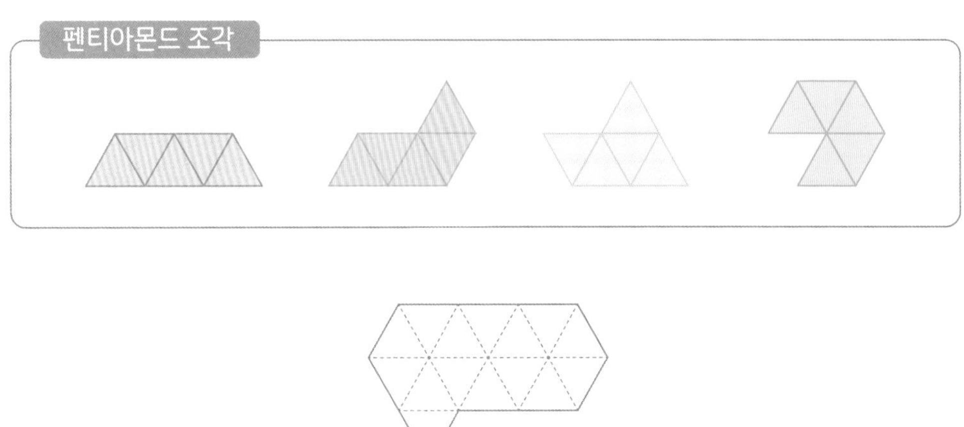

02 정삼각형 3개를 이어 붙여 만든 모양과 정삼각형 2개를 길이가 같은 변끼리 이어 붙여 만들 수 있는 서로 다른 모양 5가지를 그려 보시오. (단, 돌리거나 뒤집었을 때 겹쳐지는 모양 뿐만 아니라 색깔의 위치까지 일치하는 경우에는 한 가지로 봅니다.)

5 찾을 수 있는 도형의 개수

| 보기 |와 같이 주어진 모양에서 크고 작은 정사각형의 개수를 구하시오.

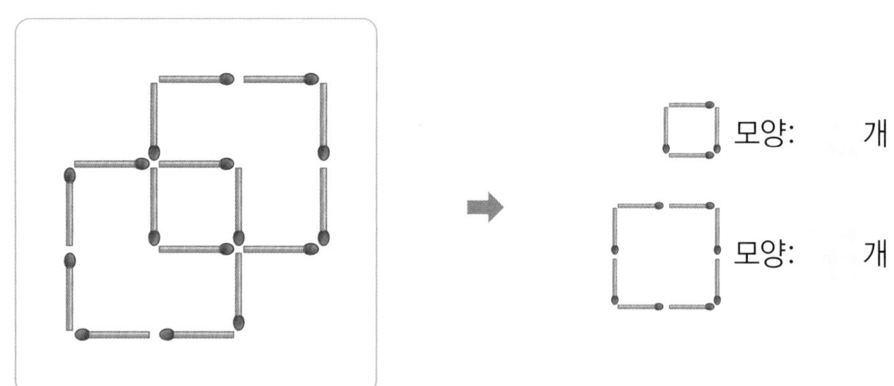

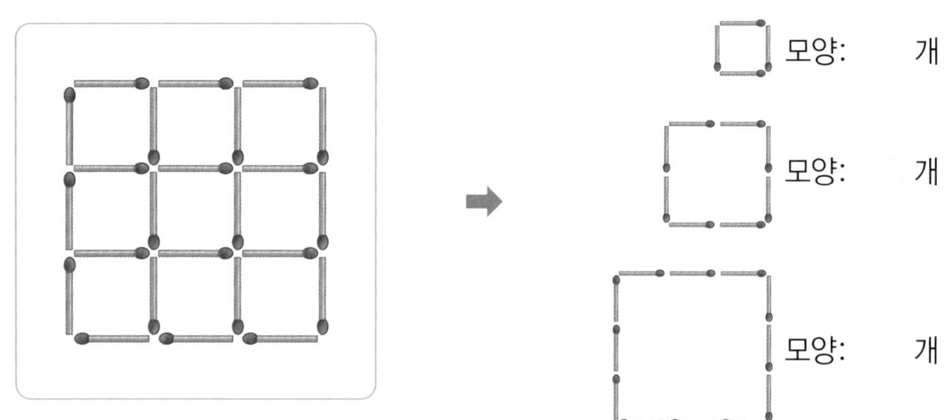

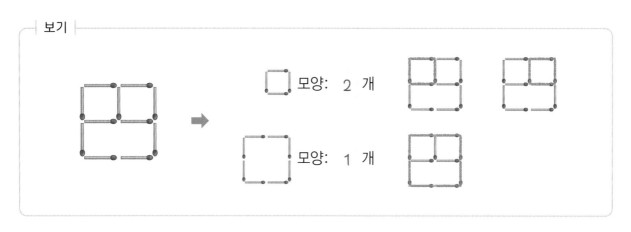

› 정답과 풀이 27쪽

주어진 조건에 맞게 성냥개비로 도형을 만들어 보시오. (단, 남는 성냥개비는 없어야 합니다.)

정사각형 2개 만들기

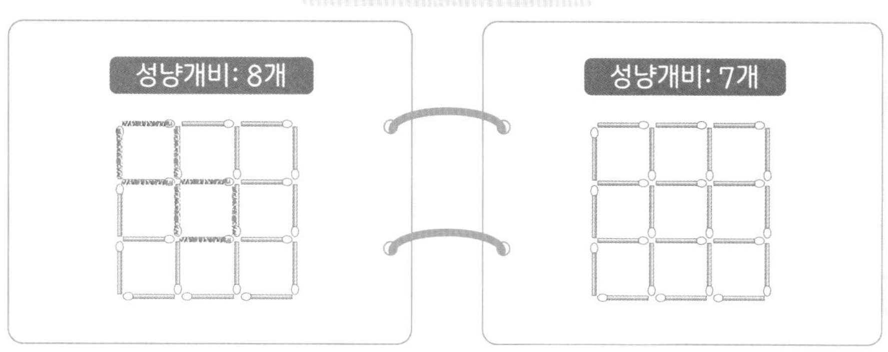

정사각형 3개 만들기

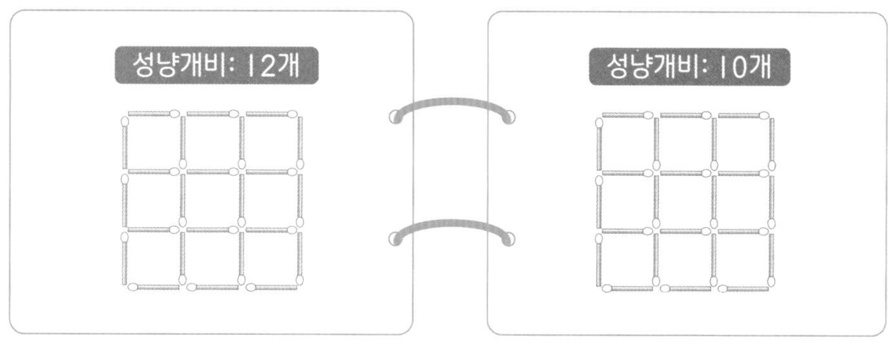

Lecture 찾을 수 있는 도형의 개수

성냥개비를 놓는 방법에 따라 필요한 개수가 달라집니다. 성냥개비를 놓아 모양을 만들 때는 남는 성냥개비가 생기지 않도록 합니다.

성냥개비 8개로 정사각형 2개 만들기

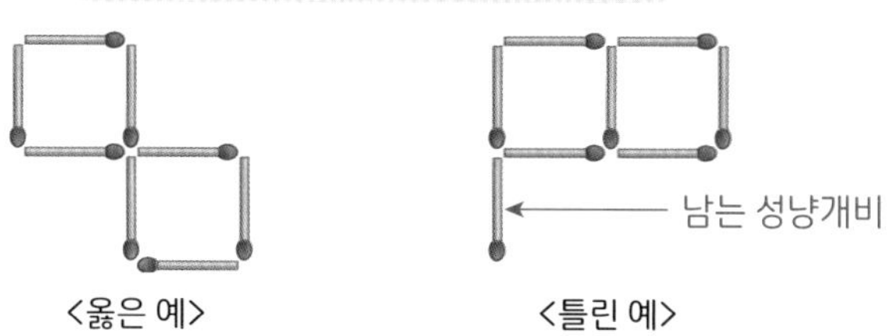

<옳은 예> <틀린 예>

대표문제

성냥개비 16개로 만든 모양입니다. 성냥개비 2개를 옮겨서 크기가 같은 정사각형이 4개가 되도록 만들어 보시오.

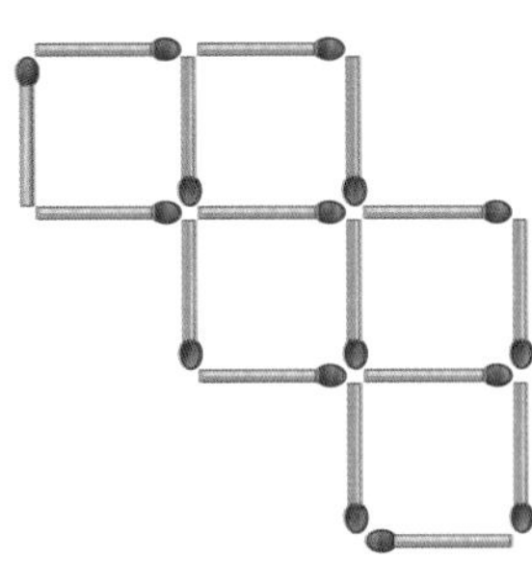

STEP 1 성냥개비 4개로 정사각형 1개를 만들 수 있습니다. 설명을 읽고 알맞은 말에 ○표 하시오.

성냥개비 16개를 모두 사용하여 크기가 같은 정사각형 4개를 만들려면 겹치는 변이 (1개 있어야 합니다 , 하나도 없어야 합니다).

STEP 2 STEP 1 과 같은 방법으로 만들기 위해 옮겨야 하는 성냥개비 2개를 찾아 ○표 하시오.

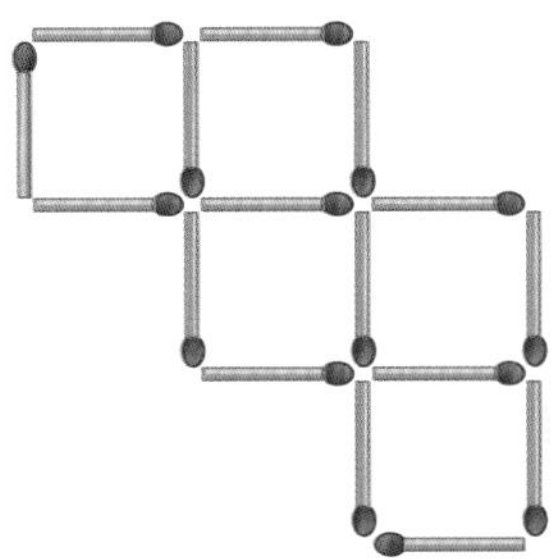

STEP 3 성냥개비 2개를 옮겨서 완성한 모양을 그려 보시오.

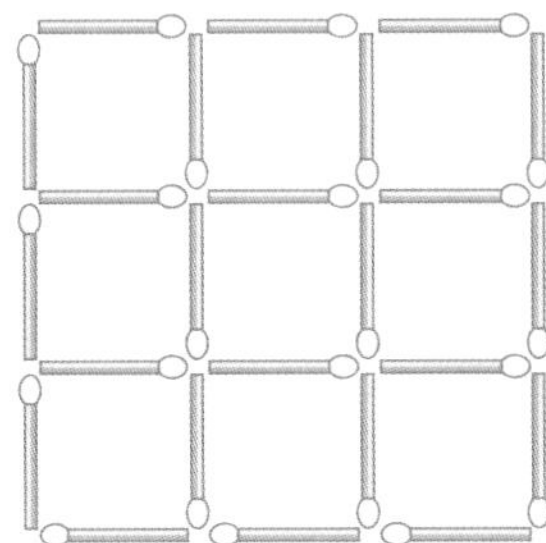

정답과 풀이 28쪽

1 성냥개비로 다음과 같은 모양을 만들었습니다. 물음에 답하시오.

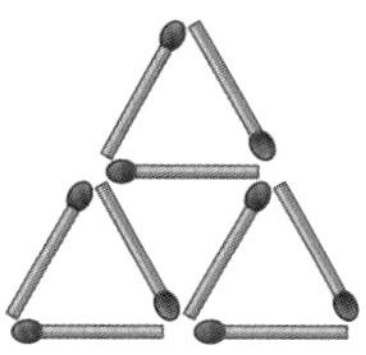

(1) 주어진 모양에서 찾을 수 있는 크고 작은 정삼각형은 모두 몇 개입니까?

(2) 성냥개비를 2개 옮겨서 크기가 같은 정삼각형이 4개가 되도록 만들어 보시오.

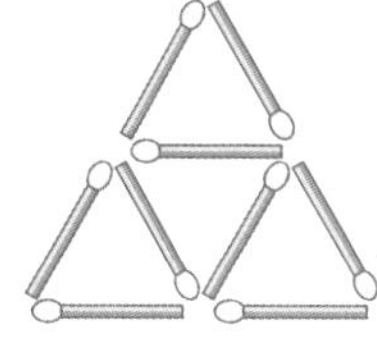

2 성냥개비를 2개 옮겨서 크기가 같은 정사각형이 4개가 되도록 만들어 보시오.

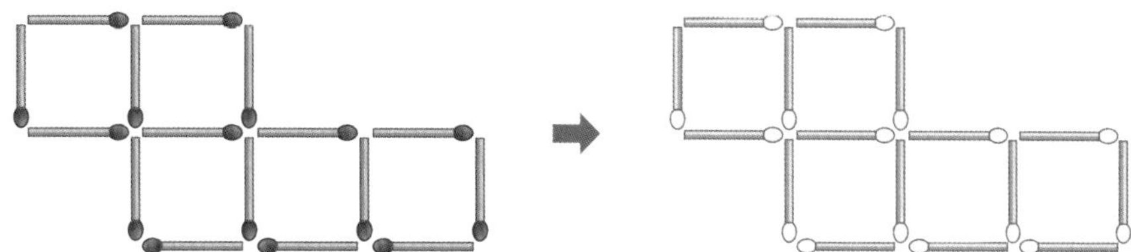

6 여러 가지 도형을 붙여 만든 모양

같은 모양 찾기

보기 의 모양을 돌리거나 뒤집었을 때 같은 모양을 찾아 표시해 보시오.

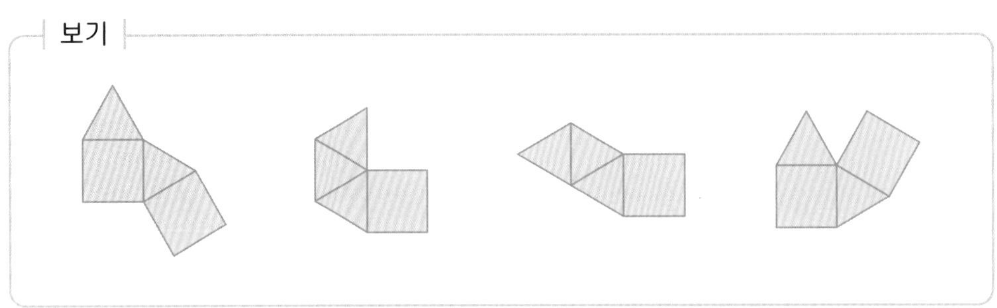

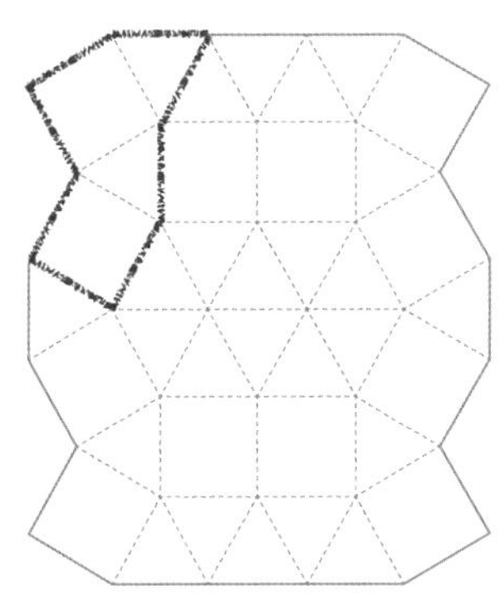

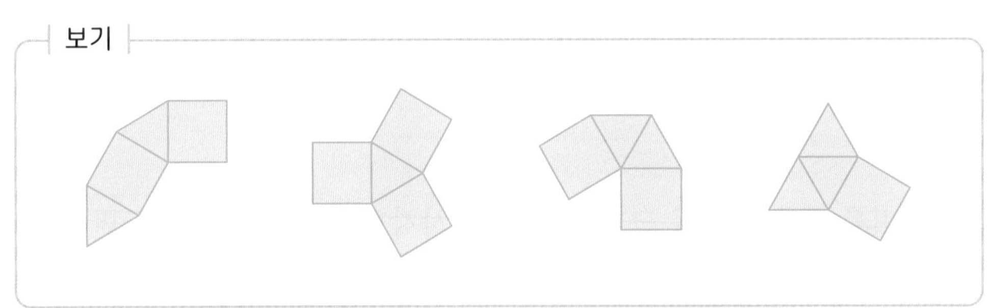

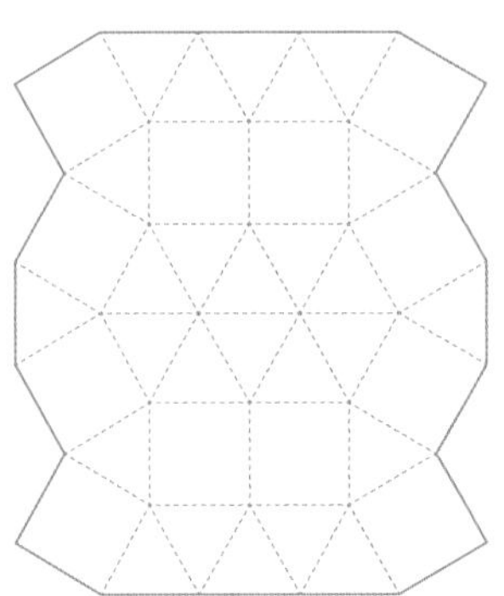

정답과 풀이 29쪽

정사각형 1개와 직각삼각형 2개를 붙여 만든 모양

정사각형 1개와 직각삼각형 2개를 길이가 같은 변끼리 이어 붙여 모양을 만들려고 합니다. 만들 수 있는 서로 다른 모양은 몇 가지인지 구하시오. (단, 돌리거나 뒤집었을 때 겹쳐지는 모양은 한 가지로 봅니다.)

(1) ①부터 ⑤까지의 위치에 차례대로 직각삼각형 1개를 여러 가지 방법으로 붙여 보시오.

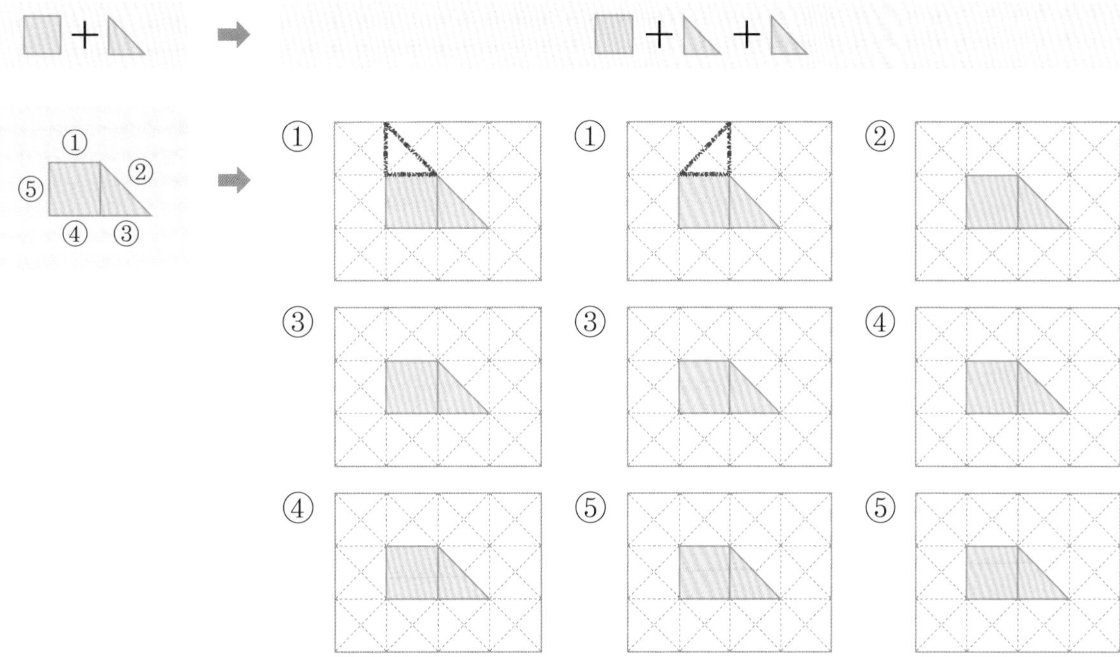

(2) (1)에서 돌리거나 뒤집었을 때 겹쳐지는 같은 모양을 찾아보고, 서로 다른 모양은 몇 가지인지 구하시오.

Lecture 여러 가지 도형을 붙여 만든 모양

- 모양 붙이기를 할 때에는 길이가 같은 변끼리 이어 붙입니다.

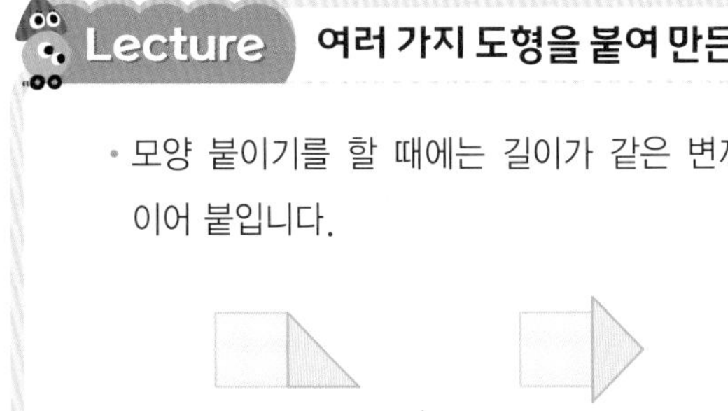

- 붙이는 방향에 따라 다른 모양이 만들어지는 것에 유의하여 모양을 만듭니다.

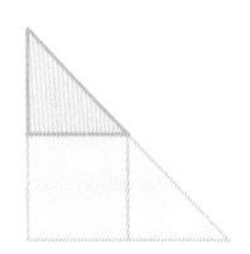

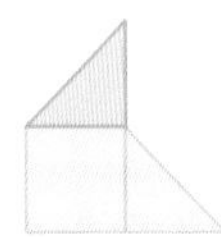

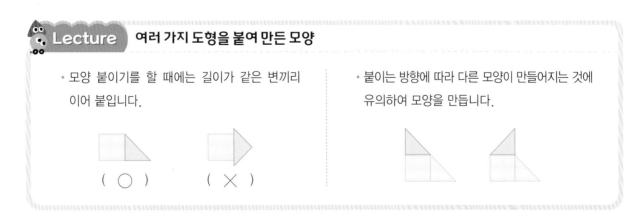

⑥ 여러 가지 도형을 붙여 만든 모양

대표문제

정사각형 2개와 직각삼각형 1개를 길이가 같은 변끼리 이어 붙여 모양을 만들려고 합니다. 만들 수 있는 서로 다른 모양은 몇 가지인지 구하시오. (단, 돌리거나 뒤집었을 때 겹쳐지는 모양은 한 가지로 봅니다.)

STEP 1 ①부터 ⑥까지의 위치에 차례대로 직각삼각형 1개를 여러 가지 방법으로 붙여 보시오.

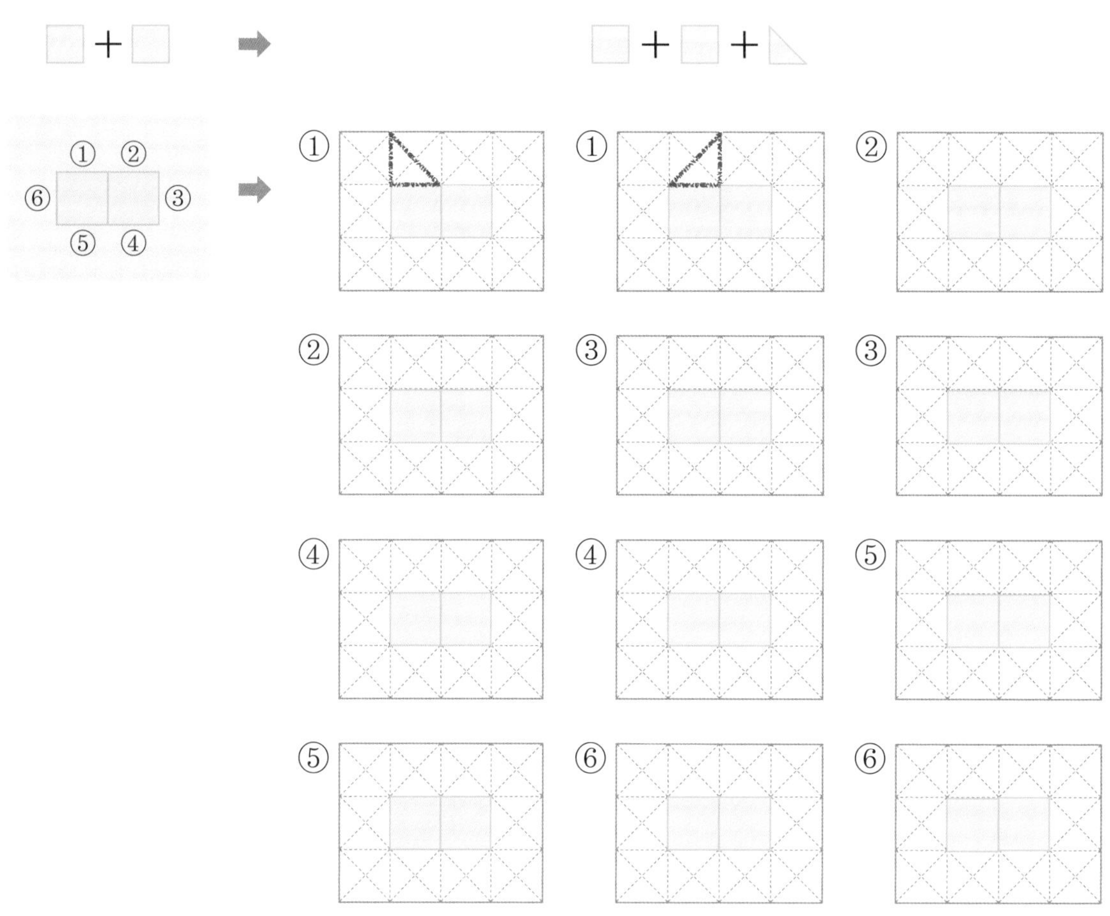

STEP 2 STEP 1 에서 돌리거나 뒤집었을 때 겹쳐지는 같은 모양을 찾아보고, 서로 다른 모양은 몇 가지인지 구하시오.

정답과 풀이 30쪽

01 변의 길이가 같은 정사각형 1개와 정삼각형 2개를 변끼리 이어 붙여 만들 수 있는 서로 다른 모양은 모두 몇 가지인지 구하려고 합니다. 물음에 답하시오. (단, 돌리거나 뒤집었을 때 겹쳐지는 모양은 한 가지로 봅니다.)

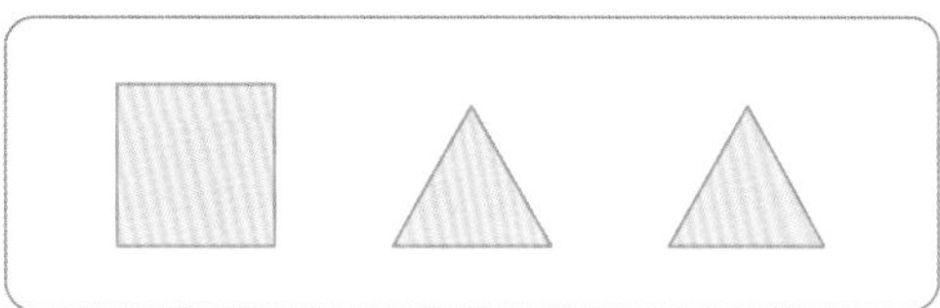

(1) 정사각형 1개와 정삼각형 1개를 이어 붙인 모양에 정삼각형 1개를 여러 가지 방법으로 이어 붙인 모양을 그려 보시오.

(2) 돌리거나 뒤집었을 때 겹쳐지는 같은 모양을 찾아보고, 서로 다른 모양은 몇 가지인지 구하시오.

Creative 팩토

01 성냥개비 2개를 빼서 크고 작은 정사각형 4개를 만들려고 합니다. 빼야 하는 성냥개비를 찾아 ×표 하시오.

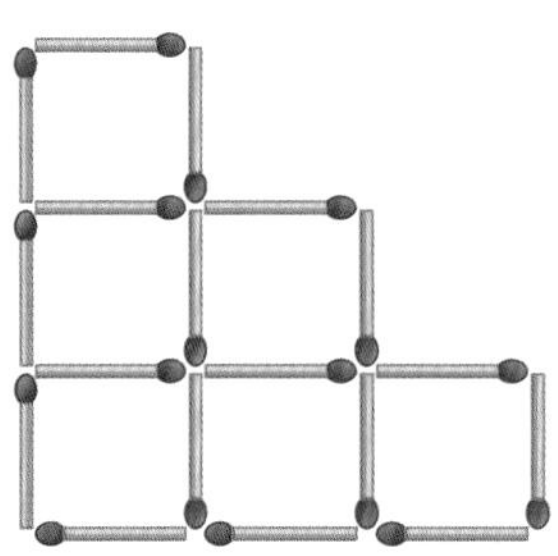

02 정삼각형 3개 중 1개만 색이 다를 때, 정삼각형 3개를 붙여 만들 수 있는 서로 다른 모양을 모두 그려 보시오. (단, 돌리거나 뒤집었을 때 겹쳐지는 모양뿐만 아니라 색깔의 위치까지 일치하는 경우에는 한 가지로 봅니다.)

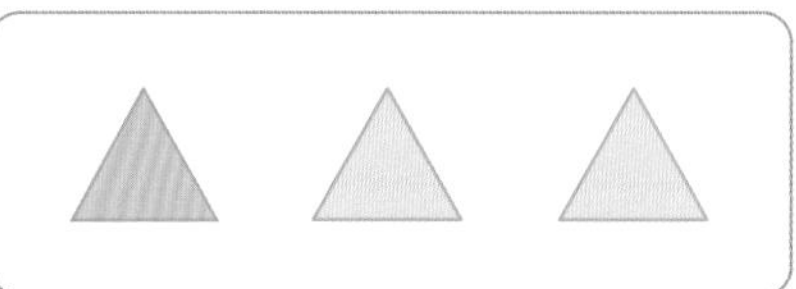

03 직사각형 3개를 길이가 같은 변끼리 이어 붙여 만들 수 있는 서로 다른 모양을 모두 그려 보시오. (단, 돌리거나 뒤집었을 때 겹쳐지는 모양은 한 가지로 봅니다.)

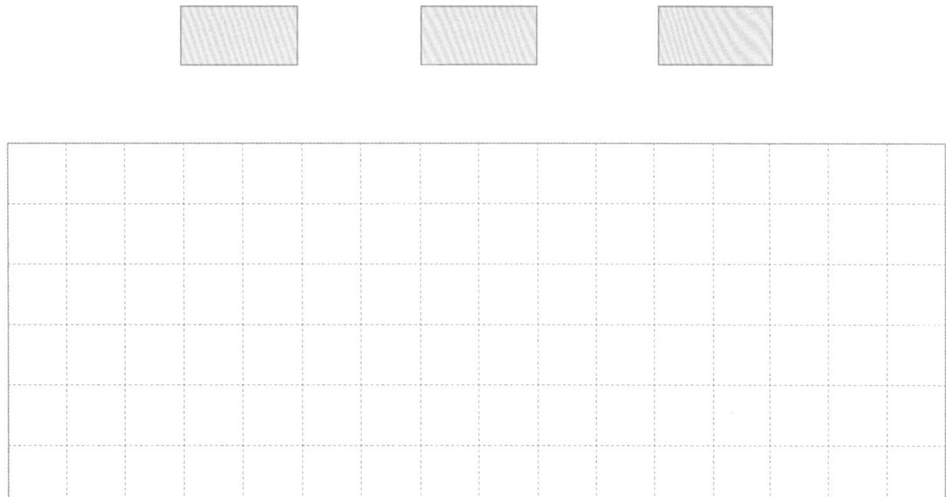

04 성냥개비 12개로 다음과 같은 모양을 만들었습니다. 성냥개비 5개를 옮겨서 크기가 같은 정사각형 3개를 만들어 보시오.

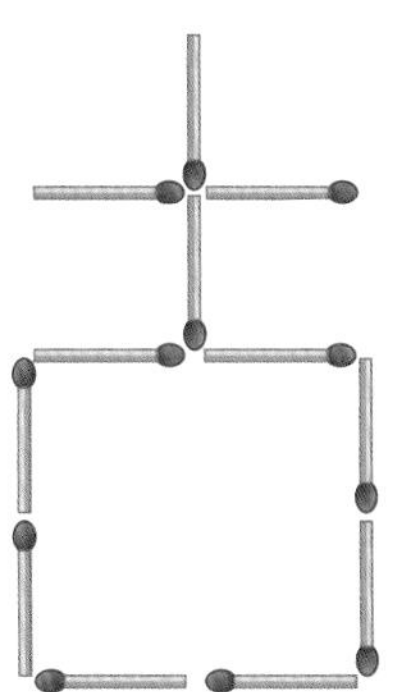

01 정사각형 모양의 조각과 이 조각을 반으로 잘라 만든 직각삼각형 모양의 조각 2개가 있습니다. 이 조각들을 길이가 같은 변끼리 이어 붙여 모양을 만들 때, 물음에 답하시오. (단, 돌리거나 뒤집었을 때 겹쳐지는 모양은 한 가지로 봅니다.)

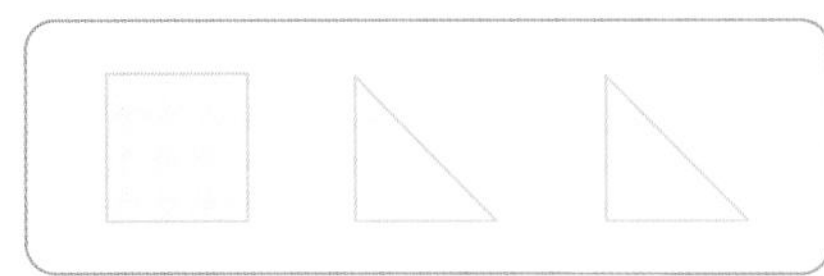

(1) 3조각을 모두 사용하여 변이 4개인 서로 다른 모양 3개를 만들어 보시오.

(2) 3조각을 모두 사용하여 변이 6개인 서로 다른 모양 3개를 만들어 보시오.

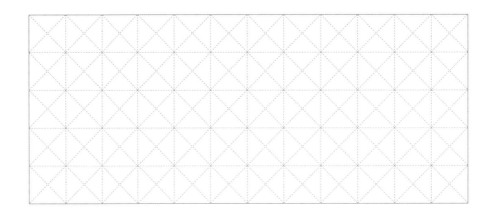

정답과 풀이 32쪽

02 다음 모양을 모눈종이에 최대한 많이 그려 넣을 때, 몇 개까지 그릴 수 있는지 구하시오. (단, 모양을 겹쳐 그릴 수 없습니다.)

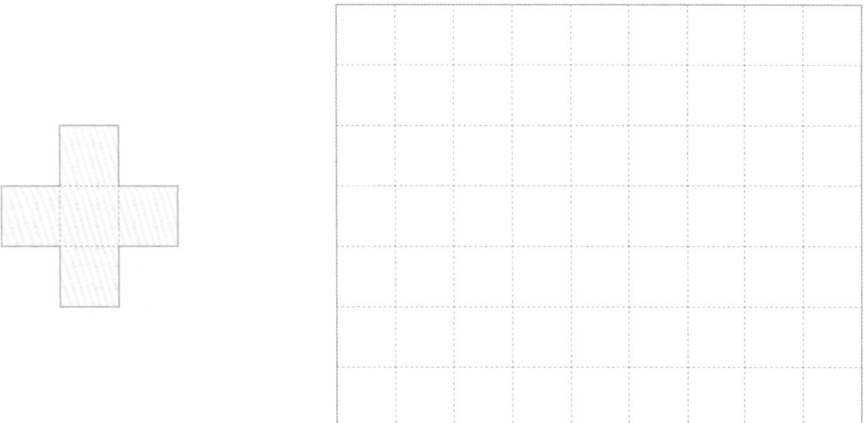

03 성냥개비 2개를 옮겨서 크고 작은 정사각형 11개를 만들어 보시오.

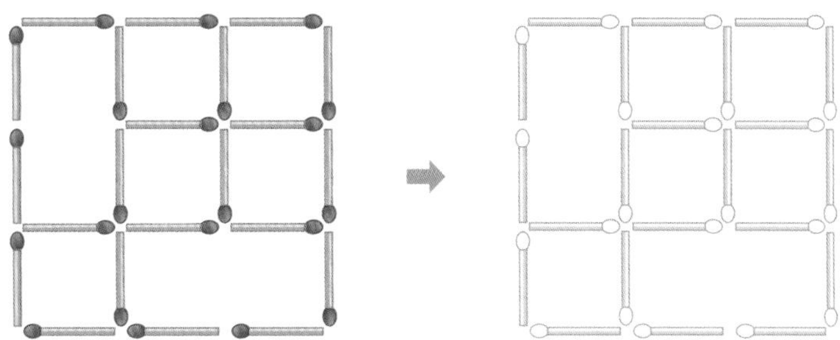

Challenge 영재교육원

01 주어진 점들 중 3개를 연결하여 삼각형을 그릴 때, 삼각형의 세 꼭짓점의 수들의 합이 15가 되는 경우를 모두 찾아 그려 보시오.

1	2	3		1	2	3
4	5	6		4	5	6
7	8	9		7	8	9

1	2	3		1	2	3
4	5	6		4	5	6
7	8	9		7	8	9

정답과 풀이 33쪽

02 다음 테트로미노 조각에 정사각형 1개를 더 붙여 서로 다른 모양의 펜토미노를 모두 그려 보시오. (단, 돌리거나 뒤집었을 때 겹쳐지는 모양은 한 가지로 봅니다.)

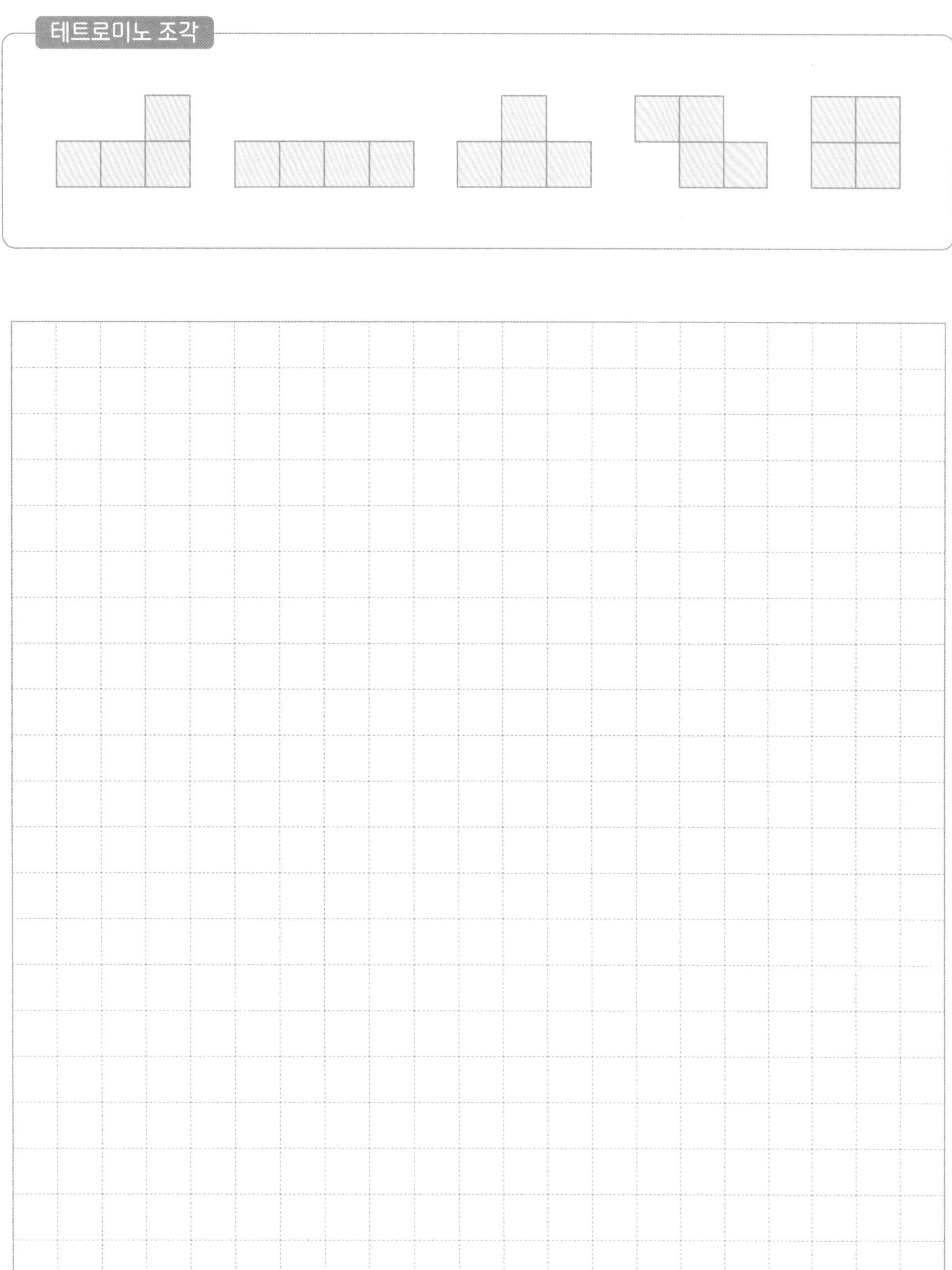

Ⅲ

문제해결력

학습 Planner

계획한 대로 공부한 날은 😀에, 공부하지 못한 날은 🙁에 ◯표 하세요.

공부할 내용	공부할 날짜		확 인
1 부분과 전체의 차를 이용하여 해결하기	월	일	😀 | 🙁
2 가로수 심기	월	일	😀 | 🙁
3 그림 그려 해결하기	월	일	😀 | 🙁
Creative 팩토	월	일	😀 | 🙁
4 나누어 계산하기	월	일	😀 | 🙁
5 주고 받기	월	일	😀 | 🙁
6 예상하고 확인하기	월	일	😀 | 🙁
Creative 팩토	월	일	😀 | 🙁
Perfect 경시대회	월	일	😀 | 🙁
Challenge 영재교육원	월	일	😀 | 🙁

1 부분과 전체의 차를 이용하여 해결하기

주어진 상황을 보고 남는 금액 또는 남는 물건의 수를 구해 보시오.

보기

500원짜리 초콜릿 2개를 사려다가
400원짜리 초콜릿 2개를 샀음

남는 금액 200 원
↑ 100×2

200원짜리 사탕 4개를 사려다가
150원짜리 사탕 4개를 샀음

남는 금액 원

300원짜리 젤리 3개를 사려다가
100원짜리 젤리 3개를 샀음

남는 금액 원

구슬 20개짜리 팔찌 2개를
만들려다가 구슬 15개짜리
팔찌 2개를 만듦

남는 구슬의 수 개

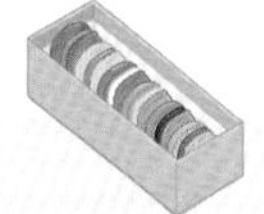

마카롱 6개짜리 상자 10개를
만들려다가 마카롱 3개짜리
상자 10개를 만듦

남는 마카롱의 수 개

쿠키 12개짜리 상자 6개를
만들려다가 쿠키 8개짜리
상자 6개를 만듦

남는 쿠키의 수 개

정답과 풀이 34쪽

주어진 상황을 보고 남는 금액 또는 남는 물건의 수를 구하는 방법을 알아보시오.

500원짜리 물건을 사려다가 450원짜리 물건을 샀을 때 남는 금액

500원짜리 2개 대신 450원짜리 2개를 샀음	500원짜리 3개 대신 450원짜리 3개를 샀음	…	500원짜리 ★개 대신 450원짜리 ★개를 샀음
원 남음	원 남음		(×★)원 남음

한 봉지에 20개씩 담으려다가 10개씩 담았을 때 남는 물건의 수

20개씩 2봉지를 담는 대신 10개씩 2봉지를 담음	20개씩 3봉지를 담는 대신 10개씩 3봉지를 담음	…	20개씩 ★봉지를 담는 대신 10개씩 ★봉지를 담음
개 남음	개 남음		(×★)개 남음

Lecture 부분과 전체의 차를 이용하여 해결하기

200원짜리 물건을 ★개 사려다가
50원짜리 물건을 ★개 샀을 때 남는 금액

➡ (150×★)원 남음
↑ 200－50

부분과 전체의 차를 이용하여 해결하기

대표문제

예나는 800원짜리 도넛 ■개를 살 돈만 가지고 도넛 가게에 갔는데 예나가 찾는 도넛이 없어서 750원짜리 도넛을 ■개 샀습니다. 도넛을 사고 350원이 남았다면 예나가 처음에 가지고 간 돈은 얼마인지 구해 보시오. (단, ■는 같은 수입니다.)

STEP 1 문제를 보고 남는 금액을 구하는 방법을 알아보시오.

800원짜리 도넛 ■개를 사려다가 750원짜리 도넛 ■개를 샀을 때 남는 금액

800원짜리 2개 대신 750원짜리 2개를 샀음	800원짜리 3개 대신 750원짜리 3개를 샀음	…	800원짜리 ■개 대신 750원짜리 ■개를 샀음
원 남음	원 남음		(×)원 남음

STEP 2 STEP 1에서 구한 방법과 남는 금액인 350원을 이용하여 산 도넛의 수 ■를 구해 보시오.

STEP 3 예나가 처음에 가지고 간 돈은 얼마인지 구해 보시오.

01 구슬이 몇 개 있습니다. 이 구슬은 40개씩 들어가는 봉지 □개에 남김없이 가득 담을 수 있습니다. 그런데 이 구슬을 32개씩 들어가는 봉지 □개에 가득 담으면 구슬 64개가 남습니다. 구슬은 몇 개 있는지 구해 보시오.

(단, □는 같은 수입니다.)

02 초콜릿이 몇 개 있습니다. 이 초콜릿은 25개씩 들어가는 봉지 □개에 남김없이 가득 담을 수 있습니다. 그런데 이 초콜릿을 30개씩 들어가는 봉지 □개에 가득 담으려면 초콜릿 45개가 부족합니다. 초콜릿은 몇 개 있는지 구해 보시오.

(단, □는 같은 수입니다.)

2 가로수 심기

길 위에 나무 심기

길의 한쪽에 주어진 간격으로 나무를 심으려고 합니다. 길의 처음과 끝에도 나무를 심는다고 할 때 나무를 알맞게 그리고, 간격의 수와 나무의 수를 각각 구해 보시오.

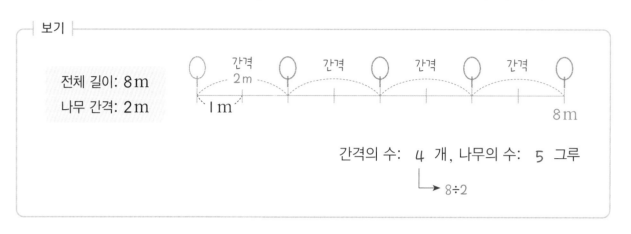

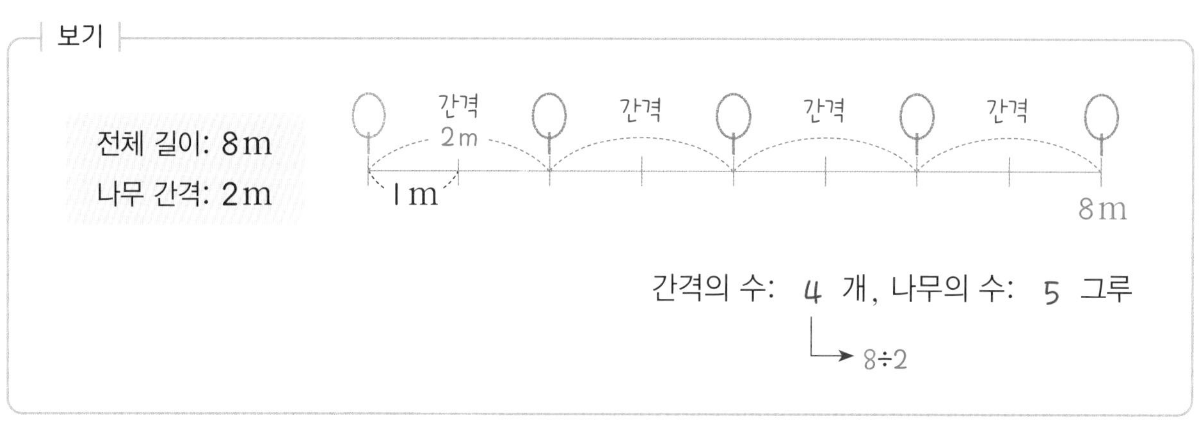

보기
전체 길이: 8m
나무 간격: 2m
간격
2m
간격
간격
간격
1m
8m
간격의 수: 4 개, 나무의 수: 5 그루
8÷2

전체 길이: 12m
나무 간격: 4m

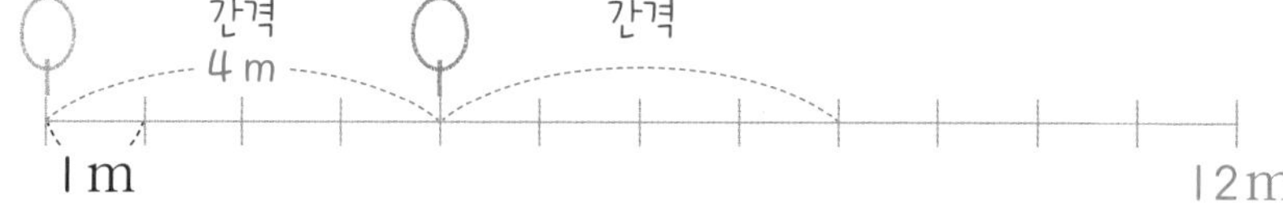

간격의 수: 개, 나무의 수: 그루

12÷4

전체 길이: 20m
나무 간격: 4m

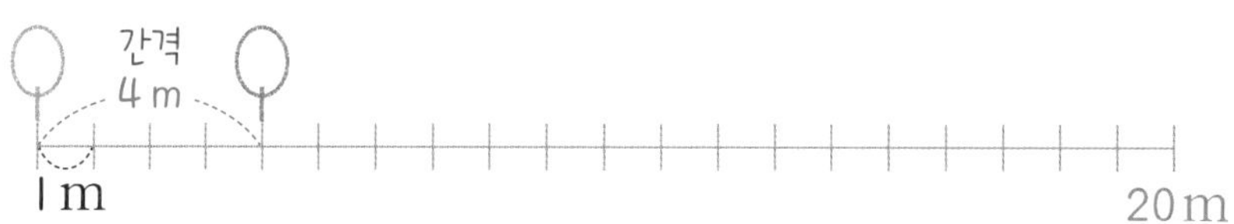

간격의 수: 개, 나무의 수: 그루

전체 길이: 30m
나무 간격: 5m

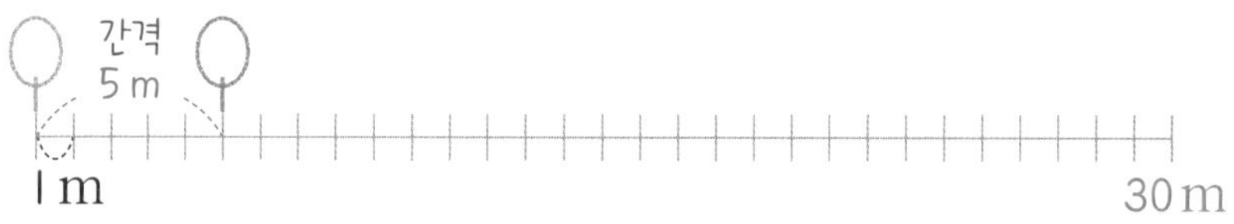

간격의 수: 개, 나무의 수: 그루

정답과 풀이 36쪽

호수 둘레에 나무 심기

원 모양의 호수 둘레에 주어진 간격으로 나무를 심으려고 합니다. 나무를 알맞게 그리고, 간격의 수와 나무의 수를 각각 구해 보시오.

보기

호수 둘레: 9m, 나무 간격: 3m

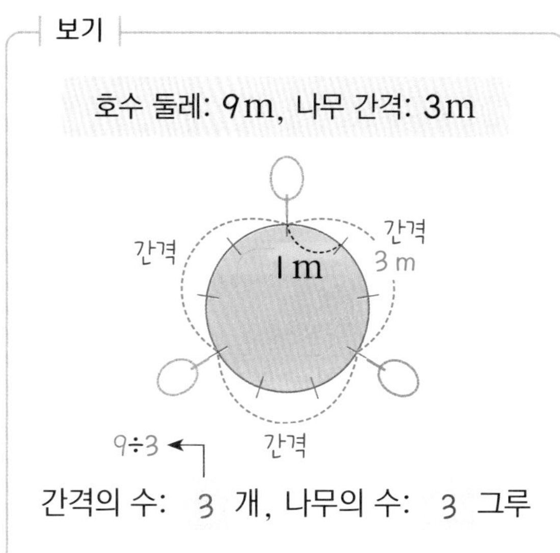

간격의 수: 3 개, 나무의 수: 3 그루

호수 둘레: 12m, 나무 간격: 2m

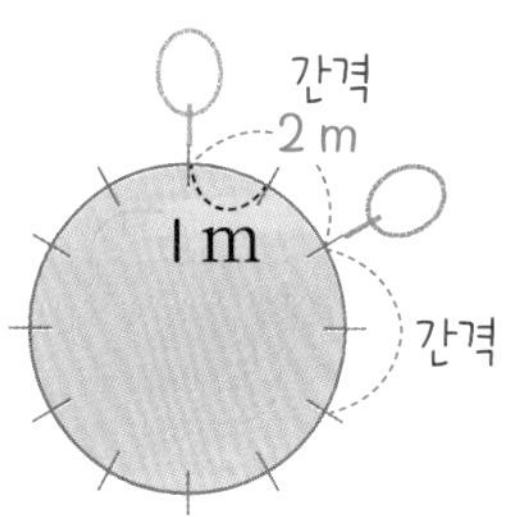

간격의 수: 개, 나무의 수: 그루

12÷2

호수 둘레: 16m, 나무 간격: 4m

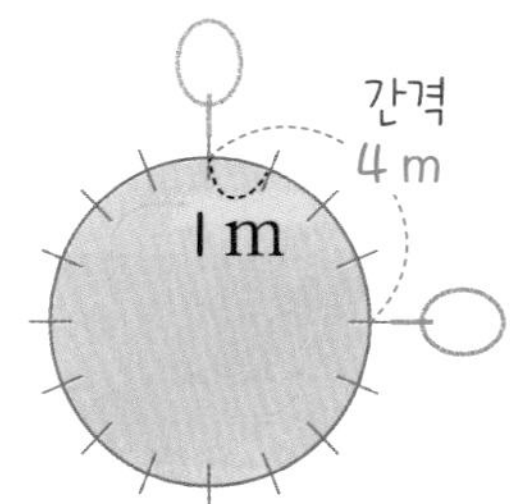

간격의 수: 개, 나무의 수: 그루

호수 둘레: 20m, 나무 간격: 5m

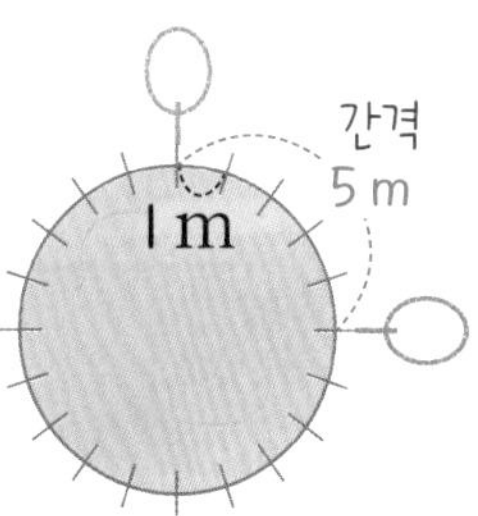

간격의 수: 개, 나무의 수: 그루

Lecture **가로수 심기**

직선인 길의 처음부터 끝까지 주어진 간격으로 나무를 심을 경우

- (간격의 수)=(전체 길이)÷(나무 사이의 간격)
- (나무의 수)=(간격의 수)+1

원 모양의 길 둘레에 주어진 간격으로 나무를 심을 경우

- (간격의 수)=(전체 길이)÷(나무 사이의 간격)
- (나무의 수)=(간격의 수)

대표문제

길이가 30 m인 길 한쪽에 6 m 간격으로 사과나무가 심겨 있고, 사과나무 사이마다 2 m 간격으로 소나무가 심겨 있습니다. 이 길에 심겨 있는 사과나무와 소나무는 각각 몇 그루인지 구해 보시오. (단, 사과나무는 길의 시작과 끝에 심겨 있고, 사과나무를 심은 자리에는 소나무를 심지 않았습니다.)

STEP 1 30 m인 길의 한쪽에 6 m 간격으로 사과나무를 심을 때 사과나무는 모두 몇 그루이고, 사과나무 사이의 간격은 몇 개인지 구해 보시오.

STEP 2 사과나무 사이에 심어진 소나무를 2 m 간격으로 그려 보고, 길에 심겨 있는 소나무는 모두 몇 그루인지 구해 보시오.

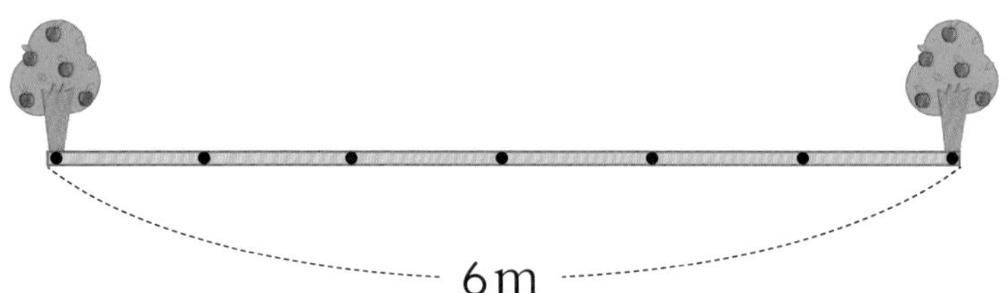

정답과 풀이 37쪽

1 길이가 80 m인 산책로가 있습니다. 이 산책로 한쪽에 그림과 같이 처음부터 끝까지 8 m 간격으로 가로등을 설치하려고 합니다. 필요한 가로등은 몇 개인지 구해 보시오. (단, 가로등의 두께는 생각하지 않습니다.)

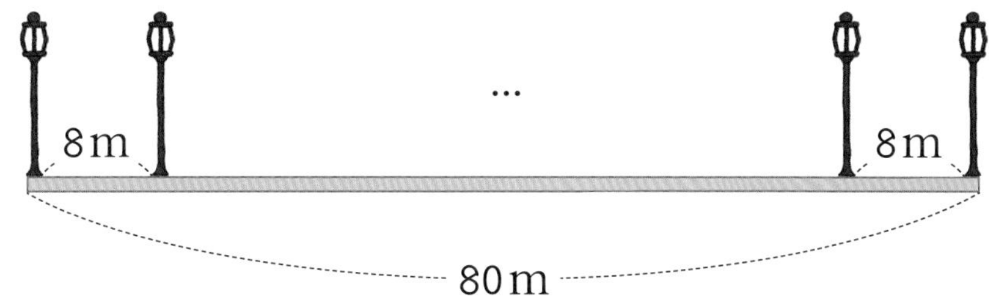

2 둘레가 90 m인 호수 주위에 6 m 간격으로 긴 의자를 설치하였습니다. 긴 의자 하나에 4명씩 앉을 때, 모두 몇 명이 앉을 수 있는지 구해 보시오. (단, 의자의 길이는 생각하지 않습니다.)

3 그림 그려 해결하기

달팽이 한 마리가 10m 깊이의 우물에 빠졌습니다. 달팽이는 밖으로 나가기 위해 낮 동안 열심히 기어올라 4m를 올라갔습니다. 하지만 밤이 되어 잠을 자는 동안은 3m 만큼 미끄러졌습니다. 물음에 답해 보시오.

(1) 이 문제를 보고 지우는 다음과 같이 생각했습니다. 지우의 생각이 맞는지 쓰고 달팽이의 움직임을 점과 선으로 나타내어 보시오.

> 지우: 달팽이는 낮에는 4m 올라가고 밤에는 3m 내려가므로 하루 종일 1m를 올라가는 셈입니다. 따라서 우물의 깊이는 10m이므로 10일 만에 밖으로 나올 수 있습니다.

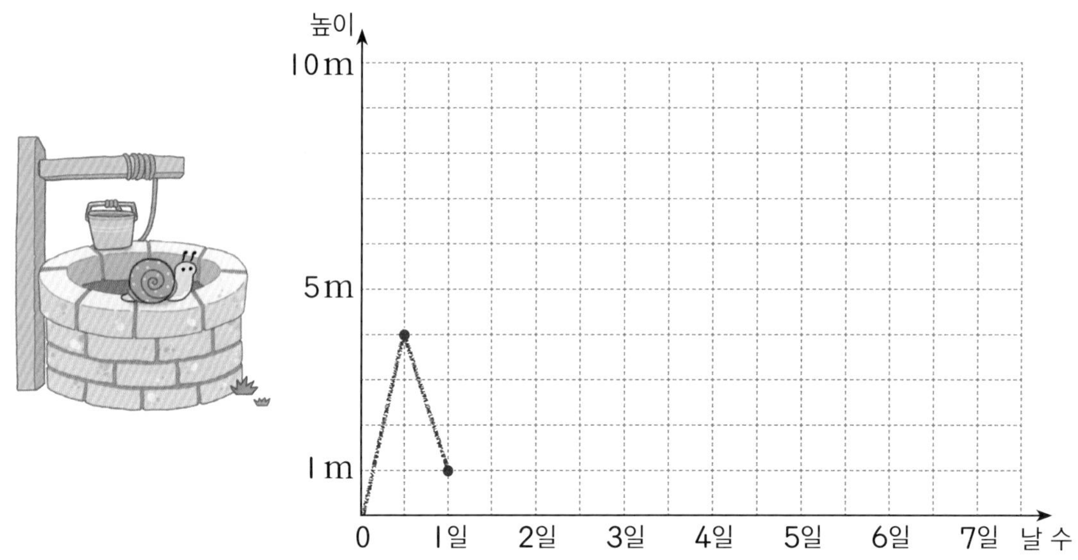

(2) 달팽이는 며칠째에 밖으로 나올 수 있습니까?

정답과 풀이 38쪽

개구리풀 번식

직사각형 모양의 연못에 개구리풀이 있습니다. 이 개구리풀은 매일 2배씩 자라 2배의 넓이만큼 연못을 채웁니다. 첫째 날 연못의 한 칸에 개구리풀이 있다고 할 때, 물음에 답해 보시오.

(1) 개구리풀이 연못을 채운 넓이만큼 색칠해 보시오.

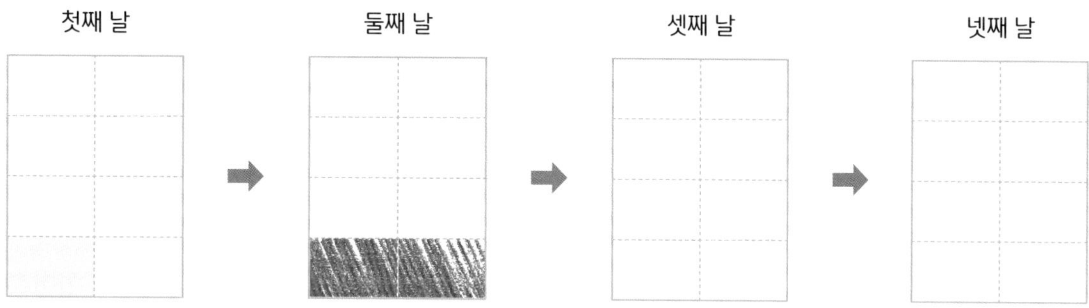

(2) 개구리풀이 연못을 가득 덮게 되는 날은 몇째 날인지 구해 보시오.

Lecture **그림 그려 해결하기**

어느 연못의 개구리풀이 매일 2배씩 자란다고 할 때, 어느 날 그 연못을 가득 덮었다고 하면 그 연못의 절반을 덮은 것은 1일 전입니다.

2일 전 ← 1일 전 ← 오늘

대표문제

서윤이가 매일 2배씩 자라는 요술 꽃잎 하나를 가져와 어항에 띄웠더니 10일째에 꽃잎이 어항 전체를 덮었습니다. 9일째에 어항을 모두 덮으려면 처음에 꽃잎을 몇 장 넣으면 되는지 구해 보시오. (단, 꽃잎이 자라는 빠르기는 모두 같습니다.)

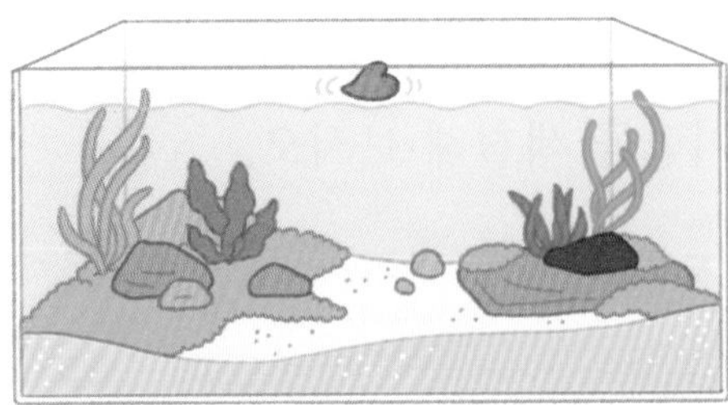

STEP 1 10일째에 꽃잎이 어항 전체를 덮었습니다. 거꾸로 생각하여 9일째에 꽃잎이 덮인 양만큼 색칠해 보시오.

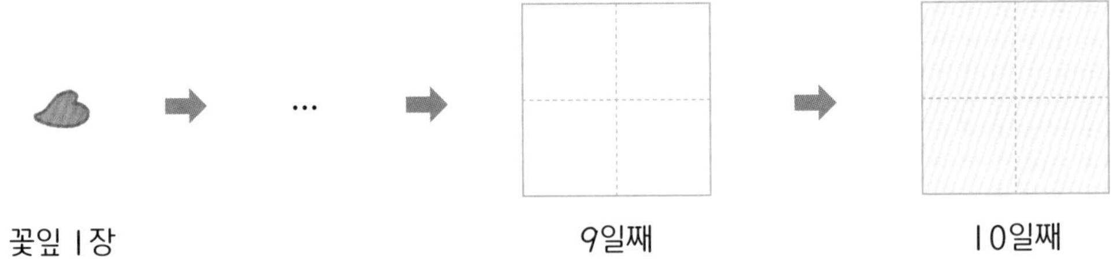

STEP 2 9일째에 어항을 모두 덮으려면 처음에 꽃잎을 몇 장 넣으면 되는지 구해 보시오.

정답과 풀이 39쪽

01 달팽이 한 마리가 24 m 깊이의 우물에 빠졌습니다. 이 달팽이는 낮에는 8 m를 기어오르지만 밤에는 다시 4 m 미끄러져 내려갑니다. 달팽이가 우물을 빠져나오는 데는 며칠이 걸리는지 구해 보시오.

02 1시간에 2배씩 수가 늘어나는 세균이 있습니다. 이 세균 1마리를 병에 넣고 뚜껑을 닫아 두었더니 정확히 8시간 후에 병 안이 세균으로 가득 찼습니다. 처음에 세균을 2마리 넣으면 세균으로 병이 가득 차는 데 걸리는 시간은 몇 시간인지 구해 보시오.

Creative 팩토

01 정호와 서우가 각각 일정한 간격으로 바둑돌을 놓아 곧은 선 모양을 만들었습니다. 정호는 바둑돌 사이의 간격을 5cm로 하여 8개를 놓았고, 서우는 3cm 간격으로 12개를 놓았습니다. 정호와 서우 중에서 더 길게 바둑돌을 놓은 사람은 누구인지 구해 보시오. (단, 바둑돌의 두께는 생각하지 않습니다.)

02 그림과 같이 가로의 길이가 10cm인 작은 그림 5장을 가로의 길이가 80cm인 벽에 붙이려고 합니다. 벽과 그림 사이, 그림과 그림 사이의 간격을 모두 같게 하려면 몇 cm 간격으로 그림을 붙여야 하는지 구해 보시오.

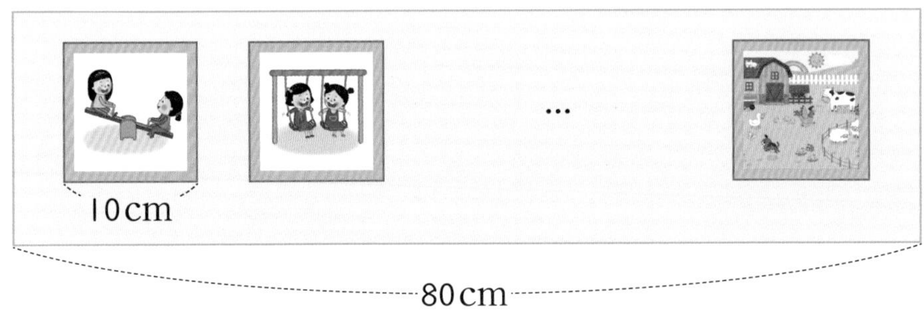

정답과 풀이 40쪽

03 900원짜리 초콜릿을 ▒개 살 돈만 가지고 마트에 갔는데 마침 할인을 해서 700원씩 주고 초콜릿을 (▒ +2)개 샀더니 돈이 남거나 모자라지 않고 딱 맞았습니다. 처음 마트에 가지고 간 돈은 얼마인지 구해 보시오. (단, ▒는 같은 수입니다.)

04 다음 리본을 절반 잘라 사용한 뒤, 남은 리본을 또 절반 잘라 사용했습니다. 한 번 더 남은 리본을 절반 잘라 사용했더니 남은 리본의 길이가 3cm였습니다. 잘라 사용하기 전 처음 리본의 길이는 몇 cm인지 구해 보시오.

나누어 계산하기

주어진 조건을 보기 와 같이 그림으로 알맞게 나타내어 보시오.

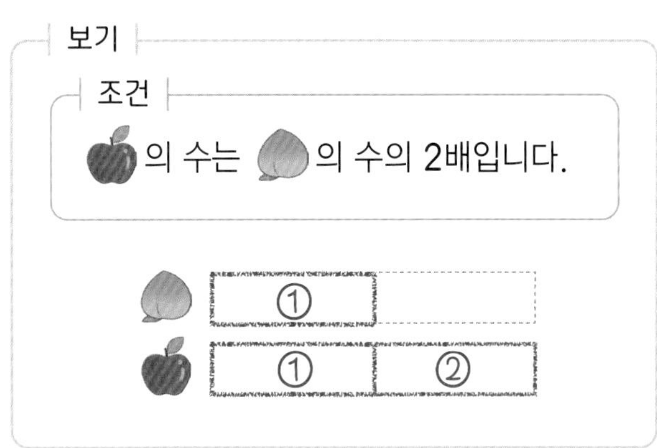

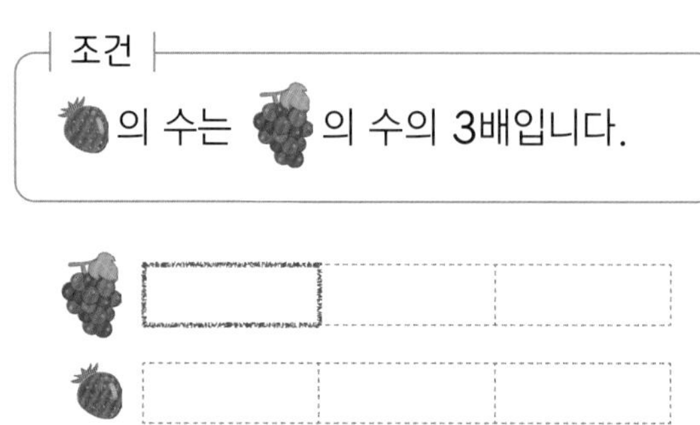

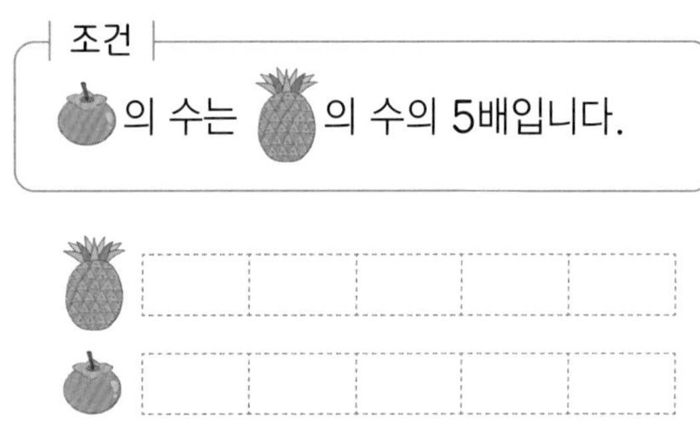

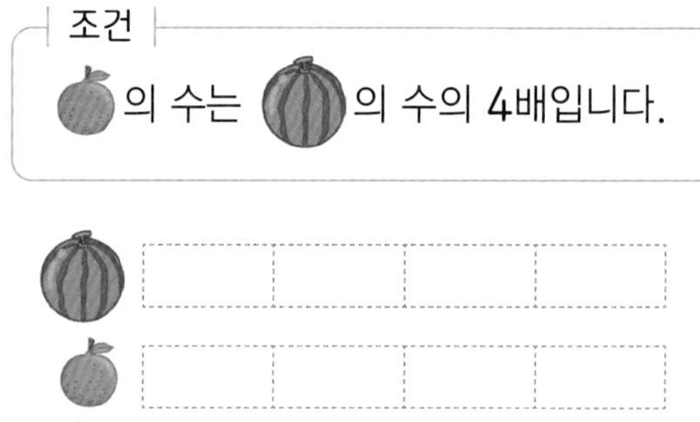

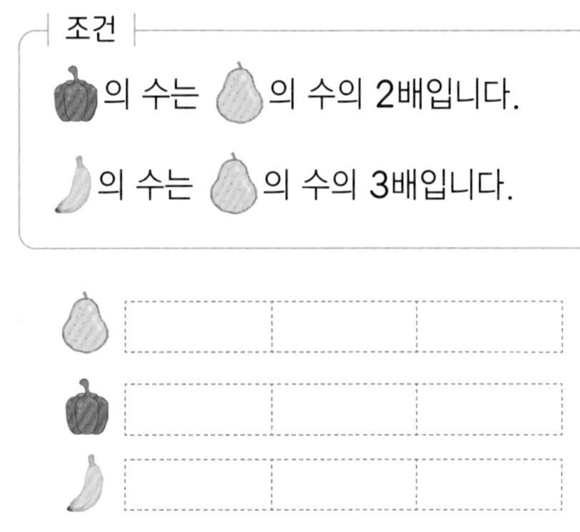

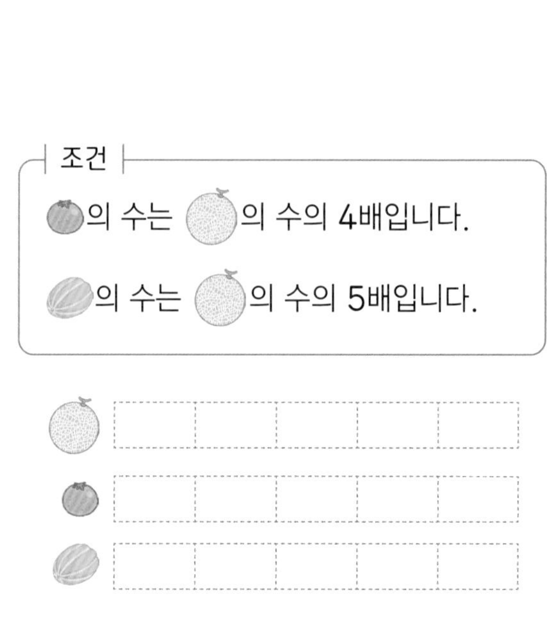

정답과 풀이 41쪽

보기 와 같이 주어진 문제를 그림을 그려 풀어 보시오.

보기

구슬 16개를 언니는 연수의 3배가 되도록 나누려고 합니다. 연수와 언니는 구슬을 각각 몇 개씩 가지게 됩니까?

3배가 되게 그림 그리기 → 16개를 나누어 1칸의 크기 구하기 → 두 사람의 구슬의 개수 구하기

연수 ①
언니 ① ② ③

16개
① ① ② ③
→ 16÷4=4(개)

연수 4 → 4 개
언니 4 4 4 → 12 개

사탕 25개를 누나는 은우의 4배가 되도록 나누려고 합니다. 은우와 누나는 사탕을 각각 몇 개씩 가지게 됩니까?

4배가 되게 그림 그리기 → 25개를 나누어 1칸의 크기 구하기 → 두 사람의 사탕의 개수 구하기

은우 ①
누나 ① ② ③ ④

은우: 개
누나: 개

대표문제

쿠키 64개를 지유는 보라의 3배, 수호는 보라의 4배가 되도록 나누려고 합니다. 보라, 지유, 수호는 쿠키를 각각 몇 개씩 가지게 되는지 구해 보시오.

STEP 1 보라가 가지게 되는 쿠키의 수를 다음과 같이 나타낼 때, 지유와 수호가 가지게 되는 쿠키의 수를 그림으로 나타내어 보시오.

지유는 보라의 3배, 수호는 보라의 4배

보라					
지유					
수호					

STEP 2 쿠키가 모두 64개일 때, STEP 1의 ☐ l칸은 쿠키 몇 개를 나타냅니까?

STEP 3 보라, 지유, 수호는 쿠키를 각각 몇 개씩 가지게 되는지 구해 보시오.

정답과 풀이 42쪽

01 연필 72자루를 아라는 유호의 2배, 선미는 유호의 3배가 되도록 나누려고 합니다. 아라, 유호, 선미는 연필을 각각 몇 자루씩 가지게 되는지 구해 보시오.

02 진우는 수연이보다 색종이가 3장 더 많고, 혜주는 수연이의 3배만큼 색종이를 가지고 있습니다. 세 사람이 가진 색종이를 합하면 28장입니다. 진우, 수연, 혜주가 가지고 있는 색종이는 각각 몇 장씩인지 구해 보시오.

5 주고 받기

구슬 옮기기

㉮에서 ㉯로 구슬을 옮겼을 때, 각각의 구슬의 수와 차를 구해 보시오.

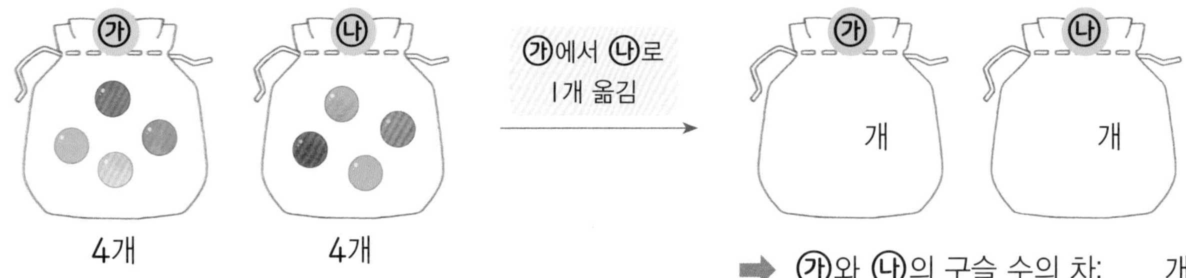

➡ ㉮와 ㉯의 구슬 수의 차:　　개

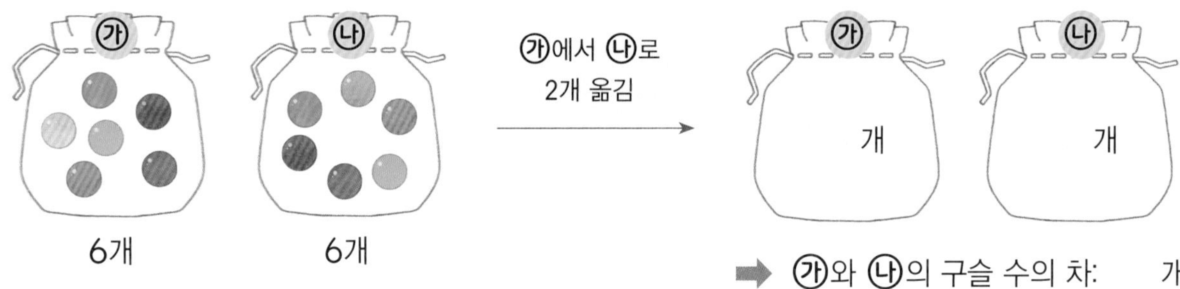

➡ ㉮와 ㉯의 구슬 수의 차:　　개

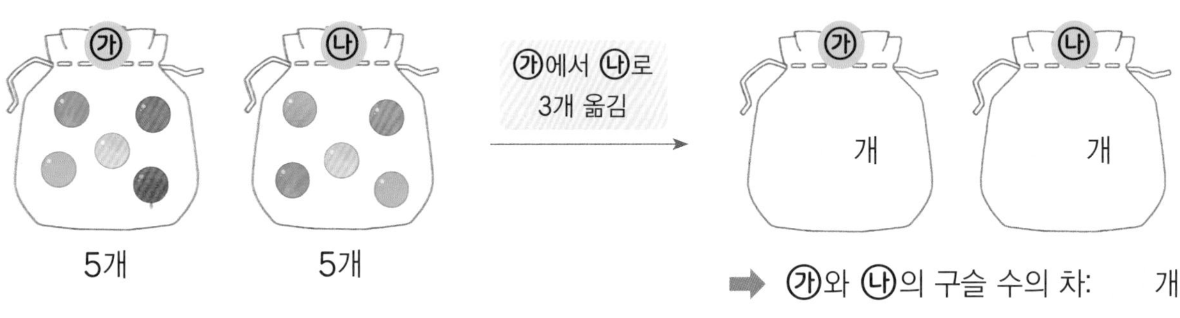

➡ ㉮와 ㉯의 구슬 수의 차:　　개

알 수 있는 사실

㉮에서 ㉯로 옮긴 구슬의 수	1개	2개	3개	…	★개
두 주머니의 구슬 수의 차	개	개	개	…	(★×　　)개

정답과 풀이 43쪽

처음 구슬 수 구하기

다음을 읽고 처음 ㉮ 주머니와 ㉯ 주머니에 들어 있던 구슬의 수를 각각 구해 보시오.

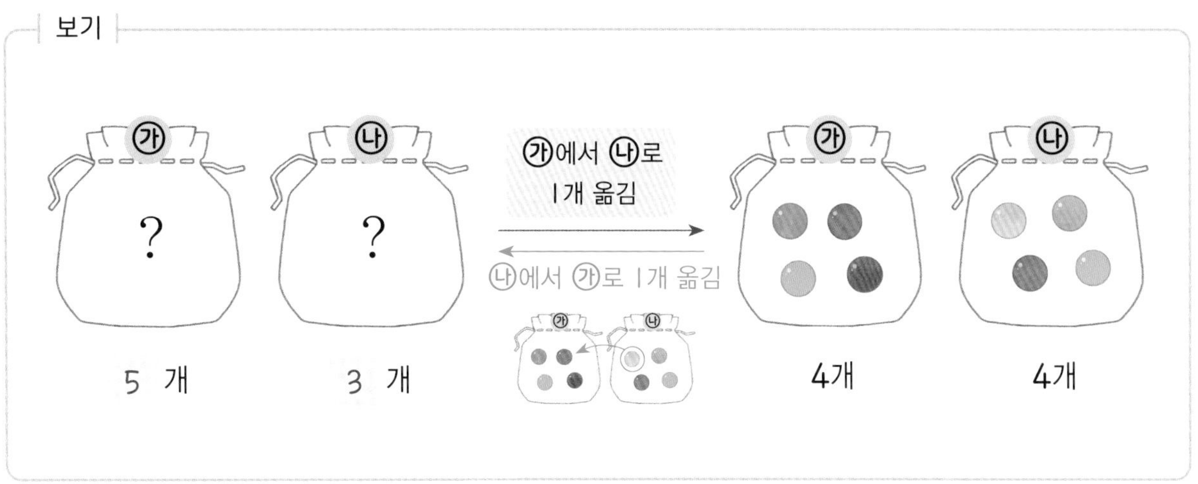

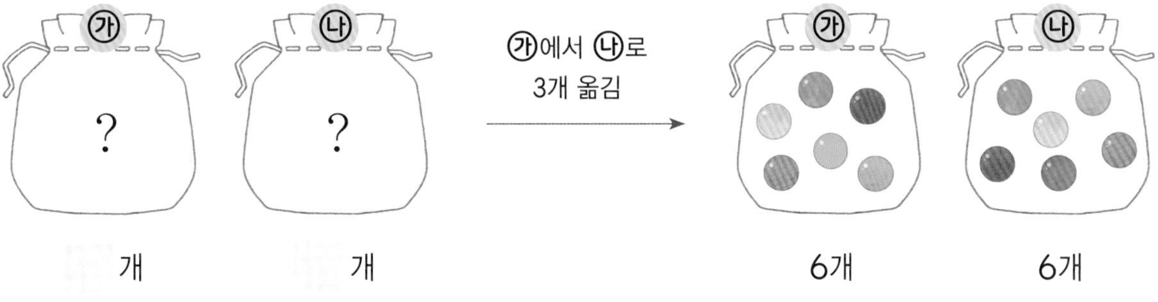

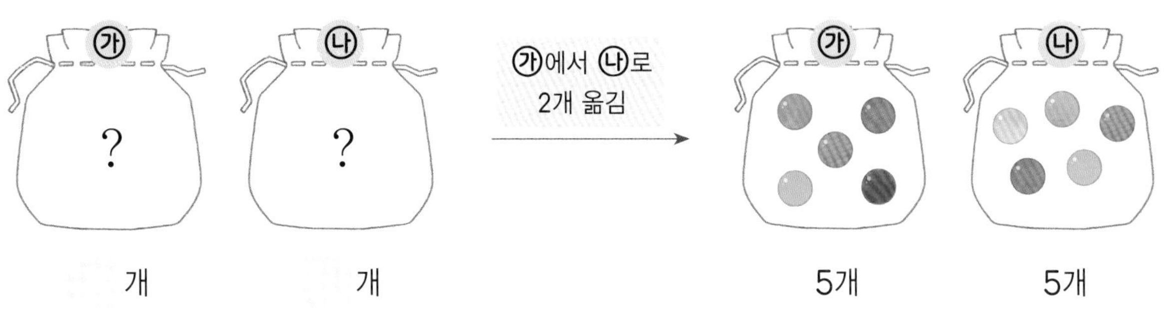

대표문제

현우와 재희가 같은 개수의 바둑돌을 나누어 가진 후 가위바위보를 해서 진 사람이 이긴 사람에게 바둑돌을 2개씩 주는 게임을 했습니다. 두 사람이 오른쪽과 같이 가위바위보를 했을 때, 현우가 가진 바둑돌이 하나도 남지 않아 재희가 이겼습니다. 두 사람이 처음에 나누어 가진 바둑돌은 각각 몇 개인지 구해 보시오.

	현우	재희
1회		
2회		
3회		
4회		

STEP 1 각각의 가위바위보를 했을 때 누가 누구에게 바둑돌을 몇 개 주어야 하는지 알아보시오.

	현우	재희
1회		
2회		
3회		
4회		

➡ ( )가 ( )에게 2개를 줍니다.
➡ ( )가 ( )에게 2개를 줍니다.
➡ ( )가 ( )에게 2개를 줍니다.
➡ ( )가 ( )에게 2개를 줍니다.

STEP 2 가위바위보를 4회 한 후 현우가 가진 바둑돌은 몇 개인지 구해 보시오.

STEP 3 현우가 처음에 가지고 있던 바둑돌은 몇 개인지 구해 보시오.

STEP 4 재희가 처음에 가지고 있던 바둑돌은 몇 개인지 구해 보시오.

01 영아는 38개, 준기는 50개의 초콜릿을 가지고 있습니다. 두 사람이 가지고 있는 초콜릿의 개수가 같아지려면 준기가 영아에게 초콜릿을 몇 개 주어야 하는지 구해 보시오.

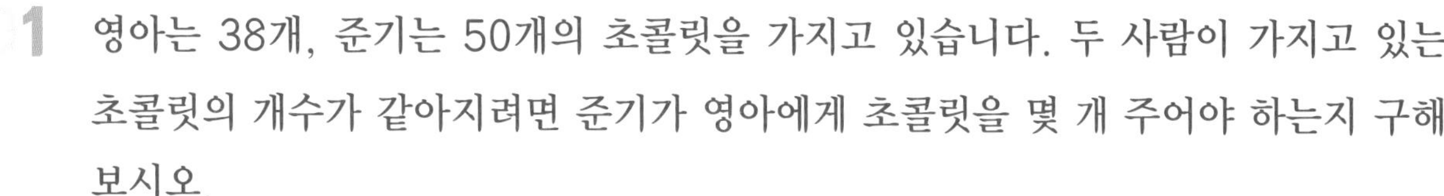

02 예원이는 은비에게 은비가 가지고 있는 사탕의 개수만큼 사탕을 주었습니다. 다시 은비가 예원이에게 사탕 1개를 주었더니 두 사람이 가진 사탕의 개수가 똑같이 19개가 되었습니다. 예원이가 처음에 가지고 있던 사탕은 몇 개인지 구해 보시오.

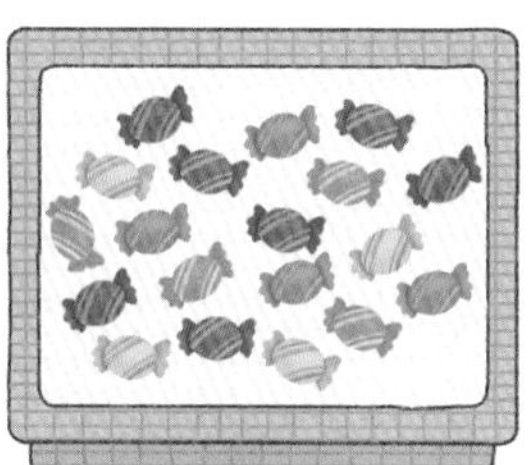

6 예상하고 확인하기

그림 그려 해결하기

보기 와 같이 주어진 조건에 맞게 그림을 그리고 (두 구멍 단추) 와 (네 구멍 단추) 의 개수를 각각 구해 보시오.

보기

조건

 와  인 연필꽂이를 합하면 3개이고, 연필은 모두 8자루입니다.

모두 (연필 2자루 꽂이) 라고 가정하여 연필을 6자루 그립니다. ➡ (연필 3자루 꽂이) 를 1개씩 늘리며 연필이 8자루인 경우를 찾습니다. ➡ (연필 3자루 꽂이) 를 2개 늘렸을 때 연필이 8자루입니다.

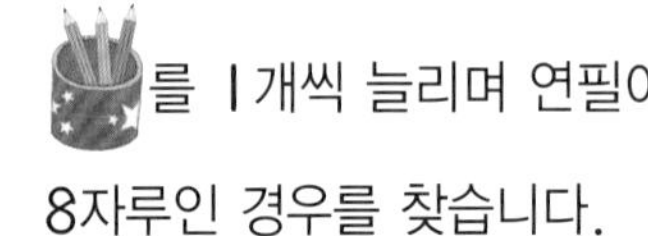

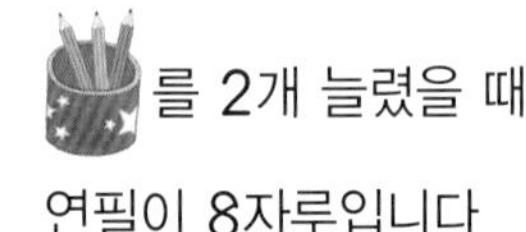

(연필 2자루 꽂이): 1 개, (연필 3자루 꽂이): 2 개

조건

(두 구멍 단추) 과 (네 구멍 단추) 모양의 단추를 합하면 4개이고, 단춧구멍은 모두 12개입니다.

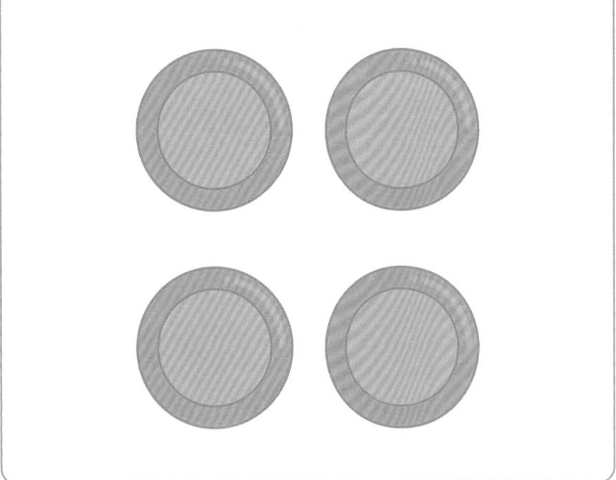

(두 구멍 단추): 개, (네 구멍 단추): 개

조건

(두 구멍 단추) 과 (네 구멍 단추) 모양의 단추를 합하면 6개이고, 단춧구멍은 모두 20개입니다.

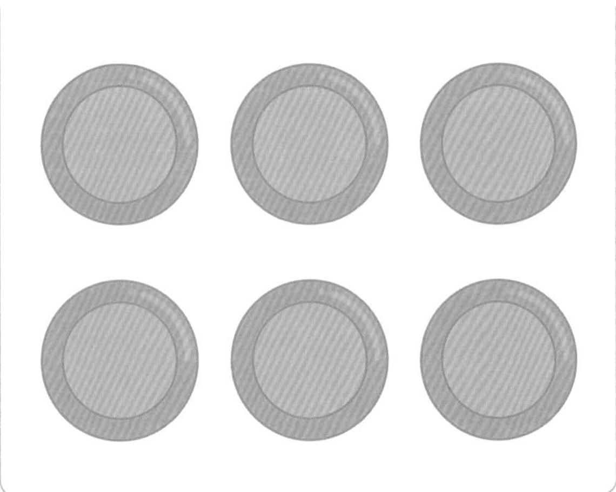

(두 구멍 단추): 개, (네 구멍 단추): 개

정답과 풀이 45쪽

주어진 조건에 알맞게 극단적으로 예상하여 안에 알맞은 수를 써넣으시오.

조건

병아리와 강아지를 합하면 8마리이고, 다리는 모두 20개입니다.

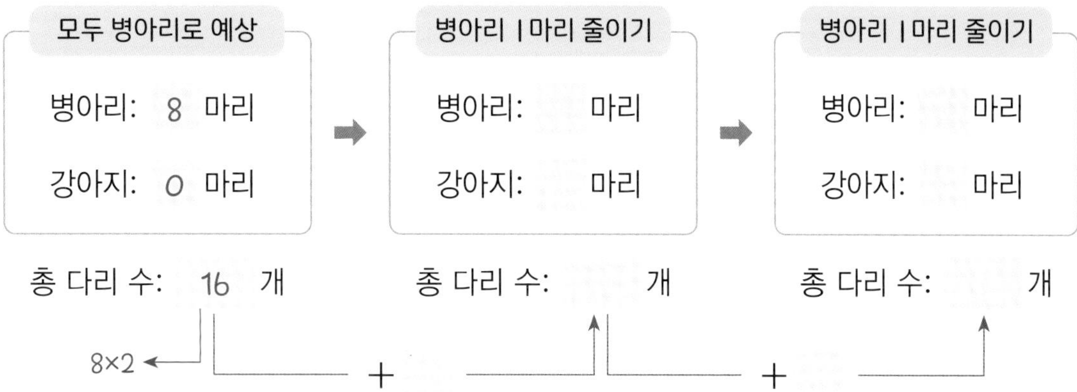

조건

50원과 100원짜리 동전을 합하면 10개이고, 금액은 모두 600원입니다.

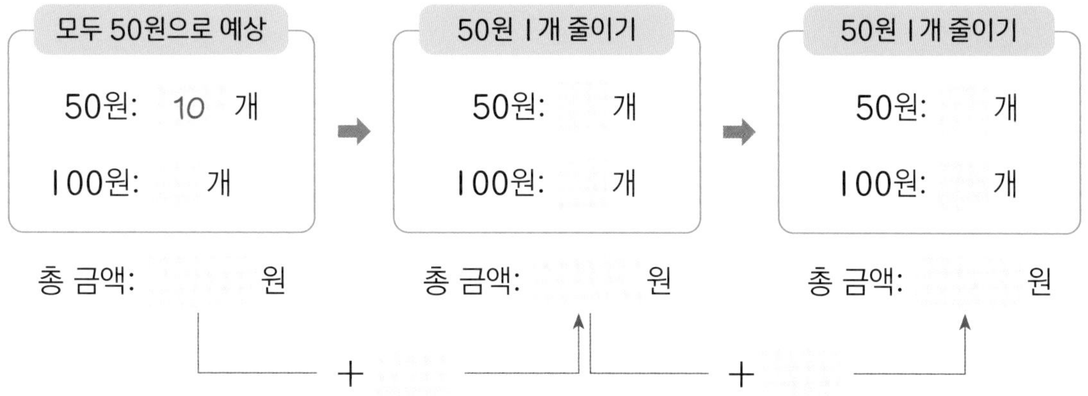

대표 문제

100원과 500원짜리 동전을 합하면 14개이고, 금액은 모두 3400원입니다. 100원과 500원짜리 동전은 각각 몇 개씩인지 구해 보시오.

STEP 1 동전 14개를 모두 100원짜리로 예상하면 금액은 모두 얼마인지 구해 보시오.

STEP 2 STEP 1 에서 100원짜리 동전을 1개 줄이고 500원짜리 동전을 1개 늘리면 금액은 모두 얼마인지 구해 보시오.

STEP 3 STEP 2 에서 100원짜리 동전을 1개 더 줄이고 500원짜리 동전을 1개 더 늘리면 금액은 모두 얼마인지 구해 보시오.

STEP 4 3400원이 되려면 14개의 100원짜리 동전 중 몇 개를 500원짜리 동전으로 바꿔야 하는지 구해 보시오.

STEP 5 100원과 500원짜리 동전은 각각 몇 개씩인지 구해 보시오.

정답과 풀이 46쪽

01 현수네 농장에서는 닭과 돼지를 합하여 15마리를 키우고 있습니다. 닭과 돼지의 다리 수를 세어 보니 모두 48개였습니다. 현수네 농장에 있는 돼지는 닭보다 몇 마리 더 많은지 구해 보시오.

02 건희는 퀴즈 대회에 나갔습니다. 이 퀴즈 대회에서는 기본 점수 10점부터 시작하여 한 문제를 맞히면 3점을 얻고, 틀리면 2점을 감점합니다. 건희가 10문제를 모두 풀어 30점이 되었다면 맞힌 문제는 몇 문제인지 구해 보시오.

Creative 팩토

01 주희는 정우보다 연필이 5자루 더 많고, 다래는 정우보다 연필이 3자루 더 적습니다. 세 사람이 가지고 있는 연필을 합하면 23자루입니다. 세 사람이 연필을 각각 몇 자루씩 가지고 있는지 구해 보시오.

02 ㉮와 ㉯ 두 통에 사탕이 들어 있었습니다. 이 사탕을 다음과 같이 차례로 옮겼더니 두 통에 들어 있는 사탕이 각각 20개가 되었습니다. 처음에 ㉮와 ㉯ 통에 들어 있던 사탕은 각각 몇 개인지 구해 보시오.

1단계: ㉯에 들어 있던 사탕의 개수만큼 ㉮에서 ㉯로 옮깁니다.
2단계: ㉮에 들어 있던 사탕의 개수만큼 ㉯에서 ㉮로 사탕을 옮깁니다.

정답과 풀이 47쪽

03 병아리 1마리는 ㉮에서 ㉯로, 병아리 3마리는 ㉯에서 ㉮로 움직였습니다. 병아리들이 움직인 후 ㉮와 ㉯에는 각각 10마리의 병아리가 있을 때, 처음 ㉮와 ㉯에 있던 병아리는 각각 몇 마리인지 구해 보시오.

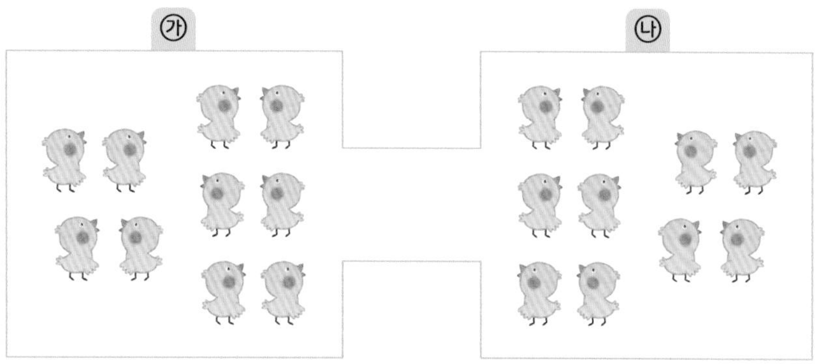

04 윤서네 반에서 수학 시간에 10문제의 시험을 보았습니다. 한 문제를 맞힐 때마다 5점을 얻고, 틀리면 2점을 잃습니다. 윤서가 10문제를 모두 풀어서 29점을 받았다면 윤서가 맞힌 문제는 몇 문제인지 구해 보시오.

Perfect 경시대회

01 창고 ㉮에는 모래가 55자루, 창고 ㉯에는 모래가 5자루 있습니다. 하루에 모래 3자루를 창고 ㉮에서 ㉯로 옮길 때 창고 ㉮에 있는 모래의 양이 창고 ㉯에 있는 모래의 양의 2배가 되는 것은 옮기기 시작한 지 며칠째 되는 날인지 구해 보시오.

02 소리를 듣는 능력을 청력이라고 합니다. 청력이 2배 더 좋으면 4배 더 멀리 떨어진 곳에서 난 소리를 들을 수 있고, 청력이 3배 더 좋으면 6배 더 멀리 떨어진 곳에서 난 소리를 들을 수 있습니다. 개는 고양이보다 청력이 2배 더 좋고, 고양이는 사람보다 청력이 3배 더 좋다고 합니다. 다음 모눈종이에 고양이와 사람이 들을 수 있는 거리를 나타내어 보시오.

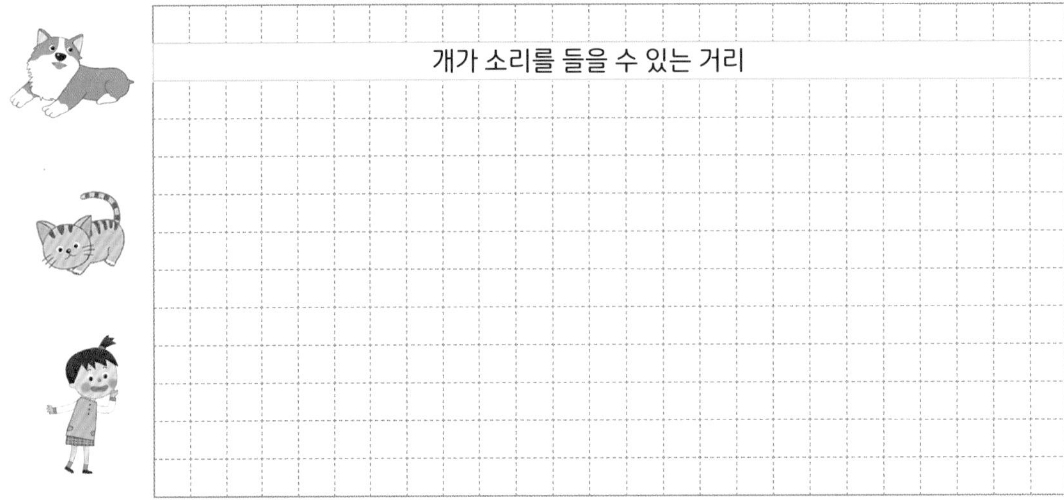

03 어제 현우는 하영이보다 인형을 2개 더 많이 가지고 있었고, 하영이는 준수보다 8개 더 많이 가지고 있었습니다. 오늘 현우가 가지고 있던 인형 중 몇 개를 준수에게 주었더니 현우와 준수가 가지고 있던 인형의 수가 같아졌습니다. 오늘 하영이는 준수보다 인형을 몇 개 더 많이 가지고 있는지 구해 보시오.

04 민기와 지우 두 사람이 계단에서 가위바위보를 하여 이기는 사람은 계단 3개를 올라가고, 지는 사람은 계단 1개를 내려가기로 했습니다. 두 사람이 같은 곳에서 시작하여 민기가 4번 이기고 1번 졌다면 가위바위보를 끝낸 후, 민기와 지우는 계단 몇 개만큼 떨어져 있는지 구해 보시오.

01 슬기네 집에서는 4월 한 달 동안 매일 아침마다 우유를 한 개씩 배달시켜서 마셨습니다. 한 개에 450원 하던 우윳값이 중간에 500원으로 올라 4월의 우윳값으로 14000원을 냈습니다. 우윳값이 오른 날은 4월 며칠부터인지 구해 보시오.

02 민지의 할머니가 공원에서 두 아이를 데리고 있는 엄마에게 아이들의 나이를 물었더니 아이의 엄마는 다음과 같이 대답하였습니다. 두 아이의 나이는 각각 몇 살인지 구해 보시오.

> 두 아이의 나이를 곱하면 63이고, 첫째 아이의 나이에서 1을 빼어 둘째 아이에게 주면 두 아이의 나이가 같아집니다.

03 다음과 같은 22 cm 길이의 상자 가운데에 풍뎅이를 넣으면 풍뎅이는 오른쪽, 왼쪽, 오른쪽, 왼쪽…으로 번갈아 가며 움직이고, 한 번에 가는 거리는 1 cm, 2 cm, 4 cm…와 같이 2배씩 늘어난다고 합니다. 물음에 답해 보시오.

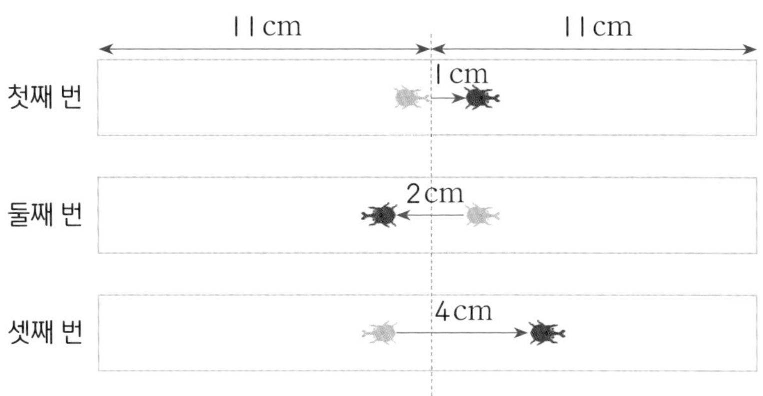

(1) 풍뎅이의 다음 움직임을 추측하여 넷째 번 그림을 완성해 보시오. 또, 풍뎅이는 어느 쪽 벽에 가까이 있고, 상자 가운데에서 몇 cm 떨어진 곳에 있는지 구해 보시오.

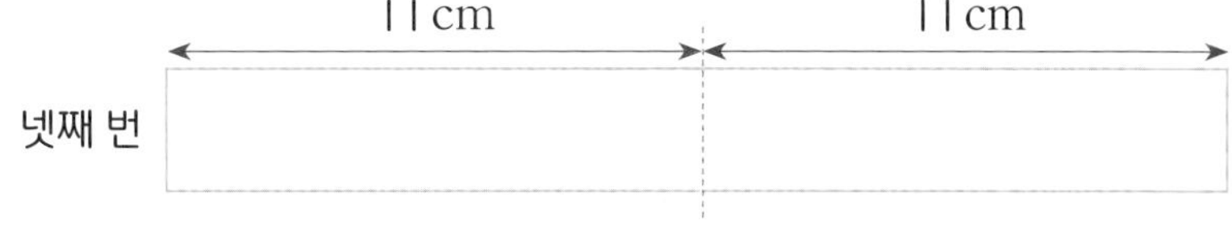

(2) 풍뎅이는 몇째 번 그림에서 한쪽 끝에 도착합니까? 또, 풍뎅이는 오른쪽과 왼쪽 벽 중에서 어느 쪽 끝에 도착합니까?

MEMO

영재학급, 영재교육원,
경시대회 준비를 위한

창의사고력
초등수학

팩토

형성 평가
총괄 평가

형성평가

시험일시	년 월 일
이 름	

권장 시험 시간 30분

- ✔ 총 문항 수(10문항)를 확인해 주세요.
- ✔ 권장 시험 시간(30분) 안에 문제를 풀어 주세요.
- ✔ 문제를 정확히 읽고 답을 바르게 쓰세요.
- ✔ 잘 풀리지 않는 문제가 있으면 쉬운 문제부터 해결한 후 다시 도전해 보세요.

채점 결과를 매스티안 홈페이지(https://www.mathtian.com)에 방문하여 양식에 맞게 입력해 보세요.
「형성평가 결과지」를 직접 받아보실 수 있습니다.

1 규칙에 따라 도형을 늘어놓을 때, 18째 번에 올 그림을 찾아 기호를 써 보시오.

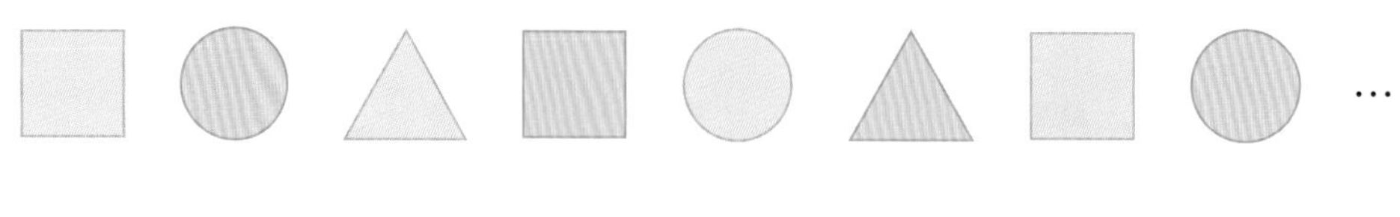

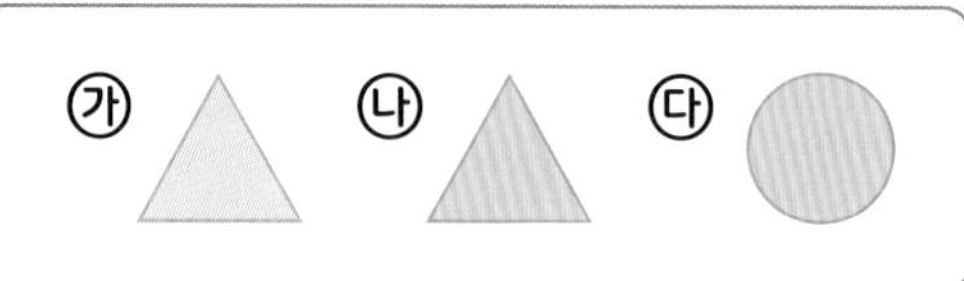

2 규칙을 찾아 빈칸에 알맞은 수를 써넣으시오.

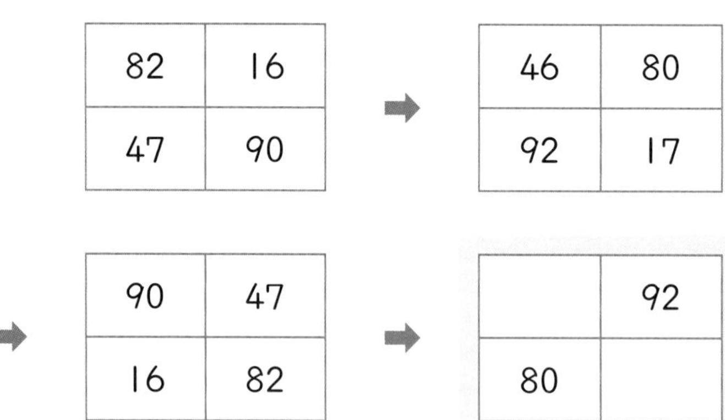

82 16
47 90
46 80
92 17
90 47
16 82
92
80

03 다음 수 배열표에서 규칙을 찾아 6행 4열의 수를 구해 보시오.

	1열	2열	3열	4열	…
1행	1	2	5	10	…
2행	4	3	6	11	…
3행	9	8	7	12	…
4행	16	15	14	13	…
⋮	⋮	⋮	⋮	⋮	⋱

04 그림과 같이 규칙에 따라 바둑돌을 8째 번까지 늘어놓을 때, 흰색 바둑돌과 검은색 바둑돌 중 무슨 색 바둑돌이 몇 개 더 많은지 구해 보시오.

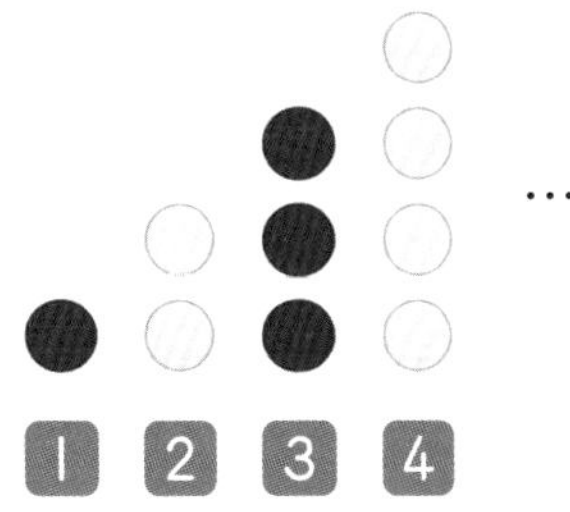

05 규칙에 따라 모양을 그리고 있습니다. 13째 번에는 어떤 모양을 몇 개 그려야 하는지 구해 보시오.

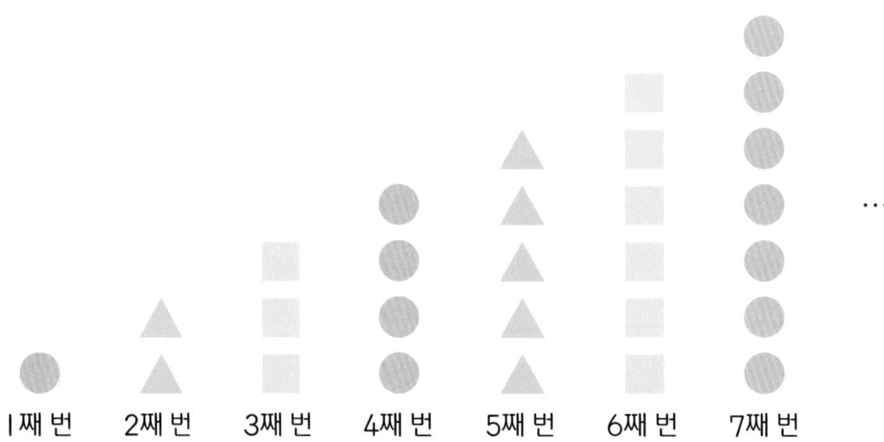

06 규칙을 찾아 빈칸에 알맞은 수를 써넣으시오.

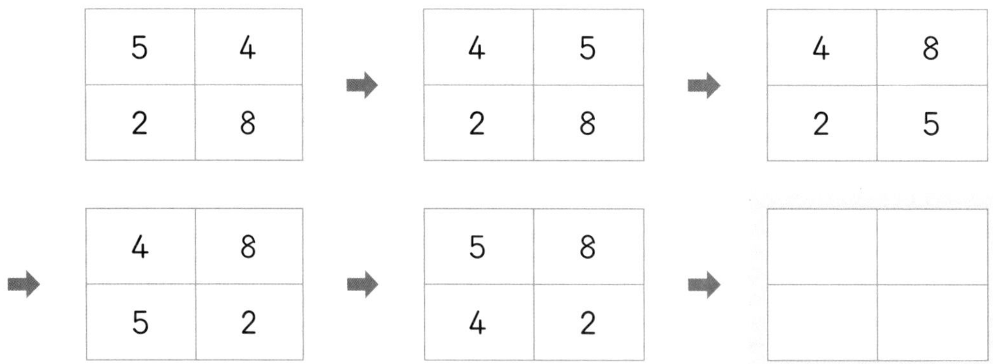

07 그림과 같이 규칙에 따라 바둑돌을 늘어놓을 때, 16째 번에 놓일 바둑돌의 개수를 구해 보시오.

08 직사각형 모양의 종이를 6등분으로 계속 잘라 규칙적으로 작은 직사각형을 만들고 있습니다. 5째 번에서 만들어지는 작은 직사각형의 수를 구해 보시오.

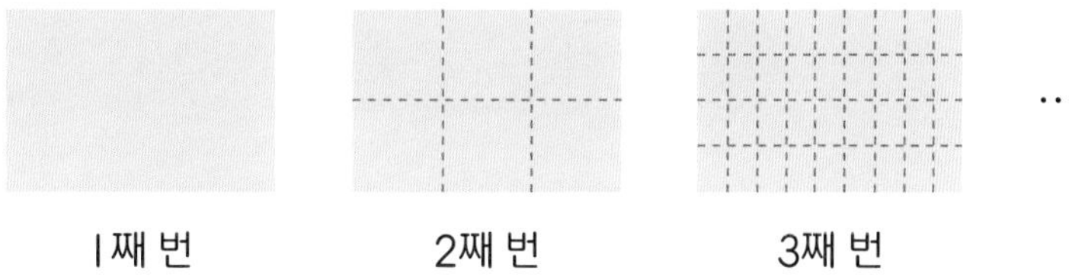

09 다음 수 배열표에서 규칙을 찾아 41은 몇 행 몇 열에 있는지 구해 보시오.

	1열	2열	3열	4열	5열	…
1행	1	2	9	10	25	…
2행	4	3	8	11	24	…
3행	5	6	7	12	23	…
4행	16	15	14	13	22	…
5행	17	18	19	20	21	…
⋮	⋮	⋮	⋮	⋮	⋮	⋱

10 다음과 같이 일정한 규칙에 따라 도형을 늘어놓을 때, 25째 번에 오는 도형을 그려 보시오.

25째 번

정답과 풀이 50쪽

형성평가

시험일시	년 월 일
이 름	

권장 시험 시간	30분

- ✓ 총 문항 수(10문항)를 확인해 주세요.
- ✓ 권장 시험 시간(30분) 안에 문제를 풀어 주세요.
- ✓ 문제를 정확히 읽고 답을 바르게 쓰세요.
- ✓ 잘 풀리지 않는 문제가 있으면 쉬운 문제부터 해결한 후 다시 도전해 보세요.

채점 결과를 매스티안 홈페이지(https://www.mathtian.com)에 방문하여 양식에 맞게 입력해 보세요.
「형성평가 결과지」를 직접 받아보실 수 있습니다.

1 주어진 모양을 돌리거나 뒤집었을 때 같은 모양이 되는 것을 찾아 번호를 써 보시오.

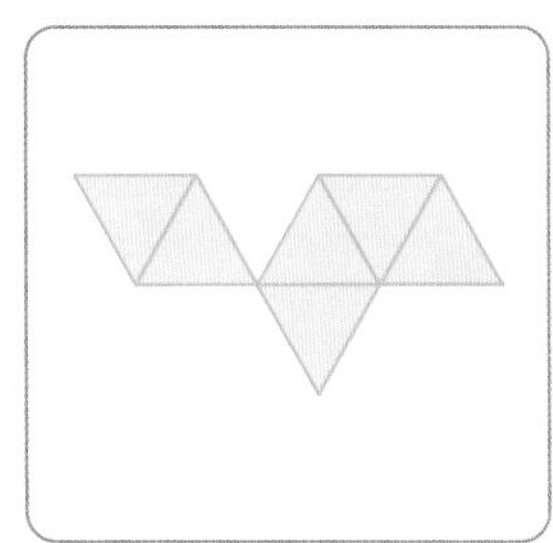

① 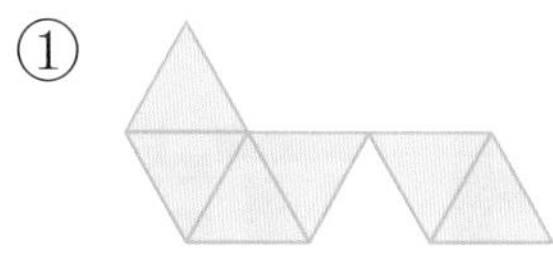

② 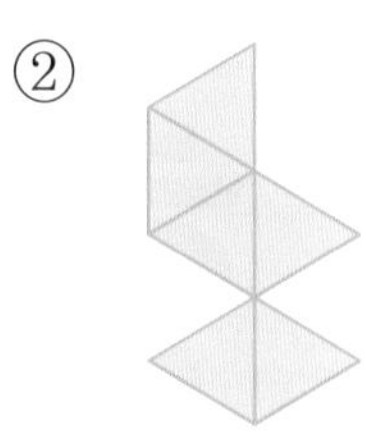

③ 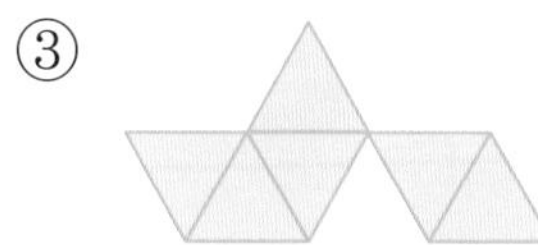

④ 

2 다음 직사각형을 조건 에 맞게 사각형으로 나누어 보시오.

> 조건
>
> • 주어진 수는 사각형을 이루는 칸의 개수입니다.

	3					4	
1	4			2			
2			3		4		3
				6			

3 정사각형 4개를 붙여 만든 도형을 테트로미노라고 합니다. 다음 모양을 서로 다른 테트로미노 5조각으로 나누어 보시오.

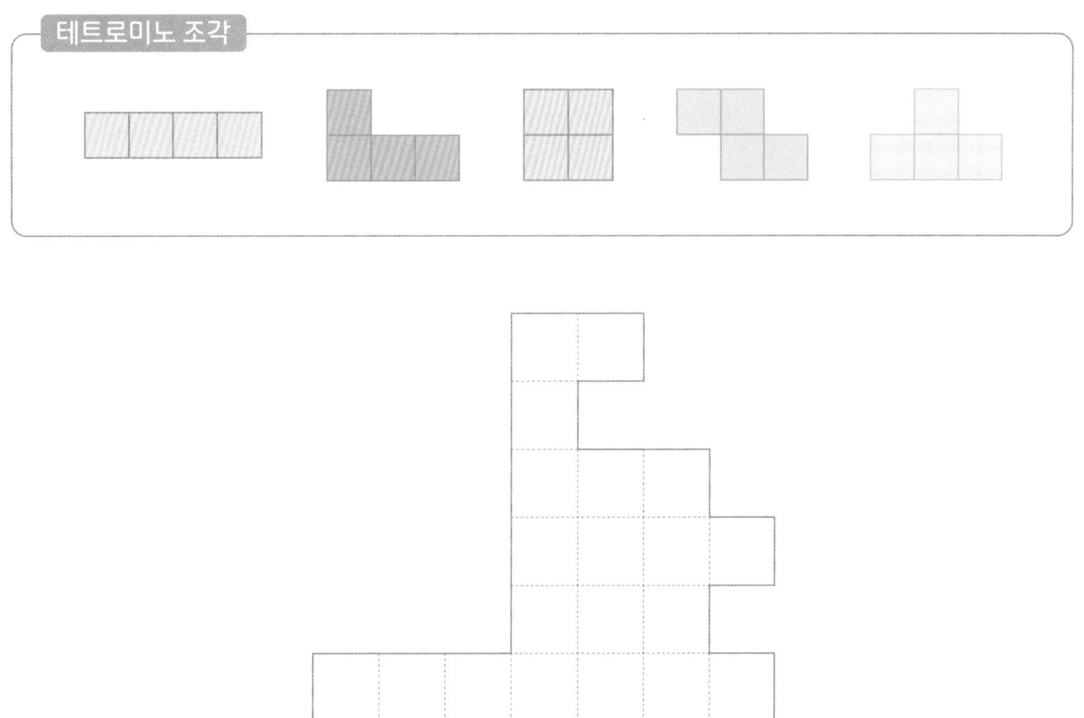

4 다음 모양을 크고 작은 정사각형 6개로 나누어 보시오.

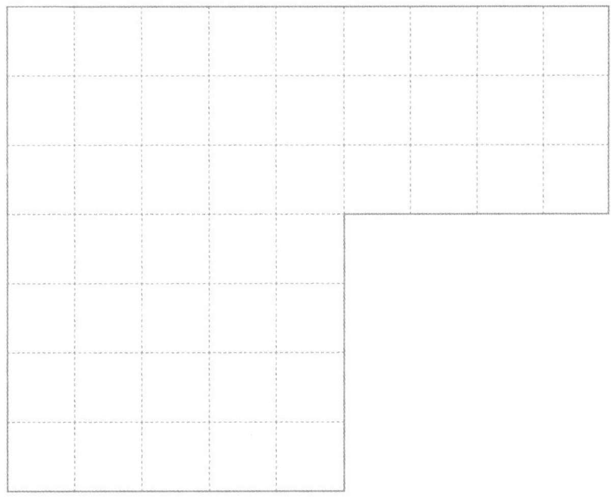

05 주어진 모양을 남는 칸이 없게 하여 보기 의 펜토미노 조각 3개로 나누어 보시오.

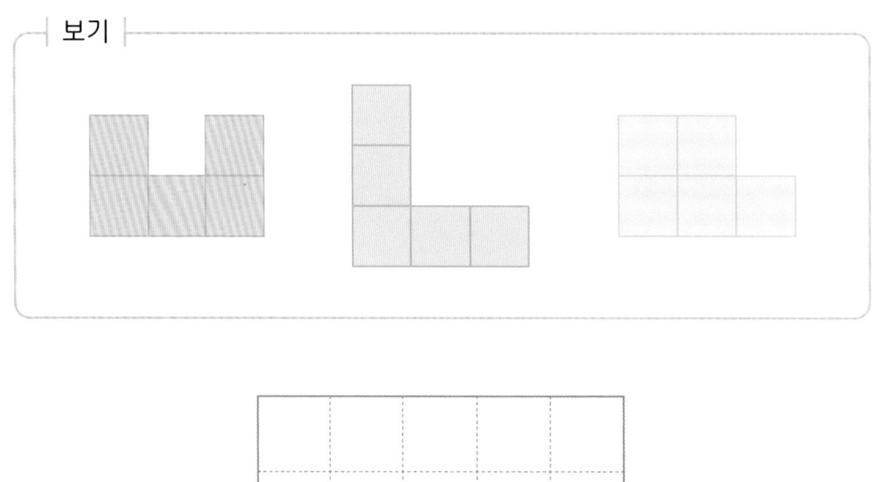

06 성냥개비 12개로 다음과 같은 모양을 만들었습니다. 성냥개비를 3개 옮겨서 크고 작은 정삼각형 4개를 만들어 보시오.

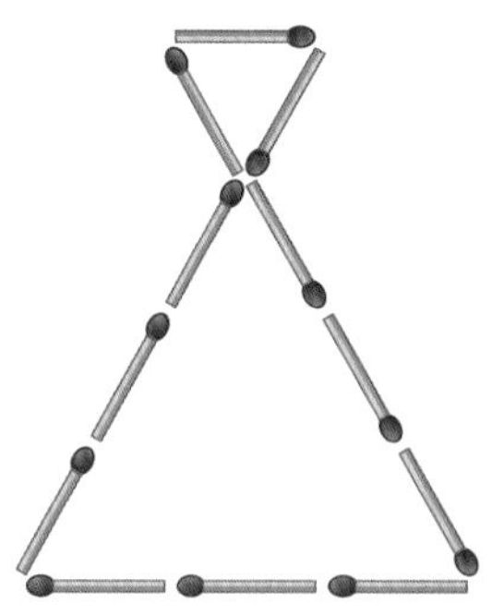

7 변의 길이가 같은 정사각형 2개와 정삼각형 1개를 이어 붙여 만들 수 있는 서로 다른 모양은 모두 몇 가지인지 구해 보시오. (단, 돌리거나 뒤집었을 때 겹쳐지는 모양은 한 가지로 봅니다.)

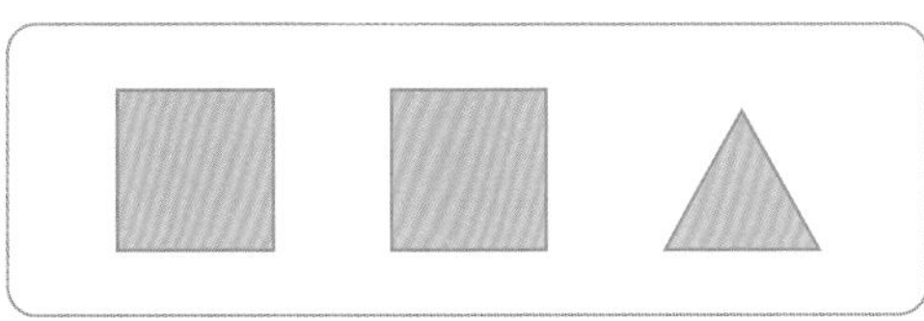

8 다음 모양을 크기와 모양이 같게 선을 따라 2조각으로 나누는 방법은 모두 몇 가지인지 구해 보시오. (단, 돌리거나 뒤집었을 때 겹쳐지는 방법은 한 가지로 봅니다.)

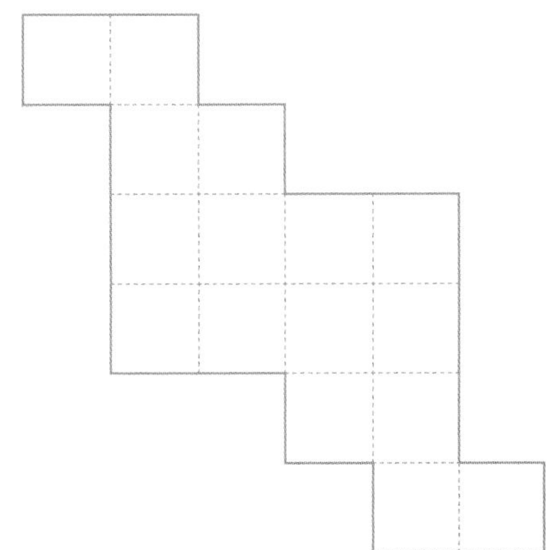

09 성냥개비 12개로 만든 모양입니다. 성냥개비 4개를 옮겨서 크기가 같은 정사각형이 3개가 되도록 만들어 보시오.

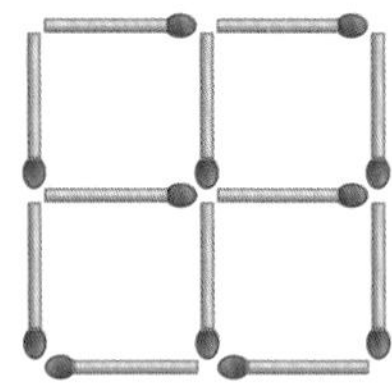

10 다음과 같이 정사각형 2개와 직각삼각형 1개가 있습니다. 이 도형들을 길이가 같은 변끼리 이어 붙여 만들 수 있는 변이 6개인 모양을 만들어 보시오. (단, 돌리거나 뒤집었을 때 겹쳐지는 모양은 한 가지로 봅니다.)

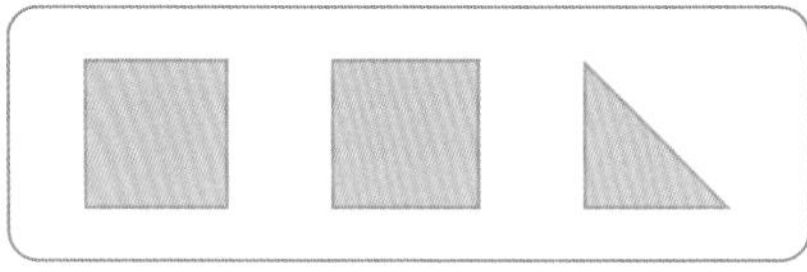

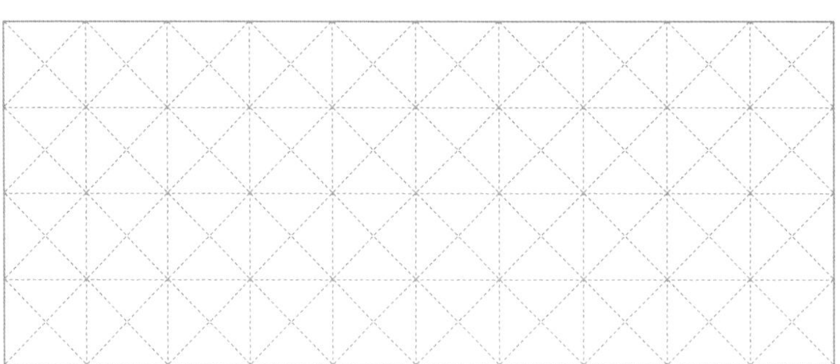

수고하셨습니다!

정답과 풀이 53쪽

형성평가

문제해결력 영역

시험일시	년 월 일
이 름	

권장 시험 시간 30분

- ✓ 총 문항 수(10문항)를 확인해 주세요.
- ✓ 권장 시험 시간(30분) 안에 문제를 풀어 주세요.
- ✓ 문제를 정확히 읽고 답을 바르게 쓰세요.
- ✓ 잘 풀리지 않는 문제가 있으면 쉬운 문제부터 해결한 후 다시 도전해 보세요.

채점 결과를 매스티안 홈페이지(https://www.mathtian.com)에 방문하여 양식에 맞게 입력해 보세요.
「형성평가 결과지」를 직접 받아보실 수 있습니다.

01 쿠키가 몇 개 있습니다. 이 쿠키는 9개씩 들어가는 상자 ● 개에 남김없이 가득 담을 수 있습니다. 그런데 이 쿠키를 4개씩 들어가는 상자 ● 개에 가득 담으면 75개가 남습니다. 쿠키는 몇 개 있는지 구해 보시오. (단, ● 는 같은 수입니다.)

02 길이가 70 m인 길 한쪽에 2 m 간격으로 의자를 설치하려고 합니다. 길의 처음과 끝에도 의자를 설치한다면 필요한 의자는 몇 개인지 구해 보시오. (단, 의자의 폭은 생각하지 않습니다.)

03 1시간에 2배씩 수가 늘어나는 세균이 있습니다. 이 세균 1마리를 그릇에 넣고 뚜껑을 닫아 두었더니 정확히 12시간 후에 그릇 안이 세균으로 가득 찼습니다. 처음에 세균을 2마리 넣으면 세균으로 그릇이 가득 차는 데 걸리는 시간은 몇 시간인지 구해 보시오.

04 초콜릿 48개를 시우는 정민이의 2배, 은서는 정민이의 3배가 되도록 나누려고 합니다. 시우, 정민, 은서가 가지게 되는 초콜릿은 각각 몇 개씩인지 구해 보시오.

05 윤서는 태하에게 태하가 가지고 있는 사탕의 개수만큼 사탕을 주었습니다. 다시 태하가 윤서에게 사탕 1개를 주었더니 두 사람이 가진 사탕의 개수가 똑같이 7개가 되었습니다. 윤서가 처음에 가지고 있던 사탕은 몇 개인지 구해 보시오.

06 100원과 500원짜리 동전의 개수를 합하면 10개이고, 금액은 모두 2200원입니다. 100원과 500원짜리 동전의 개수의 차를 구해 보시오.

07 흰색 바둑돌 11개를 일렬로 놓았습니다. 흰색 바둑돌과 흰색 바둑돌 사이에 검은색 바둑돌을 3개씩 놓을 때, 놓은 바둑돌은 모두 몇 개인지 구해 보시오.

08 세 수 ㉮, ㉯, ㉰가 있습니다. ㉯는 ㉮의 2배, ㉰는 ㉯의 2배이고, ㉮, ㉯, ㉰의 합은 49입니다. ㉮, ㉯, ㉰를 각각 구해 보시오.

09 민우, 다은, 예린이가 쿠키 몇 개를 나누어 먹었습니다. 민우가 먼저 전체의 절반을 먹었고, 이때 남은 쿠키의 절반을 다은이가 먹었습니다. 다은이가 먹고 남은 쿠키의 절반을 예린이가 먹었더니 남은 쿠키는 4개였습니다. 친구들이 먹기 전 쿠키는 몇 개였는지 구해 보시오.

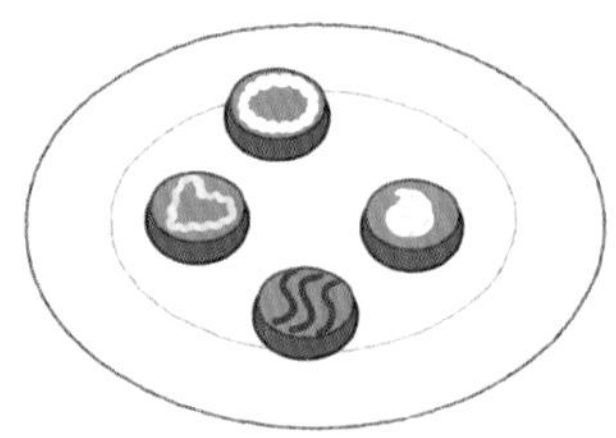

10 지후는 수학 시간에 10문제의 시험을 보았습니다. 한 문제를 맞히면 5점을 얻고, 틀리면 3점을 잃습니다. 지후가 10문제를 모두 풀어서 18점을 받았다면 지후가 맞힌 문제는 몇 문제인지 구해 보시오.

수고하셨습니다!

정답과 풀이 56쪽

총괄평가

권장 시험 시간	30분

시험일시	년 월 일
이 름	

- 총 문항 수(10문항)를 확인해 주세요.
- 권장 시험 시간(30분) 안에 문제를 풀어 주세요.
- 문제를 정확히 읽고 답을 바르게 쓰세요.
- 잘 풀리지 않는 문제가 있으면 쉬운 문제부터 해결한 후 다시 도전해 보세요.

채점 결과를 매스티안 홈페이지(https://www.mathtian.com)에 방문하여 양식에 맞게 입력해 보세요.
「총괄평가 결과지」를 직접 받아보실 수 있습니다.

01 규칙에 따라 24째 번에 올 그림을 그려 보시오.

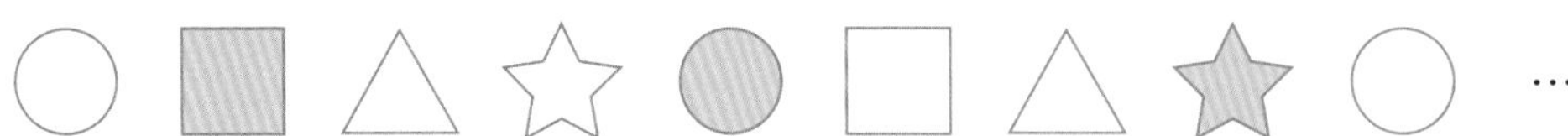

24째 번

02 규칙을 찾아 안에 알맞은 수를 써넣으시오.

(1) 1, 1, 2, 3, 5, 8, 13, 21, 34,

(2) 1, 2, 2, 4, 3, 6, 4, 8, 5,

03 그림과 같이 흰색 바둑돌과 검은색 바둑돌을 1째 번부터 7째 번까지 늘어놓을 때, 흰색 바둑돌과 검은색 바둑돌 중 무슨 색 바둑돌이 몇 개 더 많은지 구해 보시오.

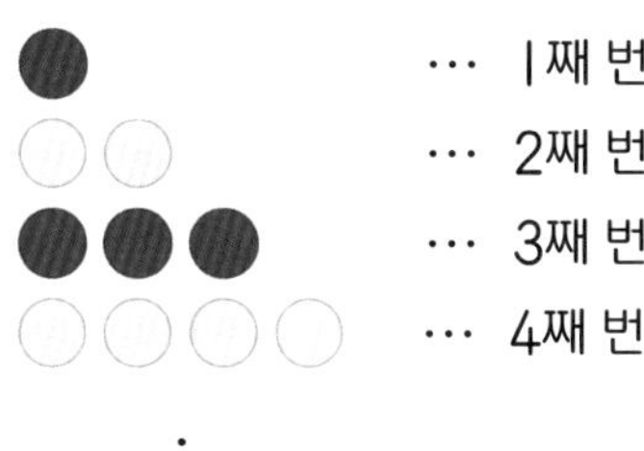

04 다음 정사각형을 조건에 맞게 사각형으로 나누어 보시오.

조건
- 주어진 수는 사각형을 이루는 칸의 개수입니다.

	6			4	1
3					
			6		
					4
9				3	

05 주어진 모양을 남는 칸이 없게 하여 보기 의 테트로미노 조각 5개로 나누어 보시오.

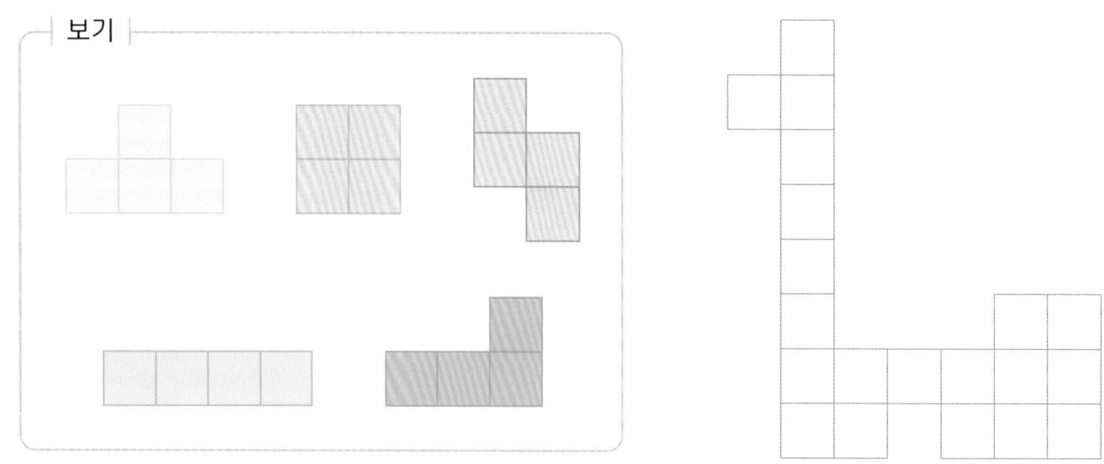

06 직각삼각형 3개를 길이가 같은 변끼리 이어 붙여 만들 수 있는 서로 다른 모양을 모두 그려 보시오. (단, 돌리거나 뒤집어서 겹쳐지는 모양은 한 가지로 봅니다.)

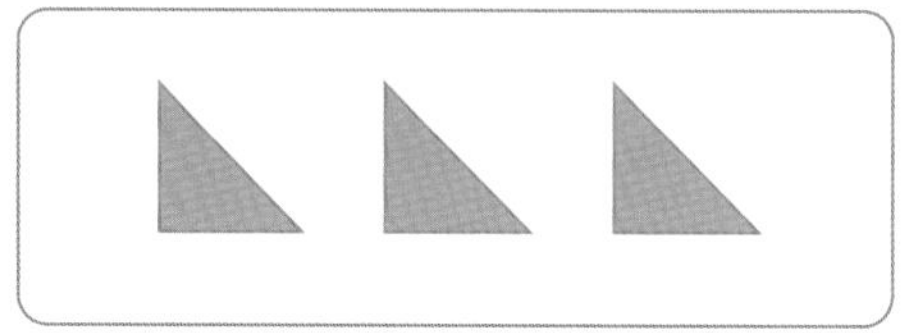

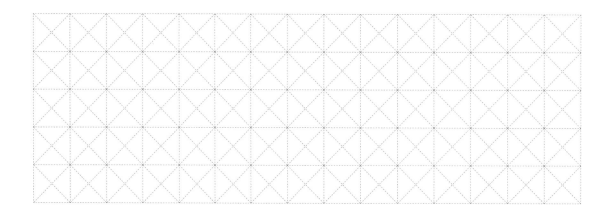

07 지우는 500원짜리 사탕 ▨개를 살 돈만 가지고 편의점에 갔는데 지우가 찾는 사탕이 없어서 350원짜리 사탕을 ▨개 샀습니다. 사탕을 사고 750원이 남았다면 지우가 처음에 가지고 간 돈은 얼마인지 구해 보시오. (단, ▨는 같은 수입니다.)

08 길이가 90 m인 산책로가 있습니다. 이 산책로 한쪽에 그림과 같이 처음부터 끝까지 6 m 간격으로 나무를 심으려고 합니다. 필요한 나무는 몇 그루인지 구해 보시오. (단, 나무의 두께는 생각하지 않습니다.)

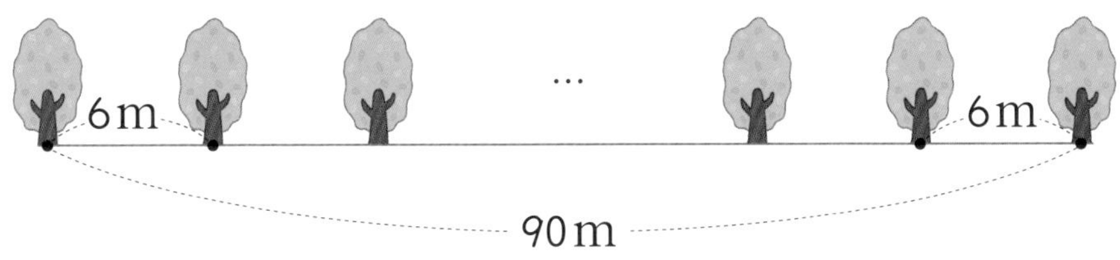

09 1분에 2배씩 수가 늘어나는 세균이 있습니다. 이 세균 1마리를 병에 넣고 뚜껑을 닫아 두었더니 정확히 7분 후에 병 안이 세균으로 가득 찼습니다. 처음에 세균을 2마리 넣으면 세균으로 병이 가득 차는 데 걸리는 시간은 몇 분인지 구해 보시오.

10 현서는 거미와 나비를 합하여 13마리를 키우고 있습니다. 거미와 나비의 다리 수를 세어 보니 모두 94개였습니다. 현서가 키우고 있는 거미는 나비보다 몇 마리 더 많은지 구해 보시오.

수고하셨습니다!

정답과 풀이 59쪽

팩토는 자유롭게 자신감있게 창의적으로
생각하는 주·니·어·수·학·자입니다.

Free Active Creative Thinking O. Junior mathtian

영재학급, 영재교육원,
경시대회 준비를 위한

창의사고력 초등수학
팩토

명확한 답
친절한 풀이

영재학급, 영재교육원,
경시대회 준비를 위한

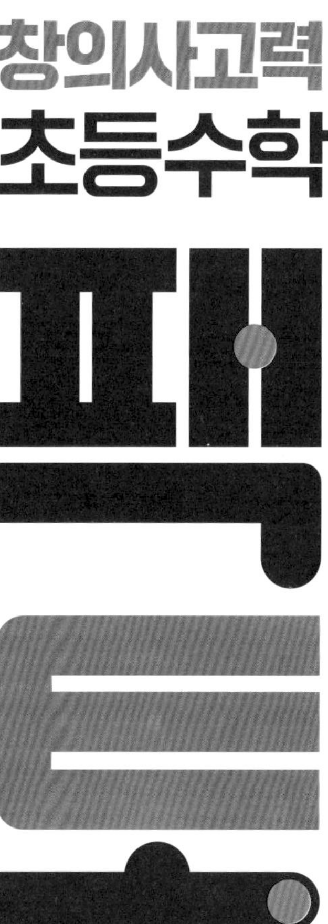

명확한 답
친절한 풀이

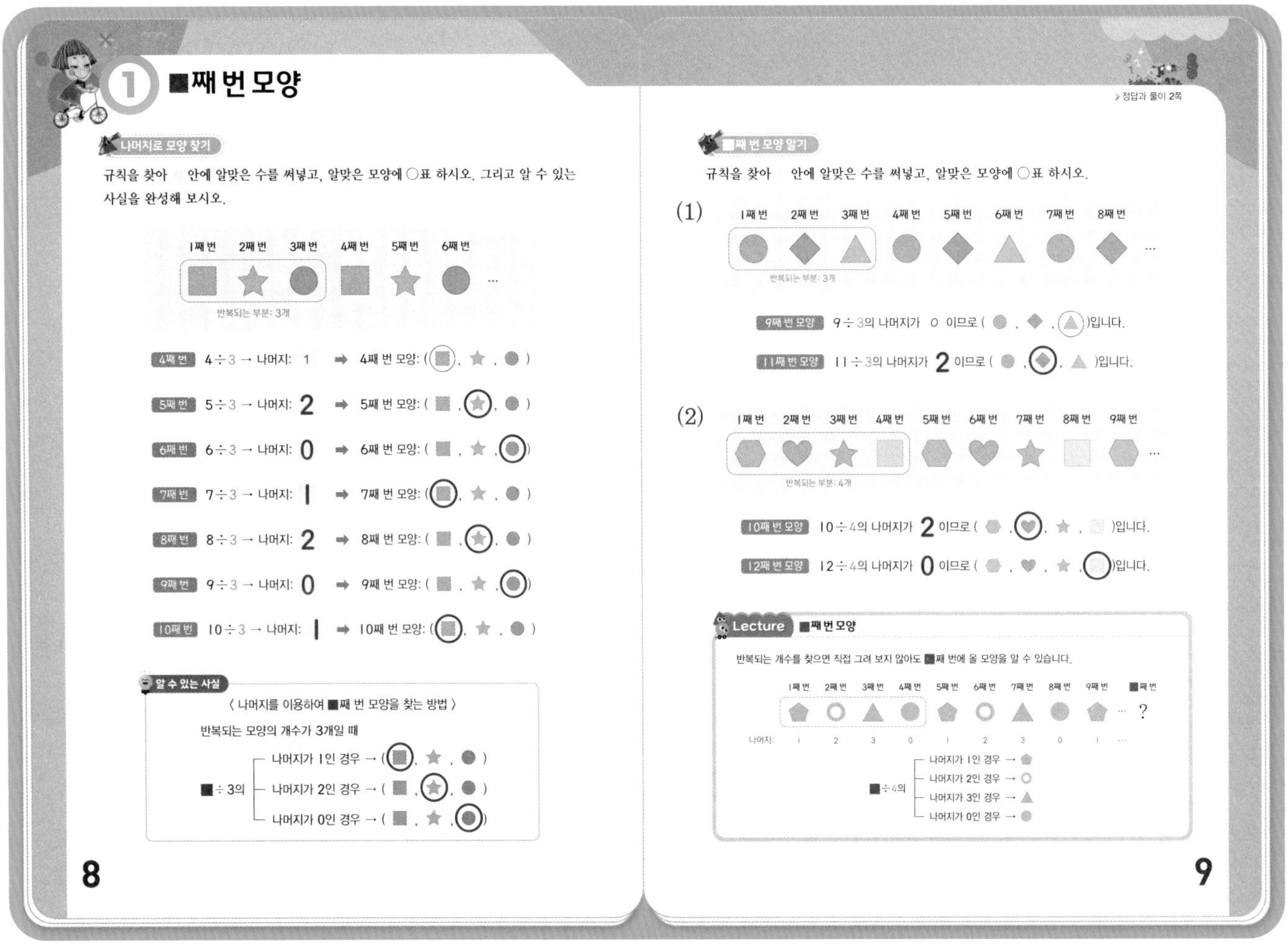

1 ■째 번 모양

나머지로 모양 찾기

규칙을 찾아 안에 알맞은 수를 써넣고, 알맞은 모양에 ○표 하시오. 그리고 알 수 있는 사실을 완성해 보시오.

1째 번	2째 번	3째 번	4째 번	5째 번	6째 번	
■	★	●	■	★	●	…

반복되는 부분: 3개

4째 번 4÷3 → 나머지: 1 ➡ 4째 번 모양: (■, ★, ●)

5째 번 5÷3 → 나머지: 2 ➡ 5째 번 모양: (■, ★, ●)

6째 번 6÷3 → 나머지: 0 ➡ 6째 번 모양: (■, ★, ●)

7째 번 7÷3 → 나머지: 1 ➡ 7째 번 모양: (■, ★, ●)

8째 번 8÷3 → 나머지: 2 ➡ 8째 번 모양: (■, ★, ●)

9째 번 9÷3 → 나머지: 0 ➡ 9째 번 모양: (■, ★, ●)

10째 번 10÷3 → 나머지: 1 ➡ 10째 번 모양: (■, ★, ●)

알 수 있는 사실

〈 나머지를 이용하여 ■째 번 모양을 찾는 방법 〉

반복되는 모양의 개수가 3개일 때

■÷3의
- 나머지가 1인 경우 → (■, ★, ●)
- 나머지가 2인 경우 → (■, ★, ●)
- 나머지가 0인 경우 → (■, ★, ●)

정답과 풀이 2쪽

■째 번 모양 알기

규칙을 찾아 안에 알맞은 수를 써넣고, 알맞은 모양에 ○표 하시오.

(1) 1째 번 ● 2째 번 ◆ 3째 번 ▲ 4째 번 ● 5째 번 ◆ 6째 번 ▲ 7째 번 ● 8째 번 ◆ …

반복되는 부분: 3개

9째 번 모양 9÷3의 나머지가 0 이므로 (●, ◆, ▲)입니다.

11째 번 모양 11÷3의 나머지가 2 이므로 (●, ◆, ▲)입니다.

(2) 1째 번 ⬢ 2째 번 ♥ 3째 번 ★ 4째 번 ■ 5째 번 ⬢ 6째 번 ♥ 7째 번 ★ 8째 번 ■ 9째 번 ⬢ …

반복되는 부분: 4개

10째 번 모양 10÷4의 나머지가 2 이므로 (⬢, ♥, ★, ■)입니다.

12째 번 모양 12÷4의 나머지가 0 이므로 (⬢, ♥, ★, ■)입니다.

Lecture ■째 번 모양

반복되는 개수를 찾으면 직접 그려 보지 않아도 ■째 번에 올 모양을 알 수 있습니다.

	1째 번	2째 번	3째 번	4째 번	5째 번	6째 번	7째 번	8째 번	9째 번		■째 번
	⬟	○	▲	●	⬟	○	▲	●	⬟	…	?
나머지:	1	2	3	0	1	2	3	0	1	…	

■÷4의
- 나머지가 1인 경우 → ⬟
- 나머지가 2인 경우 → ○
- 나머지가 3인 경우 → ▲
- 나머지가 0인 경우 → ●

나머지로 모양 찾기

■째 번 모양은 나머지를 이용하여 찾을 수 있습니다.

3으로 나누었을 때
- 나머지가 1 → ■
- 나머지가 2 → ★
- 나머지가 0 → ●

■째 번 모양 알기

(1) ●, ◆, ▲으로 3개의 모양이 반복됩니다.

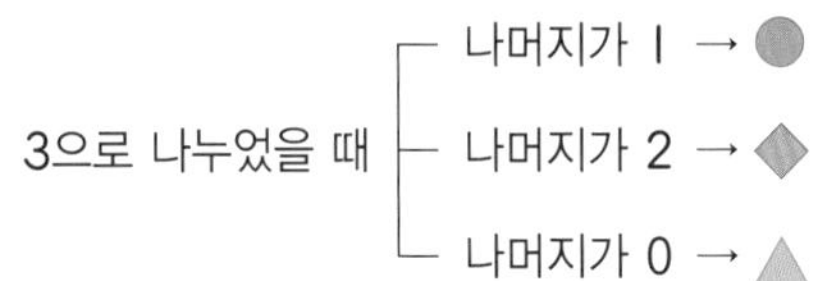

3으로 나누었을 때
- 나머지가 1 → ●
- 나머지가 2 → ◆
- 나머지가 0 → ▲

(2) ⬢, ♥, ★, ■으로 4개의 모양이 반복됩니다.

4로 나누었을 때
- 나머지가 1 → ⬢
- 나머지가 2 → ♥
- 나머지가 3 → ★
- 나머지가 0 → ■

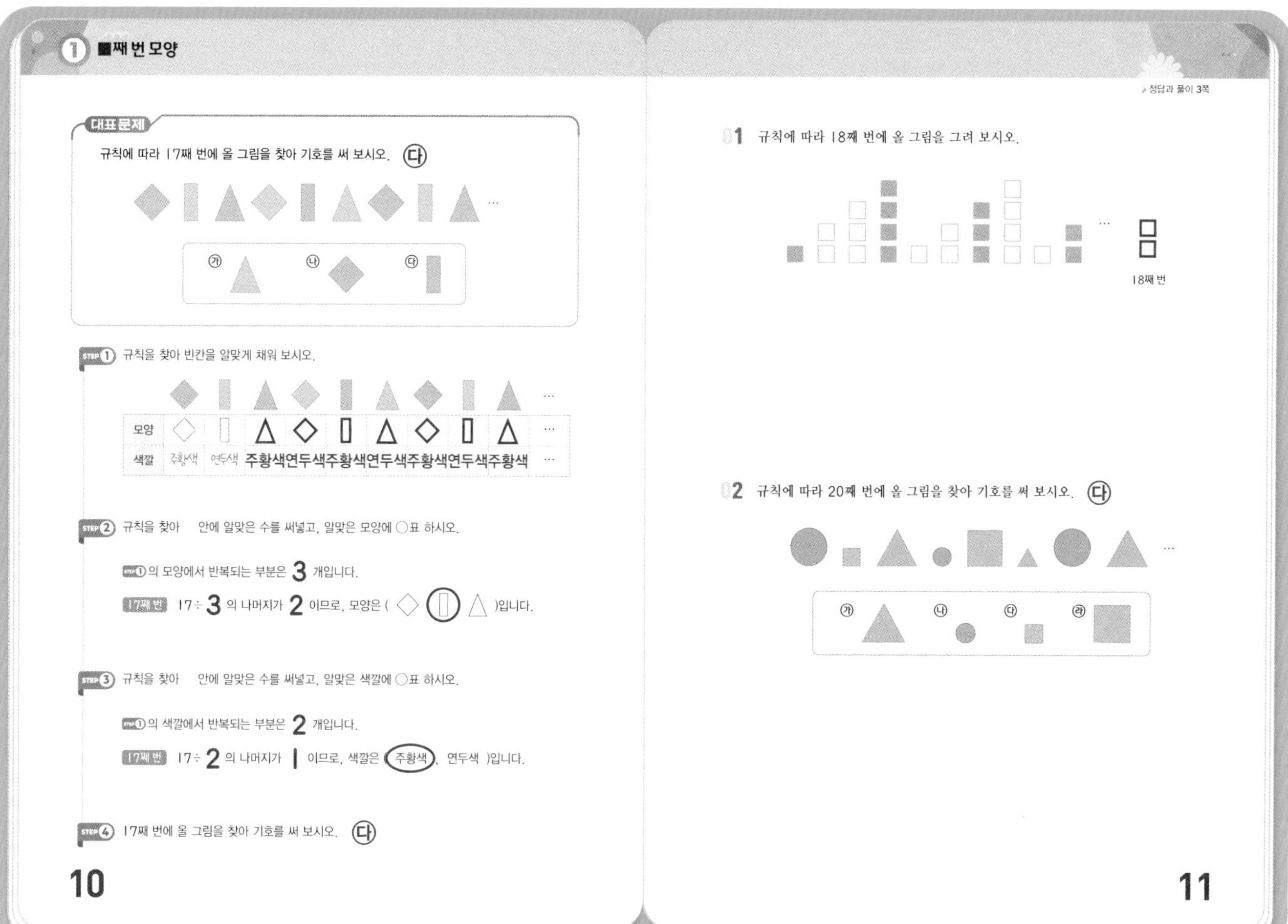

대표문제

STEP① 모양은 '◇, ▯, △'이 반복되고, 색깔은 '주황색, 연두색'이 반복됩니다.

STEP② 3개의 모양이 반복되므로 17째 번 모양을 찾기 위해 3으로 나눕니다.
17÷3의 나머지가 2이므로 2째 번 모양인 ▯입니다.

STEP③ 2개의 색깔이 반복되므로 17째 번 색깔을 찾기 위해 2로 나눕니다.
17÷2의 나머지가 1이므로 1째 번 색깔인 주황색입니다.

STEP④ 17째 번에 올 그림의 모양은 ▯, 색깔은 주황색이므로 ㉰입니다.

01 개수는 '1개, 2개, 3개, 4개'가 반복되고, 색깔은 '파란색, 흰색, 흰색'이 반복됩니다.
- 18째 번에 올 개수는 18÷4의 나머지가 2이므로 2째 번 개수인 2개입니다.
- 18째 번에 올 색깔은 18÷3의 나머지가 0이므로 3째 번 색깔인 흰색입니다.

따라서 18째 번에 올 그림의 개수는 2개, 색깔은 흰색입니다.

02 색깔은 '보라색, 분홍색, 파란색'이 반복되고, 모양은 '○, □, △'이 반복되고, 크기는 '크다, 작다'가 반복됩니다.
- 20째 번에 올 색깔은 20÷3의 나머지가 2이므로 2째 번 색깔인 분홍색입니다.
- 20째 번에 올 모양은 20÷3의 나머지가 2이므로 2째 번 모양인 □입니다.
- 20째 번에 올 크기는 20÷2의 나머지가 0이므로 2째 번 크기인 '작다'입니다.

따라서 20째 번에 올 그림의 색깔은 분홍색, 모양은 □, 크기는 작다이므로 ㉰입니다.

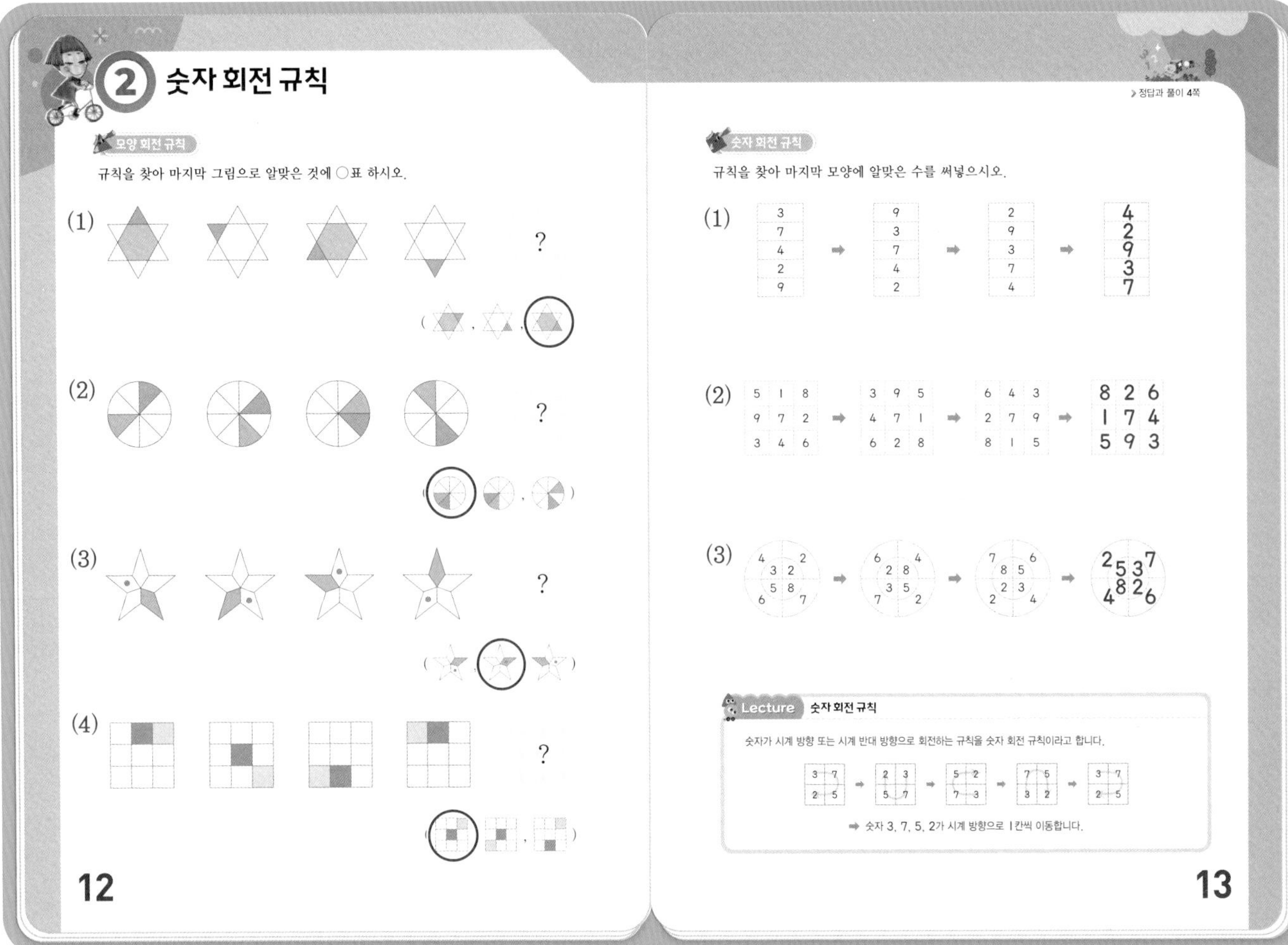

모양 회전 규칙

(1) 보라색 칸은 시계 반대 방향으로 1칸씩 이동하고, 연두색 칸은 색이 '있다, 없다'가 반복됩니다.

(2) 분홍색 칸은 시계 방향으로 1칸씩 이동하고, 파란색 칸은 시계 반대 방향으로 2칸씩 이동합니다.

(3) 주황색 칸은 시계 방향으로 1칸씩 이동하고, 파란색 점은 시계 반대 방향으로 2칸씩 이동합니다.

(4) 보라색 칸은 아래로 1칸씩 이동하고, 노란색 칸은 가장자리 칸을 따라 시계 방향으로 2칸씩 이동합니다.

TIP 보라색 칸이 아래로 이동할 칸이 없을 때는 다시 가장 위 칸으로 이동하는 것에 유의합니다.

숫자 회전 규칙

(1) 숫자는 아래로 1칸씩 이동합니다.

(2) 숫자 7은 가운데 칸에 있고, 나머지 숫자는 가장자리 칸을 따라 시계 방향으로 2칸씩 이동합니다.

(3) 안에 있는 숫자는 시계 반대 방향으로 1칸씩 이동하고, 밖에 있는 숫자는 시계 방향으로 1칸씩 이동합니다.

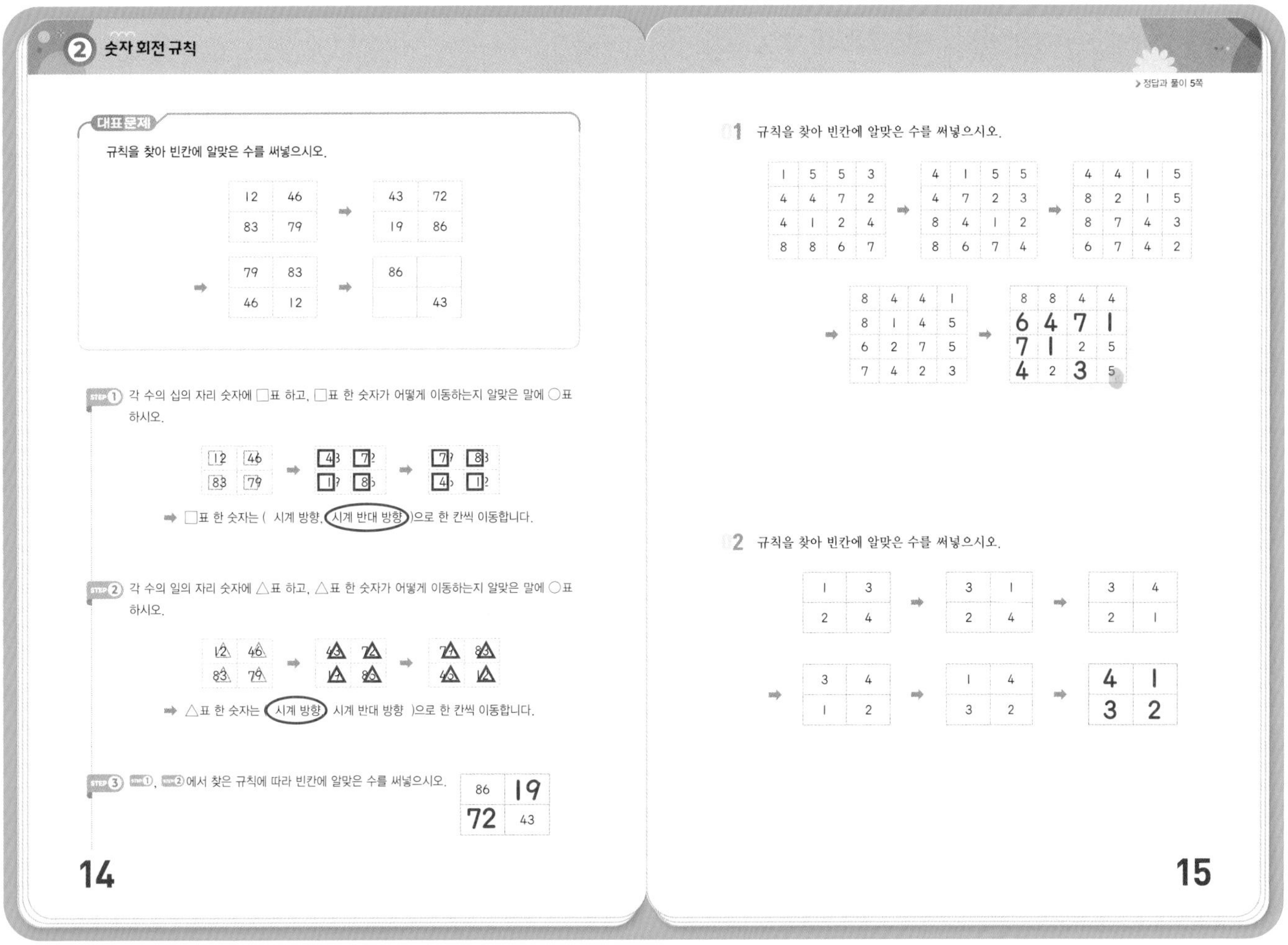

② 숫자 회전 규칙

정답과 풀이 5쪽

대표문제

규칙을 찾아 빈칸에 알맞은 수를 써넣으시오.

12	46
83	79

➡

43	72
19	86

➡

79	83
46	12

➡

86	
	43

STEP① 각 수의 십의 자리 숫자에 □표 하고, □표 한 숫자가 어떻게 이동하는지 알맞은 말에 ○표 하시오.

➡ □표 한 숫자는 (시계 방향, (시계 반대 방향))으로 한 칸씩 이동합니다.

STEP② 각 수의 일의 자리 숫자에 △표 하고, △표 한 숫자가 어떻게 이동하는지 알맞은 말에 ○표 하시오.

➡ △표 한 숫자는 ((시계 방향), 시계 반대 방향)으로 한 칸씩 이동합니다.

STEP③ STEP①, STEP②에서 찾은 규칙에 따라 빈칸에 알맞은 수를 써넣으시오.

86	19
72	43

14

01 규칙을 찾아 빈칸에 알맞은 수를 써넣으시오.

1	5	5	3
4	4	7	2
4	1	2	4
8	8	6	7

➡

4	1	5	5
4	7	2	3
8	4	1	2
8	6	7	4

➡

4	4	1	5
8	2	1	5
8	7	4	3
6	7	4	2

➡

8	4	4	1
8	1	4	5
6	2	7	5
7	4	2	3

➡

8	8	4	4
6	4	7	1
7	1	2	5
4	2	3	5

02 규칙을 찾아 빈칸에 알맞은 수를 써넣으시오.

1	3
2	4

➡

3	1
2	4

➡

3	4
2	1

➡

3	4
1	2

➡

1	4
3	2

➡

4	1
3	2

15

대표문제

STEP① 십의 자리 숫자는 시계 반대 방향으로 1칸씩 이동합니다.

STEP② 일의 자리 숫자는 시계 방향으로 1칸씩 이동합니다.

STEP③ STEP①, STEP②에서 찾은 규칙에 맞게 빈 곳에 알맞은 수를 써넣습니다.

TIP 3째 번 그림에 있는 숫자를 잘 확인하여 십의 자리 숫자부터 순서대로 쓸 수 있도록 지도합니다.

01 안에 있는 숫자 4, 1, 2, 7은 시계 반대 방향으로 1칸씩 이동하고, 바깥쪽 테두리에 있는 숫자는 시계 방향으로 1칸씩 이동합니다.

02 1째 번 그림과 2째 번 그림에서 색칠된 부분의 숫자가 서로 바뀝니다.

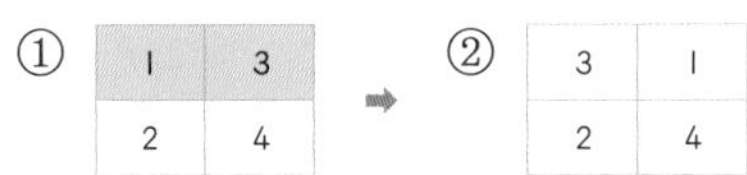

2째 번 그림과 3째 번 그림에서 색칠된 부분의 숫자가 서로 바뀝니다.

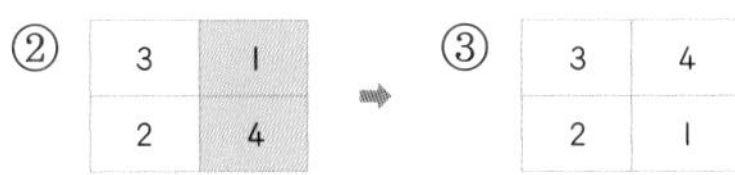

따라서 숫자가 바뀌는 부분이 시계 방향으로 한 칸씩 움직이는 규칙입니다.

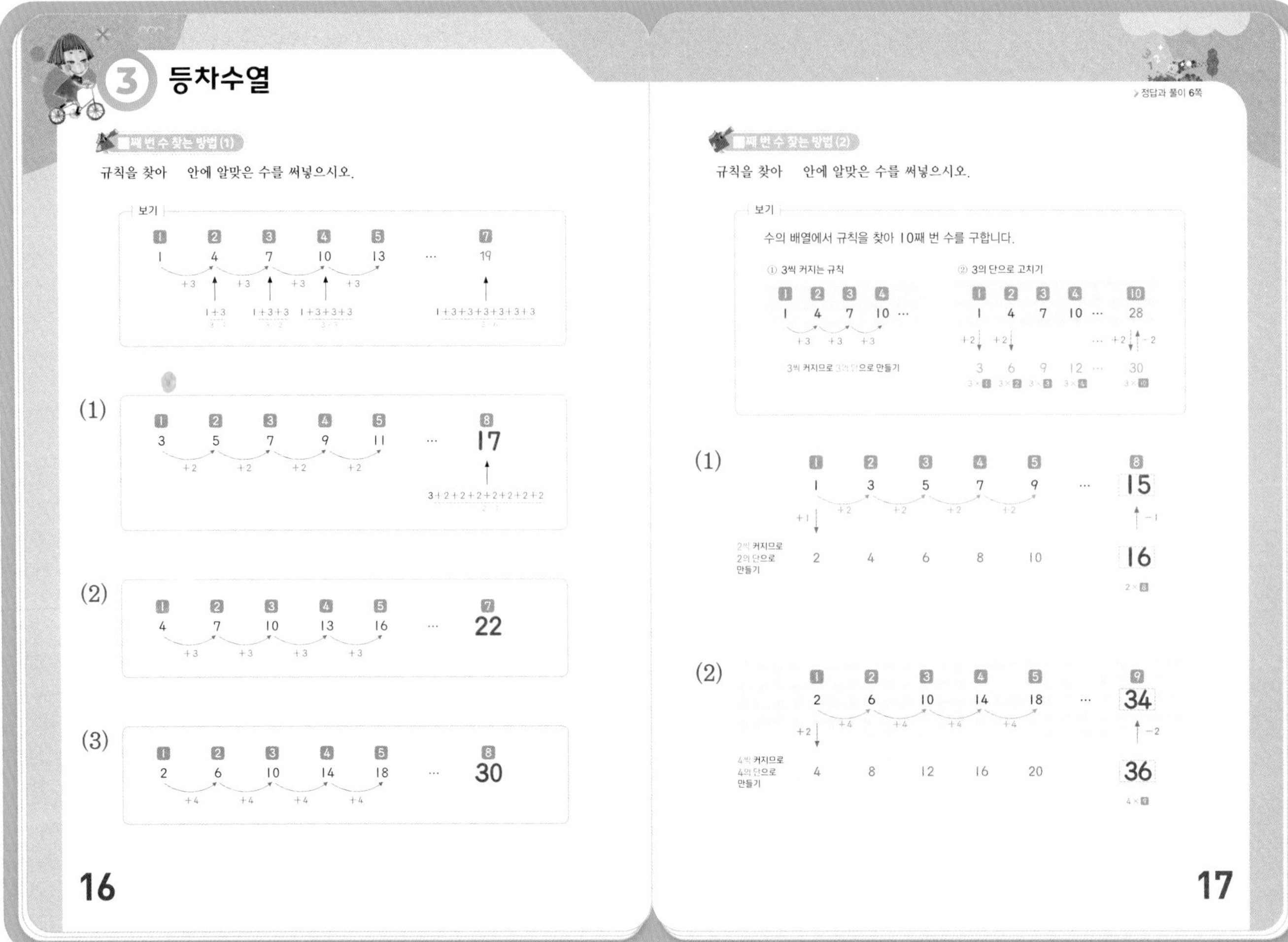

■째 번 수 찾는 방법 (1)

보기 는 1부터 시작하여 3씩 커지는 규칙입니다. 7째 번 수는 3이 6번 더해집니다. 따라서 맨 앞에 있는 수 1과 3×6을 더합니다.

$$\underbrace{1+3+3+3+3+3+3}_{3\times6}=19$$

(1) 3부터 시작하여 2씩 커지는 규칙입니다. 8째 번 수는 맨 앞의 수 3에 2가 7번 더해집니다. 즉, 맨 앞에 있는 수 3과 2×7을 더합니다.

$$\underbrace{3+2+2+2+2+2+2+2}_{2\times7}=17$$

(2) 4부터 시작하여 3씩 커지는 규칙입니다. 7째 번 수는 맨 앞의 수 4에 3이 6번 더해지므로 4와 3×6을 더합니다.

$$\underbrace{4+3+3+3+3+3+3}_{3\times6}=22$$

(3) 2부터 시작하여 4씩 커지는 규칙입니다. 8째 번 수는 맨 앞의 수 2에 4가 7번 더해지므로 2와 4×7을 더합니다.

$$\underbrace{2+4+4+4+4+4+4+4}_{4\times7}=30$$

■째 번 수 찾는 방법 (2)

(1) 1부터 시작하여 2씩 커지는 수열에서 8째 번 수를 구하려면 먼저 원래 수열에 1을 더하여 2의 단으로 만들어 봅니다.
2의 단으로 만든 수열에서 8째 번 수는 16이므로, 원래 수열의 8째 번 수는 16－1＝15입니다.

(2) 2부터 시작하여 4씩 커지는 수열에서 9째 번 수를 구하려면 먼저 원래 수열에 2를 더하여 4의 단을 만들어 봅니다.
4의 단으로 만든 수열에서 9째 번 수는 36이므로, 원래 수열의 9째 번 수는 36－2＝34입니다.

③ 등차수열

정답과 풀이 7쪽

대표문제

다음과 같은 규칙으로 그림을 벽에 붙이려고 합니다. 그림 12장을 붙일 때, 필요한 압정은 모두 몇 개인지 구해 보시오. **26개**

STEP ① 안에 알맞은 수를 써넣어 늘어나는 압정의 개수를 알아보시오.

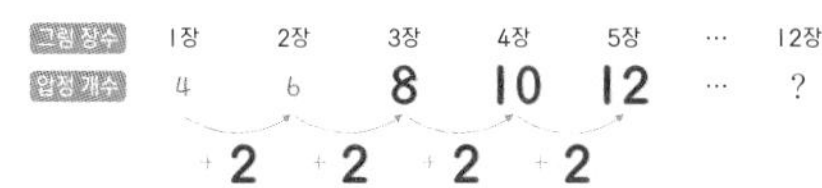

그림 장수	1장	2장	3장	4장	5장	…	12장
압정 개수	4	6	8	10	12	…	?

+2 +2 +2 +2

STEP ② 규칙을 찾아 안에 알맞은 수를 써넣으시오.

STEP ①에서 그림이 1장씩 늘어날 때마다 압정의 개수가 2 개씩 커지므로 2 의 단으로 만들어 생각합니다.

그림 장수	1장	2장	3장	4장	5장	…	12장
압정 개수	4	6	8	10	12	…	?
	−2	−2					+2
2의 단	2	4	6	8	10	…	24

STEP ③ STEP ②에서 찾은 규칙에 따라 그림 12장을 붙일 때, 필요한 압정은 모두 몇 개인지 구해 보시오. **26개**

18

01 일정한 규칙으로 점과 선을 이용하여 모양을 만들었습니다. 14째 번 모양의 점은 모두 몇 개인지 구해 보시오. **40개**

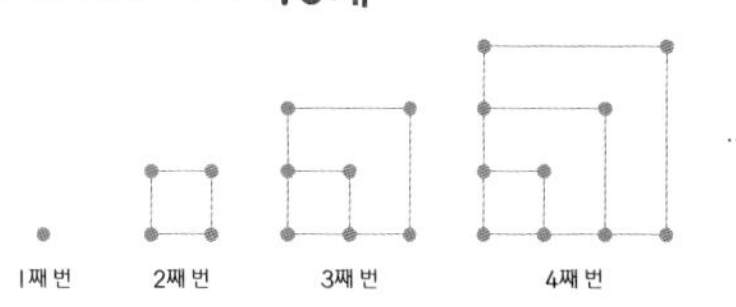

02 일정한 규칙으로 성냥개비를 늘어놓았습니다. 16째 번에 놓일 성냥개비는 모두 몇 개인지 구해 보시오. **81개**

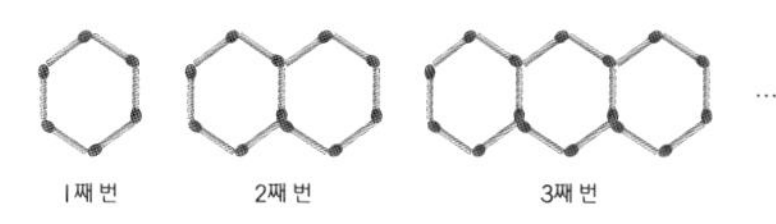

19

대표문제

STEP ① 그림이 한 장씩 늘어날 때마다 압정의 개수가 2개씩 늘어납니다.

STEP ② 압정의 개수가 2개씩 커지므로 2의 단을 만들어 봅니다. 2의 단으로 만든 수열에서 12째 번 수는 $2 \times 12 = 24$입니다.

STEP ③ 2의 단으로 만든 수열은 압정의 수의 수열보다 2씩 작은 수열입니다. 따라서 12장의 그림을 붙일 때 필요한 압정은 모두 $24 + 2 = 26$(개)입니다.

01 점의 개수는 1부터 시작하여 3씩 커지는 규칙입니다. 점의 개수가 3개씩 커지므로 3의 단을 만들어 봅니다.

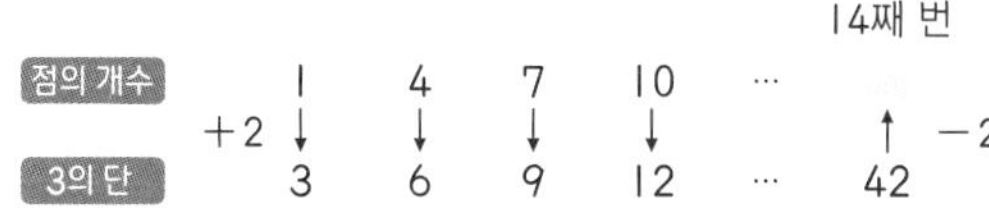

	1째 번	2째 번	3째 번	4째 번	…	14째 번
점의 개수	1	4	7	10	…	
	+2 ↓	↓	↓	↓		↑ −2
3의 단	3	6	9	12	…	42

3의 단을 만든 수열에서 14째 번 수는 $3 \times 14 = 42$이므로 원래 수열의 14째 번 수는 $42 - 2 = 40$입니다.
따라서 14째 번 모양의 점은 모두 40개입니다.

02 성냥개비의 개수는 6부터 시작하여 5씩 커지는 규칙입니다. 성냥개비의 개수가 5개씩 커지므로 5의 단을 만들어 봅니다.

	1째 번	2째 번	3째 번	…	16째 번
성냥개비의 개수	6	11	16	…	
	−1 ↓	↓	↓		↑ +1
5의 단	5	10	15	…	80

5의 단을 만든 수열에서 16째 번 수는 $5 \times 16 = 80$이므로 원래 수열의 16째 번 수는 $80 + 1 = 81$입니다.
따라서 16째 번에 놓일 성냥개비는 모두 81개입니다.

Creative 팩토

정답과 풀이 8쪽

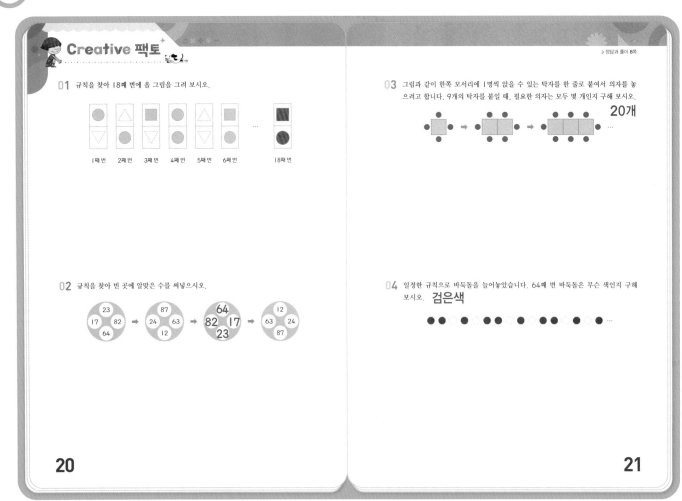

01 규칙을 찾아 18째 번에 올 그림을 그려 보시오.

1째 번 2째 번 3째 번 4째 번 5째 번 6째 번 … 18째 번

02 규칙을 찾아 빈 곳에 알맞은 수를 써넣으시오.

(23, 17, 82, 64) ➡ (87, 24, 63, 12) ➡ (64, 82, 17, 23) ➡ (12, 63, 24, 87)

03 그림과 같이 한쪽 모서리에 1명씩 앉을 수 있는 탁자를 한 줄로 붙여서 의자를 놓으려고 합니다. 9개의 탁자를 붙일 때, 필요한 의자는 모두 몇 개인지 구해 보시오. 20개

04 일정한 규칙으로 바둑돌을 늘어놓았습니다. 64째 번 바둑돌은 무슨 색인지 구해 보시오. 검은색

20 21

01 위와 아래 칸의 반복되는 부분을 각각 찾아봅니다.
〈위 칸 18째 번에 올 모양과 색깔〉
- 모양: '○, △, □'가 반복
- 색깔: '연두색, 흰색, 연두색'이 반복
  $18 \div 3$에서 나머지가 0이므로 3째 번 모양인 □, 3째 번 색깔인 연두색입니다.

〈아래 칸 18째 번에 올 모양과 색깔〉
- 모양: '▽, ○'가 반복
- 색깔: '흰색, 연두색'이 반복
  $18 \div 2$에서 나머지가 0이므로 2째 번 모양인 ○, 2째 번 색깔인 연두색입니다.

02 십의 자리 숫자는 시계 반대 방향으로 1칸씩 이동하고, 일의 자리 숫자는 시계 방향으로 1칸씩 이동하는 규칙입니다.

03 의자의 개수는 4개부터 시작하여 2개씩 늘어나는 규칙입니다.
의자의 개수가 2개씩 많아지므로 2의 단을 만들어 봅니다.

탁자의 개수	1개	2개	3개		9개
의자의 개수	4	6	8	…	
	−2 ↓	↓	↓		↑ +2
2의 단	2	4	6	…	18

2의 단을 만든 수열에서 9째 번 수는 $2 \times 9 = 18$이므로 원래 수열의 9째 번 수는 $18 + 2 = 20$입니다.
따라서 9개의 탁자를 붙일 때, 필요한 의자는 20개입니다.

04 바둑돌의 색깔은 '검은색, 검은색, 흰색, 검은색, 흰색'으로 5개의 색깔이 반복됩니다.
64째 번에 올 바둑돌의 색깔은 $64 \div 5 = 12 \cdots 4$에서 나머지가 4이므로 4째 번 색깔인 검은색입니다.

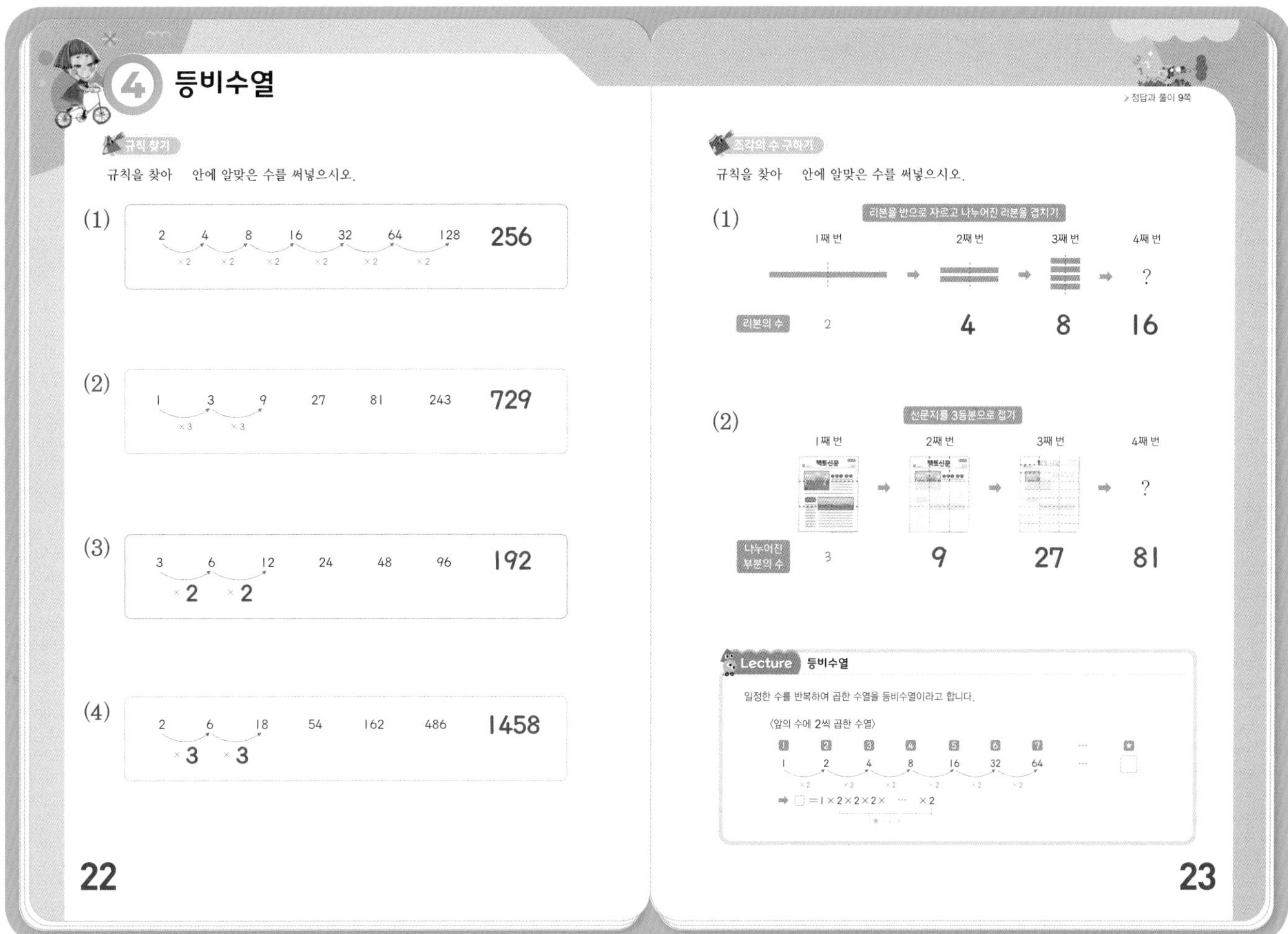

4 등비수열
규칙 찾기
규칙을 찾아 안에 알맞은 수를 써넣으시오.
(1) 2 4 8 16 32 64 128 256
(2) 1 3 9 27 81 243 729
(3) 3 6 12 24 48 96 192
×2 ×2
(4) 2 6 18 54 162 486 1458
×3 ×3
22
정답과 풀이 9쪽
조각의 수 구하기
규칙을 찾아 안에 알맞은 수를 써넣으시오.
(1) 리본을 반으로 자르고 나누어진 리본을 겹치기
1째 번 2째 번 3째 번 4째 번
리본의 수 2 4 8 16
(2) 신문지를 3등분으로 접기
1째 번 2째 번 3째 번 4째 번
나누어진 부분의 수 3 9 27 81
Lecture 등비수열
일정한 수를 반복하여 곱한 수열을 등비수열이라고 합니다.
23

규칙 찾기

(1) 2부터 시작하여 2씩 곱하는 규칙입니다.

(2) 1부터 시작하여 3씩 곱하는 규칙입니다.

(3) 3부터 시작하여 2씩 곱하는 규칙입니다.

(4) 2부터 시작하여 3씩 곱하는 규칙입니다.

조각의 수 구하기

(1) 리본의 수는 2부터 시작하여 2씩 곱하는 규칙입니다.

(2) 나누어진 부분의 수는 3부터 시작하여 3씩 곱하는 규칙입니다.

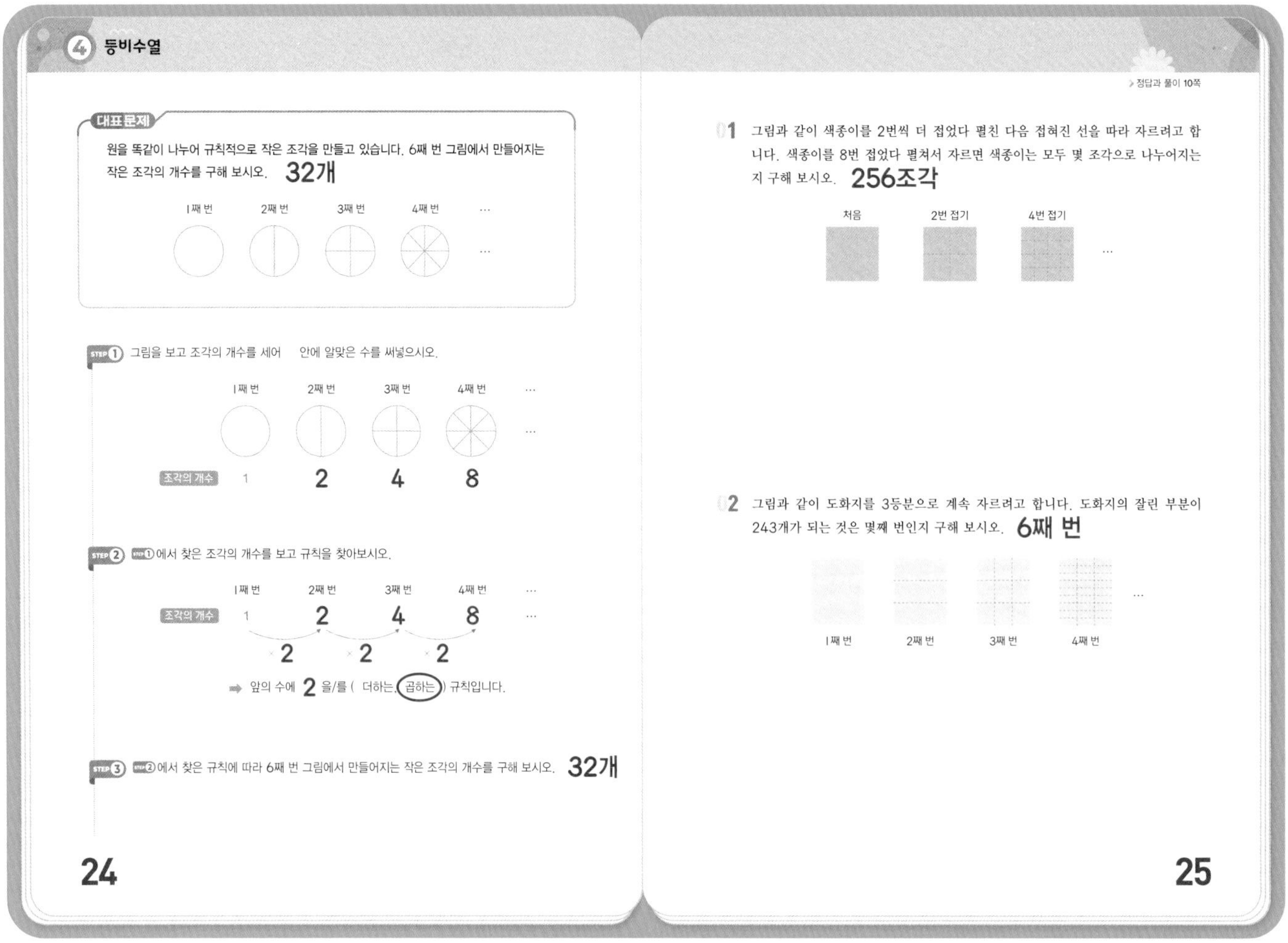

④ 등비수열

정답과 풀이 10쪽

대표문제

원을 똑같이 나누어 규칙적으로 작은 조각을 만들고 있습니다. 6째 번 그림에서 만들어지는 작은 조각의 개수를 구해 보시오. **32개**

1째 번 2째 번 3째 번 4째 번 …

STEP ① 그림을 보고 조각의 개수를 세어 안에 알맞은 수를 써넣으시오.

	1째 번	2째 번	3째 번	4째 번	…
조각의 개수	1	2	4	8	

STEP ② STEP ①에서 찾은 조각의 개수를 보고 규칙을 찾아보시오.

	1째 번	2째 번	3째 번	4째 번	…
조각의 개수	1	2	4	8	…

×2 ×2 ×2

➡ 앞의 수에 2 을/를 (더하는, (곱하는)) 규칙입니다.

STEP ③ STEP ②에서 찾은 규칙에 따라 6째 번 그림에서 만들어지는 작은 조각의 개수를 구해 보시오. **32개**

24

01 그림과 같이 색종이를 2번씩 더 접었다 펼친 다음 접혀진 선을 따라 자르려고 합니다. 색종이를 8번 접었다 펼쳐서 자르면 색종이는 모두 몇 조각으로 나누어지는지 구해 보시오. **256조각**

처음 2번 접기 4번 접기 …

02 그림과 같이 도화지를 3등분으로 계속 자르려고 합니다. 도화지의 잘린 부분이 243개가 되는 것은 몇째 번인지 구해 보시오. **6째 번**

1째 번 2째 번 3째 번 4째 번 …

25

대표문제

STEP ① 조각의 개수를 세어 보면 순서대로 1개, 2개, 4개, 8개입니다.

STEP ② 조각의 개수는 1부터 시작하여 2씩 곱하는 규칙입니다.

STEP ③ 6째 번 그림에서 만들어지는 작은 조각의 개수는 32개입니다.

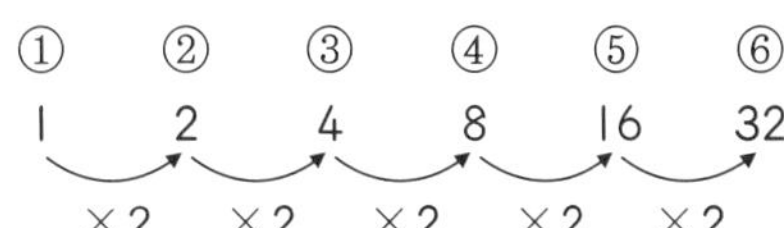

01 색종이의 잘린 조각의 개수를 나열하면 1, 4, 16… 이므로 1부터 시작하여 4씩 곱하는 규칙입니다.
따라서 색종이를 8번 접었다 펼쳐서 자르면 색종이는 256조각으로 나누어집니다.

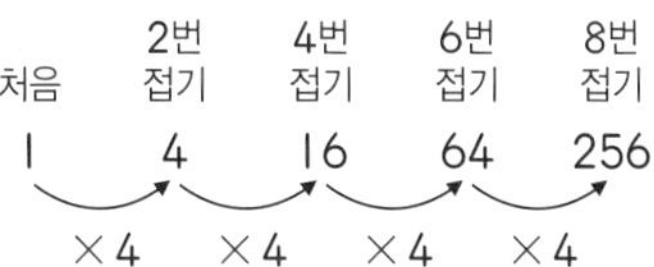

02 도화지의 잘린 부분의 개수를 나열하면 1, 3, 9… 이므로 1부터 시작하여 3씩 곱하는 규칙입니다.
따라서 도화지의 잘린 부분이 243개가 되는 것은 6째 번입니다.

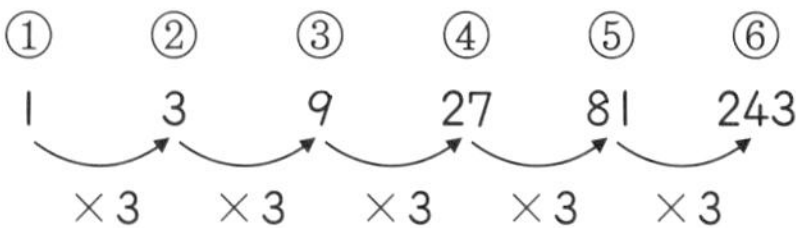

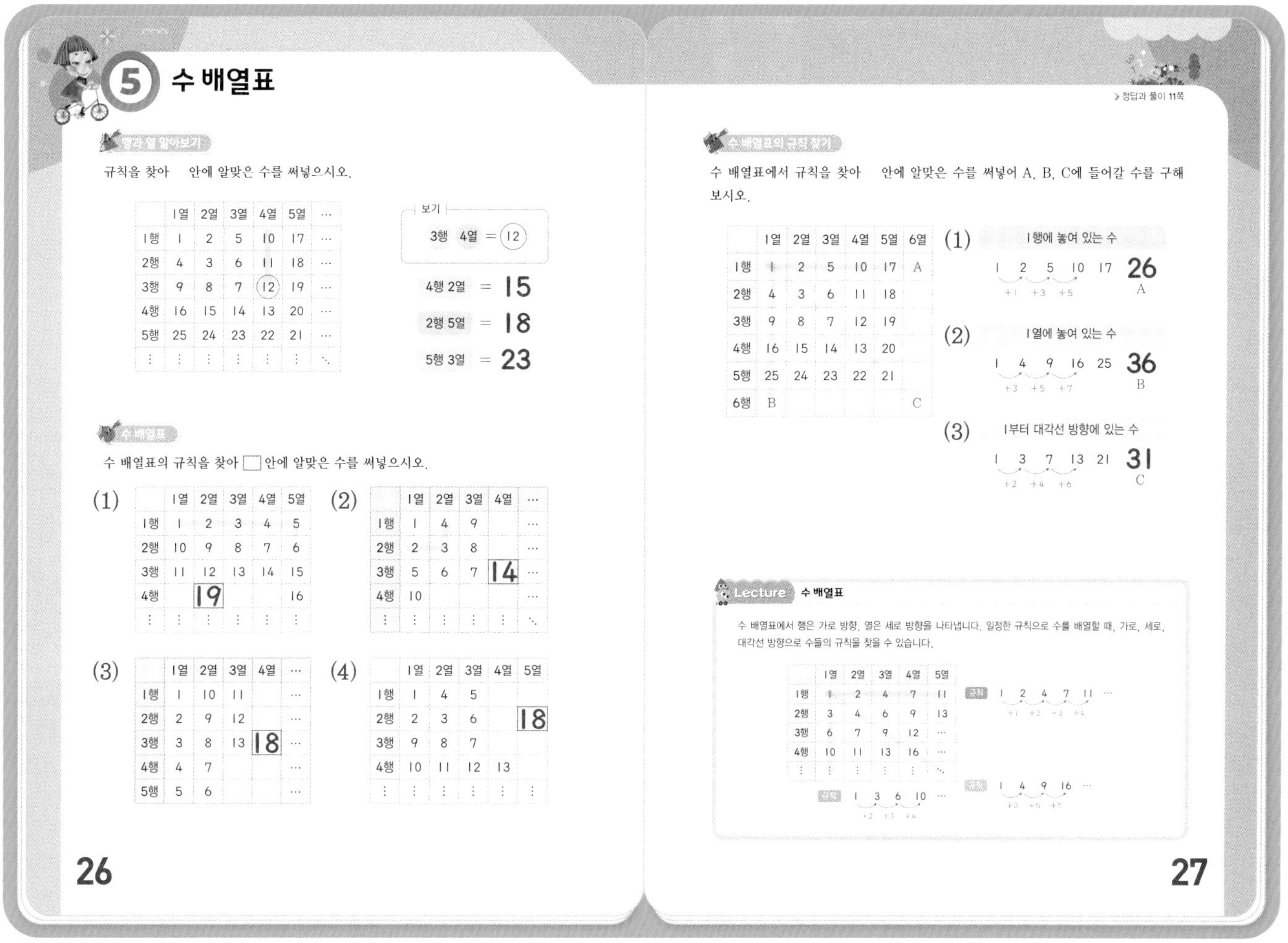

5 수 배열표

행과 열 알아보기

규칙을 찾아 안에 알맞은 수를 써넣으시오.

	1열	2열	3열	4열	5열	…
1행	1	2	5	10	17	…
2행	4	3	6	11	18	…
3행	9	8	7	(12)	19	…
4행	16	15	14	13	20	…
5행	25	24	23	22	21	…
⋮	⋮	⋮	⋮	⋮	⋮	⋱

보기: 3행 4열 = (12)

4행 2열 = 15

2행 5열 = 18

5행 3열 = 23

수 배열표

수 배열표의 규칙을 찾아 □ 안에 알맞은 수를 써넣으시오.

(1)

	1열	2열	3열	4열	5열
1행	1	2	3	4	5
2행	10	9	8	7	6
3행	11	12	13	14	15
4행	19				16
⋮	⋮	⋮	⋮	⋮	⋮

(2)

	1열	2열	3열	4열	…
1행	1	4	9		…
2행	2	3	8		…
3행	5	6	7	14	…
4행	10				…
⋮	⋮	⋮	⋮	⋮	⋱

(3)

	1열	2열	3열	4열	…
1행	1	10	11		…
2행	2	9	12		…
3행	3	8	13	18	…
4행	4	7			…
5행	5	6			…

(4)

	1열	2열	3열	4열	5열
1행	1	4	5		
2행	2	3	6		18
3행	9	8	7		
4행	10	11	12	13	
⋮	⋮	⋮	⋮	⋮	⋮

26

정답과 풀이 11쪽

수 배열표의 규칙 찾기

수 배열표에서 규칙을 찾아 안에 알맞은 수를 써넣어 A, B, C에 들어갈 수를 구해 보시오.

	1열	2열	3열	4열	5열	6열
1행	1	2	5	10	17	A
2행	4	3	6	11	18	
3행	9	8	7	12	19	
4행	16	15	14	13	20	
5행	25	24	23	22	21	
6행	B					C

(1) 1행에 놓여 있는 수

1 2 5 10 17 26(A)

+1 +3 +5

(2) 1열에 놓여 있는 수

1 4 9 16 25 36(B)

+3 +5 +7

(3) 1부터 대각선 방향에 있는 수

1 3 7 13 21 31(C)

+2 +4 +6

Lecture 수 배열표

수 배열표에서 행은 가로 방향, 열은 세로 방향을 나타냅니다. 일정한 규칙으로 수를 배열할 때, 가로, 세로, 대각선 방향으로 수들의 규칙을 찾을 수 있습니다.

	1열	2열	3열	4열	5열
1행	1	2	4	7	11
2행	3	4	6	9	13
3행	6	7	9	12	…
4행	10	11	13	16	…
⋮	⋮	⋮	⋮	⋮	⋱

규칙 1 2 4 7 11 … (+1 +2 +3 +4)

규칙 1 4 9 16 … (+3 +5 +7)

규칙 1 3 6 10 … (+2 +3 +4)

27

행과 열 알아보기

수 배열표에서 행은 가로 방향, 열은 세로 방향을 나타냅니다. 따라서 4행 2열은 15, 2행 5열은 18, 5행 3열은 23입니다.

수 배열표

수 배열은 일정한 규칙에 따라 수를 배열한 것이므로, 수의 순서에 맞게 선을 그어 보며 규칙을 찾아봅니다.

(1)

	1열	2열	3열	4열	5열
1행	1	2	3	4	5
2행	10	9	8	7	6
3행	11	12	13	14	15
4행		19	18	17	16
⋮	⋮	⋮	⋮	⋮	⋮

(2)

	1열	2열	3열	4열	…
1행	1	4	9		…
2행	2	3	8		…
3행	5	6	7	14	…
4행	10	11	12	13	…
⋮	⋮	⋮	⋮	⋮	⋱

(3)

	1열	2열	3열	4열	…
1행	1	10	11		…
2행	2	9	12		…
3행	3	8	13	18	…
4행	4	7	14	17	…
5행	5	6	15	16	…

(4)

	1열	2열	3열	4열	5열
1행	1	4	5	16	17
2행	2	3	6	15	18
3행	9	8	7	14	
4행	10	11	12	13	
⋮	⋮	⋮	⋮	⋮	⋮

수 배열표의 규칙 찾기

(1) 1행에 놓여 있는 수는 1부터 시작하여 1, 3, 5…로 늘어나는 수가 2씩 커집니다.
따라서 A는 $17+9=26$입니다.

(2) 1열에 놓여 있는 수는 1부터 시작하여 3, 5, 7…로 늘어나는 수가 2씩 커집니다.
따라서 B는 $25+11=36$입니다.

(3) 1부터 대각선 방향에 있는 수는 1부터 시작하여 2, 4, 6…으로 늘어나는 수가 2씩 커집니다.
따라서 C는 $21+10=31$입니다.

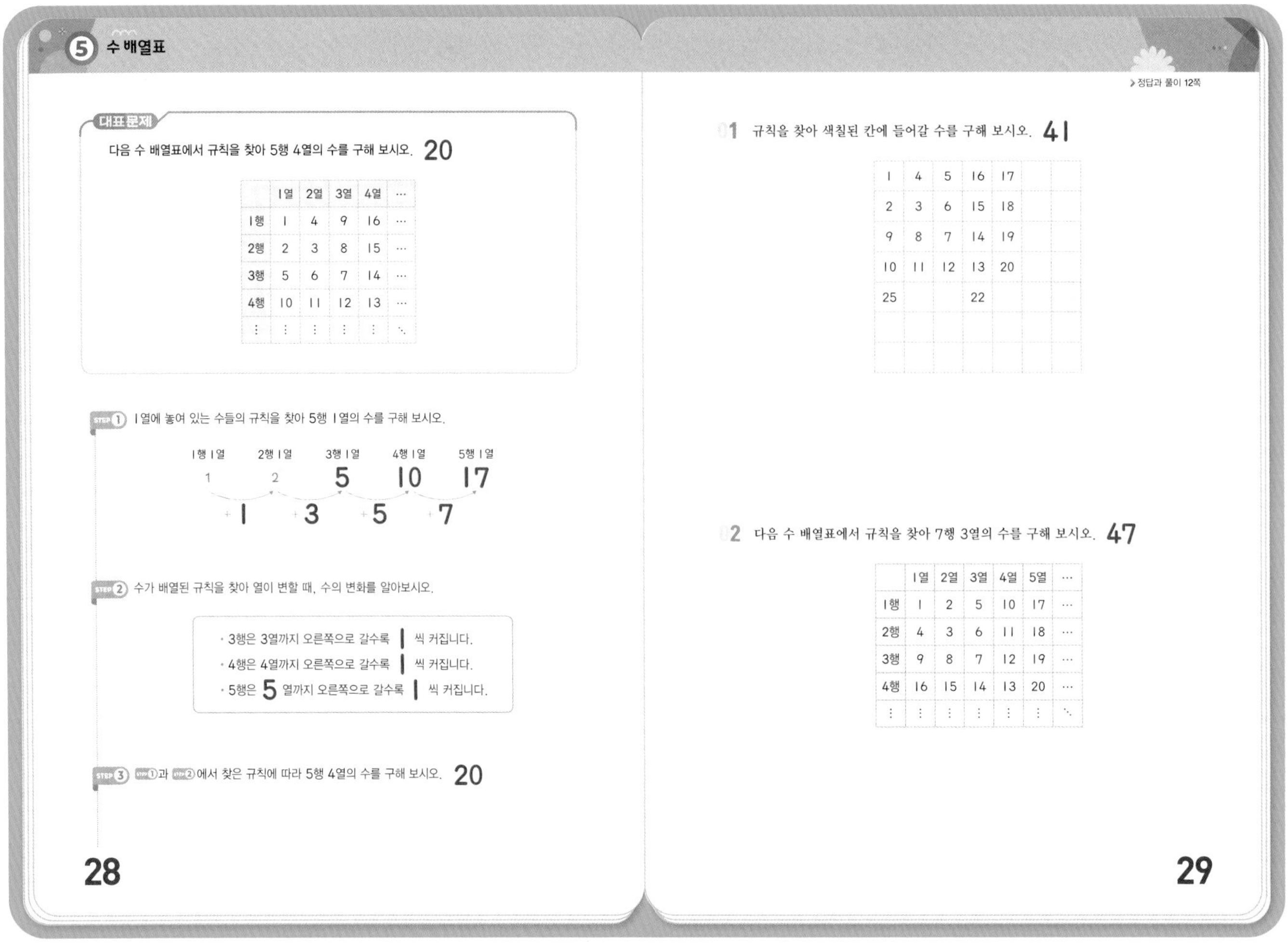

5 수 배열표

정답과 풀이 12쪽

대표문제

다음 수 배열표에서 규칙을 찾아 5행 4열의 수를 구해 보시오. 20

	1열	2열	3열	4열	…
1행	1	4	9	16	…
2행	2	3	8	15	…
3행	5	6	7	14	…
4행	10	11	12	13	…
⋮	⋮	⋮	⋮	⋮	⋱

STEP 1 1열에 놓여 있는 수들의 규칙을 찾아 5행 1열의 수를 구해 보시오.

1행 1열 1, 2행 1열 2, 3행 1열 5, 4행 1열 10, 5행 1열 17

+1 +3 +5 +7

STEP 2 수가 배열된 규칙을 찾아 열이 변할 때, 수의 변화를 알아보시오.

- 3행은 3열까지 오른쪽으로 갈수록 1 씩 커집니다.
- 4행은 4열까지 오른쪽으로 갈수록 1 씩 커집니다.
- 5행은 5 열까지 오른쪽으로 갈수록 1 씩 커집니다.

STEP 3 STEP 1과 STEP 2에서 찾은 규칙에 따라 5행 4열의 수를 구해 보시오. 20

28

01 규칙을 찾아 색칠된 칸에 들어갈 수를 구해 보시오. 41

1	4	5	16	17		
2	3	6	15	18		
9	8	7	14	19		
10	11	12	13	20		
25			22			

02 다음 수 배열표에서 규칙을 찾아 7행 3열의 수를 구해 보시오. 47

	1열	2열	3열	4열	5열	…
1행	1	2	5	10	17	…
2행	4	3	6	11	18	…
3행	9	8	7	12	19	…
4행	16	15	14	13	20	…
⋮	⋮	⋮	⋮	⋮	⋮	⋱

29

대표문제

STEP 1 1열은 1부터 시작하여 1, 3, 5…로 늘어나는 수가 2씩 커집니다.
따라서 5행 1열의 수는 17입니다.

STEP 2 3행은 3열까지, 4행은 4열까지 오른쪽으로 갈수록 1씩 커지므로 5행은 5열까지 오른쪽으로 갈수록 1씩 커집니다.

STEP 3 5행 1열은 17이므로 5행 2열은 18, 5행 3열은 19, 5행 4열은 20입니다.

01 1행 1열부터 대각선 방향의 수들을 써 보면 1, 3, 7, 13…으로 1부터 시작하여 2, 4, 6…으로 늘어나는 수가 2씩 커집니다.
따라서 색칠된 칸에 들어갈 수는 43에서 위로 2칸 올라가므로 43−2=41입니다.

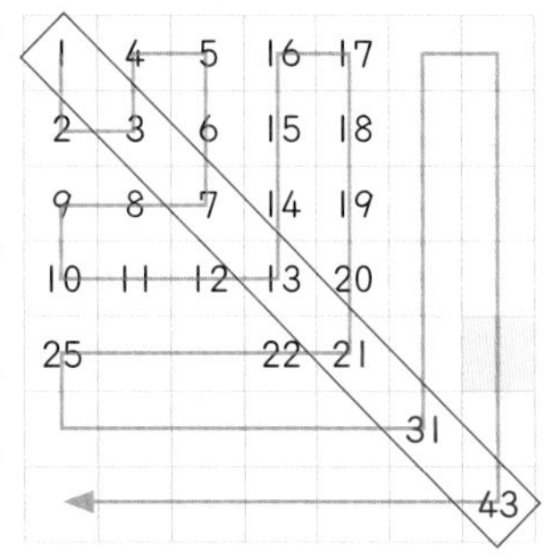

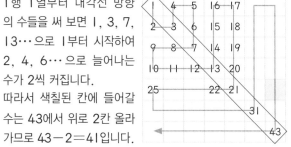

02 1열에 있는 수는 1, 4, 9, 16…으로 1부터 시작하여 3, 5, 7…로 늘어나는 수가 2씩 커집니다.
따라서 5행 1열은 25, 6행 1열은 36, 7행 1열은 49이고 7행은 오른쪽으로 갈수록 1씩 작아지므로 7행 3열은 49−2=47입니다.

	1열	2열	3열	4열	5열	…
1행	1	2	5	10	17	…
2행	4	3	6	11	18	…
3행	9	8	7	12	19	…
4행	16	15	14	13	20	…
⋮	⋮	⋮	⋮	⋮	⋮	⋱

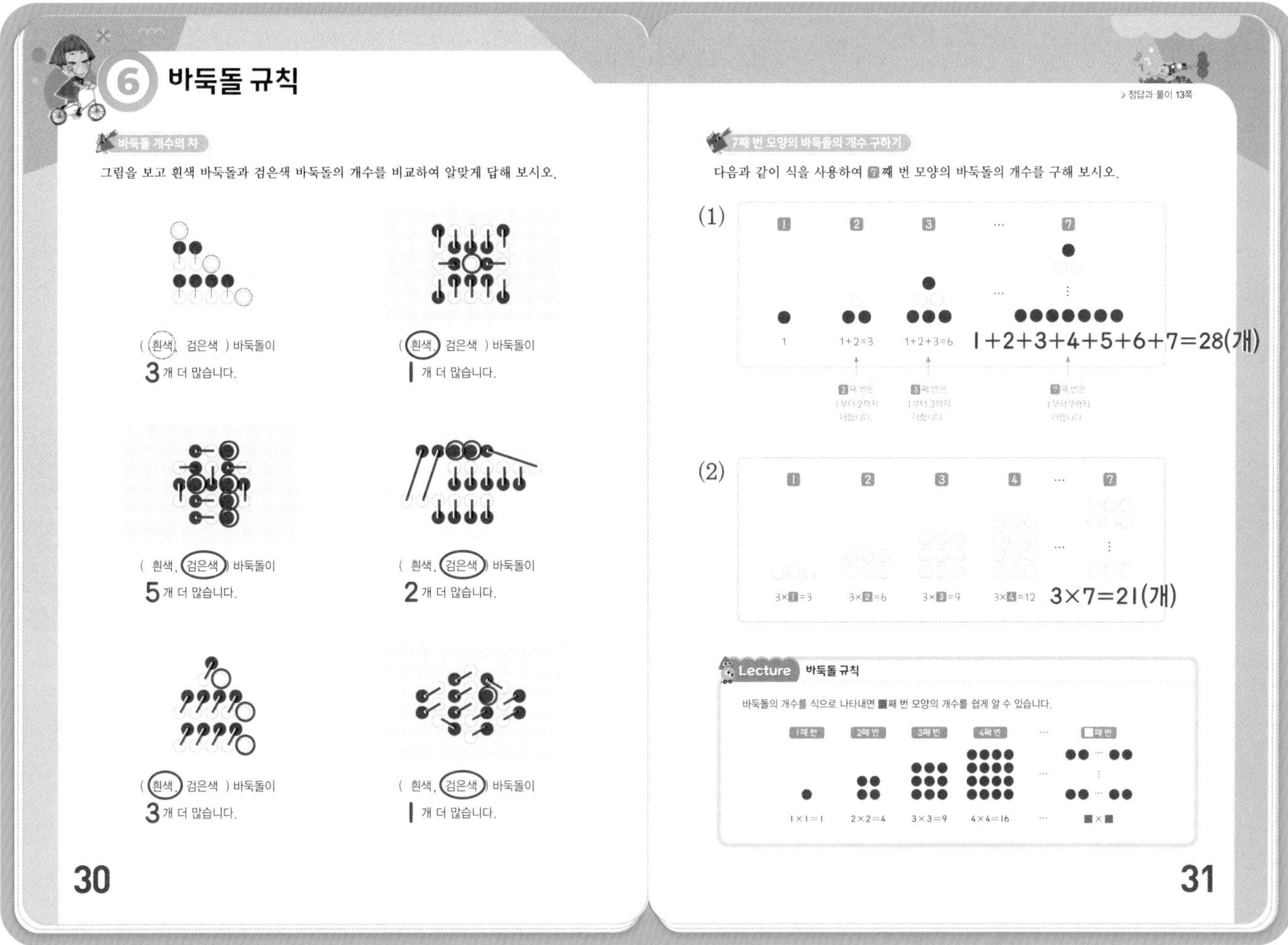

바둑돌의 개수의 차

흰색 바둑돌과 검은색 바둑돌을 1개씩 선으로 이어 개수를 비교합니다.

TIP 선을 잇는 방법은 아이들마다 다를 수 있습니다.

7째 번 모양의 바둑돌의 개수 구하기

(1) ■째 번 모양의 바둑돌의 개수는 1＋2＋3＋⋯＋■입니다.

(2) ■째 번 모양의 바둑돌의 개수는 3×■입니다.

TIP 바둑돌의 개수를 식으로 나타내면 ■째 번 모양의 개수를 쉽게 알 수 있습니다. 바둑돌이 어떻게 늘어나는지 규칙을 찾아 식으로 나타냅니다.

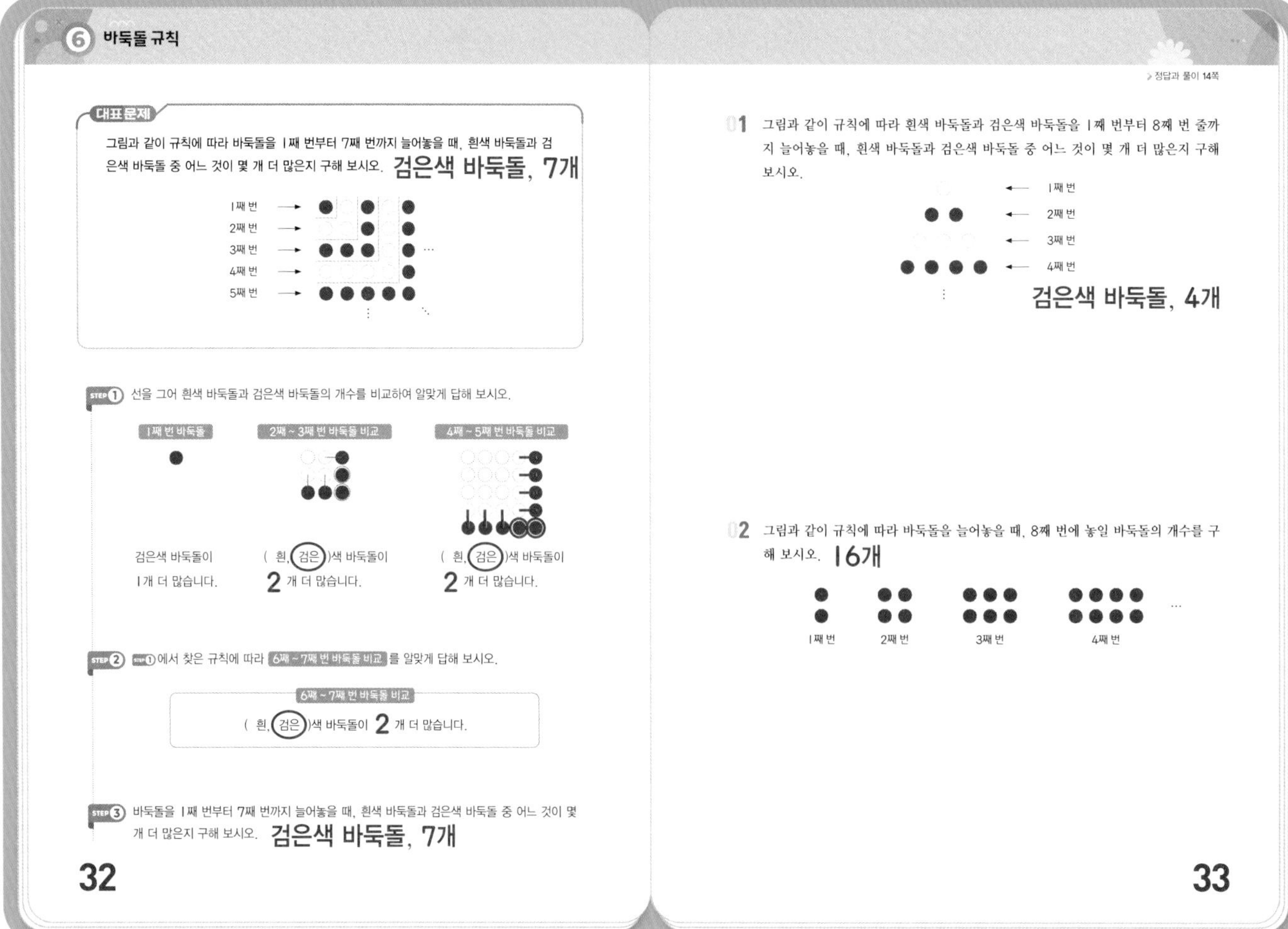

대표문제

STEP ① 2째 번, 3째 번의 바둑돌과 4째 번, 5째 번의 바둑돌에 선을 그어 바둑돌의 개수를 비교하면 각각의 그림에서 검은색 바둑돌이 2개 더 많습니다.

STEP ② STEP ①에서 찾은 규칙에 따라 6째 번, 7째 번 바둑돌을 비교하면 검은색 바둑돌이 2개 더 많습니다.

STEP ② I째 번 바둑돌: 검은색 바둑돌 I개 많음
2 ~ 3째 번 바둑돌: 검은색 바둑돌 2개 많음
4 ~ 5째 번 바둑돌: 검은색 바둑돌 2개 많음
6 ~ 7째 번 바둑돌: 검은색 바둑돌 2개 많음
따라서 바둑돌을 I째 번부터 7째 번까지 늘어놓을 때, 검은색 바둑돌이 I + 2 + 2 + 2 = 7(개) 더 많습니다.

01 I째 번부터 8째 번 줄까지 바둑돌을 늘어놓을 때, 홀수째 번은 흰색 바둑돌, 짝수째 번은 검은색 바둑돌이 놓여 있습니다.
I ~ 2째 번 바둑돌: 검은색 바둑돌 I개 많음
3 ~ 4째 번 바둑돌: 검은색 바둑돌 I개 많음
5 ~ 6째 번 바둑돌: 검은색 바둑돌 I개 많음
7 ~ 8째 번 바둑돌: 검은색 바둑돌 I개 많음
따라서 검은색 바둑돌이 4개 더 많습니다.

02 바둑돌의 개수는 (세로줄의 수)×(가로줄의 수)로 구할 수 있습니다.
I째 번: I × 2 = 2(개)
2째 번: 2 × 2 = 4(개)
3째 번: 3 × 2 = 6(개)
4째 번: 4 × 2 = 8(개)
⋮
8째 번: 8 × 2 = I6(개)

Creative 팩토

정답과 풀이 15쪽

01 다음과 같이 일정한 규칙으로 수를 나열합니다. 3째 줄의 왼쪽 첫째 번 수가 5일 때, 6째 줄의 왼쪽 첫째 번 수를 구해 보시오. **26**

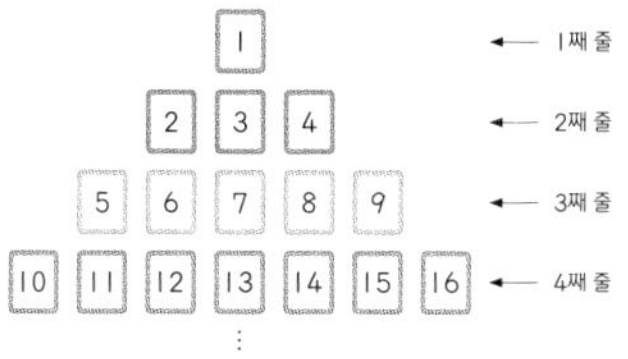

1 ← 1째 줄
2 3 4 ← 2째 줄
5 6 7 8 9 ← 3째 줄
10 11 12 13 14 15 16 ← 4째 줄
⋮

Key Point
각 줄의 첫째 번 수를 나열하면 1, 2, 5, 10…입니다.

02 두께가 2 mm인 종이가 한 장 있습니다. 이 종이를 반으로 계속 접는다고 할 때, 이 종이의 두께가 100 mm를 넘으려면 적어도 몇 번 접어야 하는지 구해 보시오. **6번**

Key Point
종이의 두께는 1번 접으면 4 mm, 2번 접으면 8 mm가 됩니다.

34

03 다음 수 배열표에서 규칙을 찾아 7행 6열의 수를 구해 보시오. **44**

	1열	2열	3열	4열	5열	…
1행	1	4	5	16	17	…
2행	2	3	6	15	18	…
3행	9	8	7	14	19	…
4행	10	11	12	13	20	…
⋮	⋮	⋮	⋮	⋮	⋮	⋱

Key Point
먼저 7행 7열의 수를 구해 봅니다.

04 그림과 같이 규칙에 따라 바둑돌을 늘어놓을 때, 7째 번 모양에서 흰색 바둑돌과 검은색 바둑돌 중 어느 것이 몇 개 더 많은지 구해 보시오. **검은색 바둑돌, 17개**

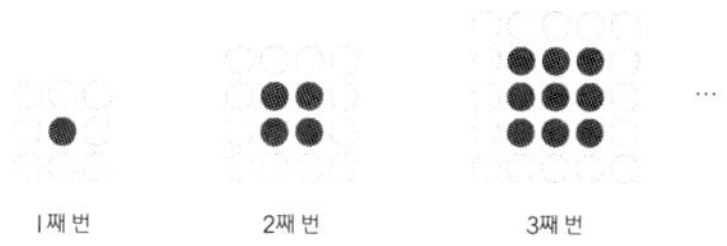

1째 번 2째 번 3째 번 …

35

01 각 줄의 왼쪽에서 첫째 번 수는 1, 2, 5, 10…이므로 늘어나는 수가 1, 3, 5…로 2씩 커집니다.

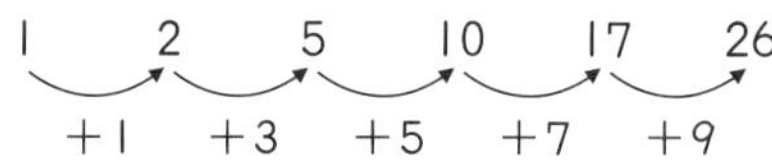

따라서 6째 줄의 왼쪽에서 첫째 번 수는 26입니다.

02 종이를 반으로 계속 접는다고 할 때, 1번 접을 때마다 두께가 2배씩 커집니다. 1번 접으면 4 mm, 2번 접으면 8 mm, 3번 접으면 16 mm, 4번 접으면 32 mm, 5번 접으면 64 mm, 6번 접으면 128 mm이므로 종이의 두께가 100 mm를 넘으려면 적어도 6번 접어야 합니다.

03 1행 1열부터 대각선 방향에 있는 수는 1부터 시작하여 2, 4, 6…으로 늘어나는 수가 2씩 커집니다.

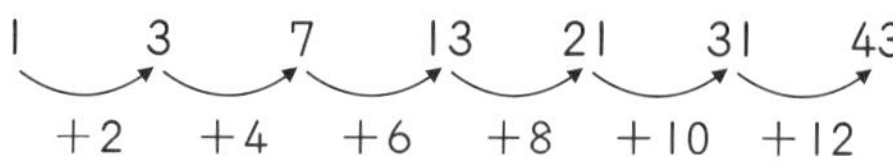

7행 7열의 수는 43이고 7행 6열의 수는 7행 7열의 수보다 1만큼 더 큰 수이므로 44입니다.

04 흰색 바둑돌의 규칙을 식으로 나타내면 1째 번은 2×4, 2째 번은 3×4, 3째 번은 4×4이므로 7째 번은 8×4입니다. 따라서 7째 번 모양의 흰색 바둑돌은 $8 \times 4 = 32$(개)입니다.

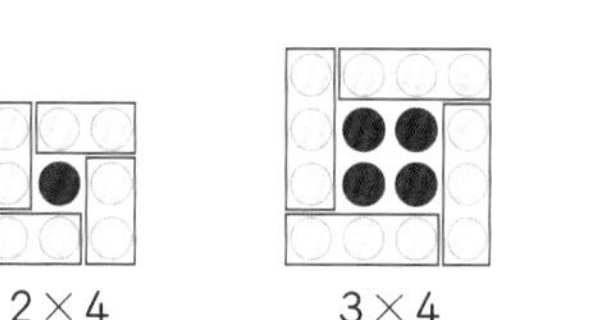
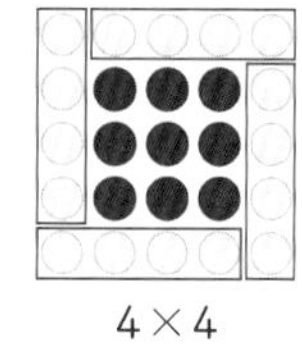

2×4 3×4 4×4

검은색 바둑돌의 규칙을 식으로 나타내면 1째 번은 1, 2째 번은 2×2, 3째 번은 3×3이므로 7째 번은 7×7입니다. 따라서 7째 번 모양의 검은색 바둑돌은 $7 \times 7 = 49$(개)입니다.

7째 번 모양에서 검은색 바둑돌이 $49 - 32 = 17$(개) 더 많습니다.

정답과 풀이 16쪽

01 수 배열표에서 2행 3열의 수를 (2, 3)으로 나타낼 때, (6, 7)÷(A, B)=(2, 2)의 A+B의 값을 구해 보시오. **7**

	1열	2열	3열	4열	5열	…
1행	1	2	5	10	17	…
2행	4	3	6	11	18	…
3행	9	8	7	12	19	…
4행	16	15	14	13	20	…
⋮	⋮	⋮	⋮	⋮	⋮	⋱

02 다음과 같이 손가락을 이용하여 수를 셀 때, 76은 몇째 번 손가락으로 세는지 구해 보시오. **4째 번 손가락**

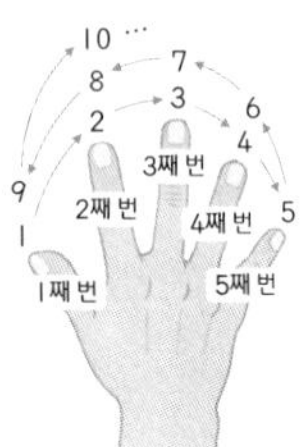

03 규칙에 따라 점과 선으로 모양을 만들었습니다. 5째 번 모양의 점은 몇 개인지 구해 보시오. **51개**

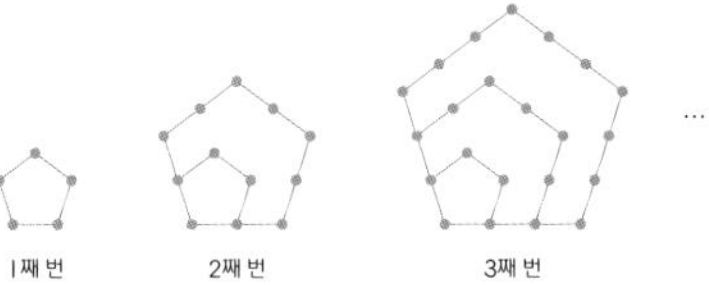

04 100개의 작은 정사각형을 붙여 큰 정사각형을 만들고 다음과 같이 색칠하였습니다. 색칠한 정사각형과 색칠하지 않은 정사각형 중 어느 것이 몇 개 더 많은지 구해 보시오. **색칠하지 않은 정사각형, 10개**

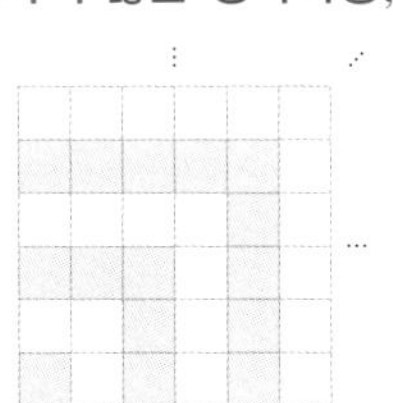

01 1행 1열부터 대각선 방향에 있는 수는 1부터 시작하여 2, 4, 6…으로 늘어나는 수가 2씩 커집니다.
5행 5열: 13+8=21
6행 6열: 21+10=31
7행 7열: 31+12=43
7열은 7행까지 위로 갈수록 1씩 작아지므로 6행 7열의 수는 43−1=42입니다.
(6, 7)÷(A, B)=(2, 2)는 42÷(A, B)=3이므로
(A, B)=14입니다.
따라서 14는 4행 3열이므로 (4, 3)이고 A+B=7입니다.

02 1째 번, 2째 번, 3째 번, 4째 번, 5째 번, 4째 번, 3째 번, 2째 번 손가락이 반복되므로 1부터 8까지 8개가 반복됩니다. 따라서 76÷8=9…4의 나머지가 4이므로 76은 4째 번 손가락으로 셉니다.

03 점의 개수를 식으로 나타내면 1째 번은 5, 2째 번은 5+7, 3째 번은 5+7+10, 4째 번은 5+7+10+13, 5째 번은 5+7+10+13+16입니다.
따라서 5째 번 모양의 점은 5+7+10+13+16=51(개)입니다.

04 100개의 작은 정사각형을 붙인 모양은 작은 정사각형이 가로와 세로로 각각 10개씩 붙어 있습니다.

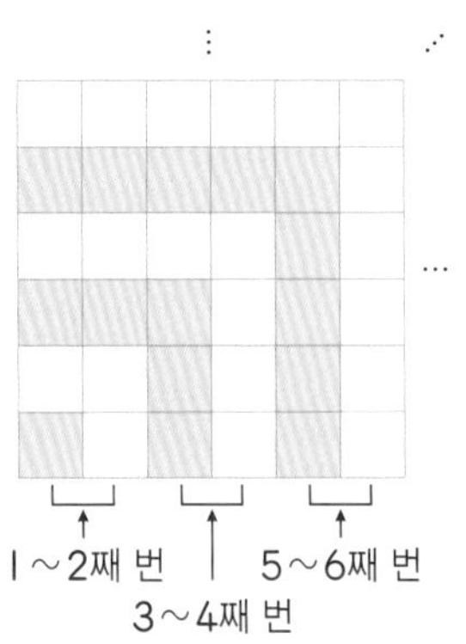

1~2째 번: 색칠하지 않은 부분 2개 많음
3~4째 번: 색칠하지 않은 부분 2개 많음
5~6째 번: 색칠하지 않은 부분 2개 많음
7~8째 번: 색칠하지 않은 부분 2개 많음
9~10째 번: 색칠하지 않은 부분 2개 많음
따라서 색칠하지 않은 정사각형이 10개 더 많습니다.

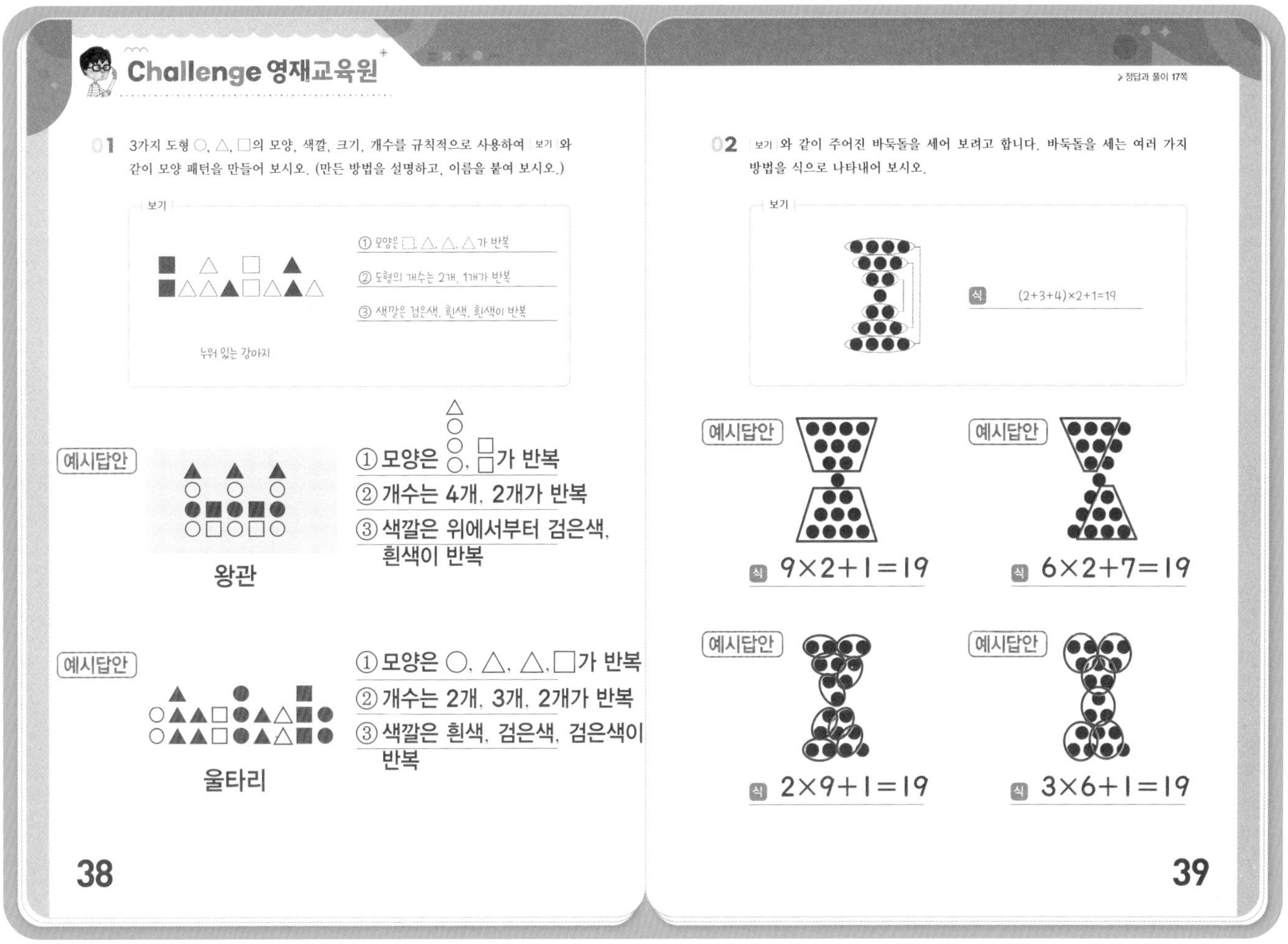

Challenge 영재교육원

정답과 풀이 17쪽

01 3가지 도형 ○, △, □의 모양, 색깔, 크기, 개수를 규칙적으로 사용하여 보기 와 같이 모양 패턴을 만들어 보시오. (만든 방법을 설명하고, 이름을 붙여 보시오.)

보기

① 모양은 □, △, △, △가 반복

② 도형의 개수는 2개, 1개가 반복

③ 색깔은 검은색, 흰색, 흰색이 반복

누워 있는 강아지

예시답안

왕관

① 모양은 △, ○, ○, ○, □, □가 반복

② 개수는 4개, 2개가 반복

③ 색깔은 위에서부터 검은색, 흰색이 반복

예시답안

울타리

① 모양은 ○, △, △, □가 반복

② 개수는 2개, 3개, 2개가 반복

③ 색깔은 흰색, 검은색, 검은색이 반복

02 보기 와 같이 주어진 바둑돌을 세어 보려고 합니다. 바둑돌을 세는 여러 가지 방법을 식으로 나타내어 보시오.

보기

식 $(2+3+4)\times2+1=19$

예시답안 식 $9\times2+1=19$

예시답안 식 $6\times2+7=19$

예시답안 식 $2\times9+1=19$

예시답안 식 $3\times6+1=19$

01 예시답안

크리스마스 트리

① 도형의 모양과 개수는 아래부터

□ → △ ○ △ → □ → ○ △ ○ → ⋯ 이 반복

② 색깔은 빨간색 → 검은색, 흰색, 검은색이 반복

02 바둑돌을 세는 방법은 여러 가지가 있습니다.
묶는 규칙에 따라 식을 알맞게 적으면 정답으로 간주합니다.

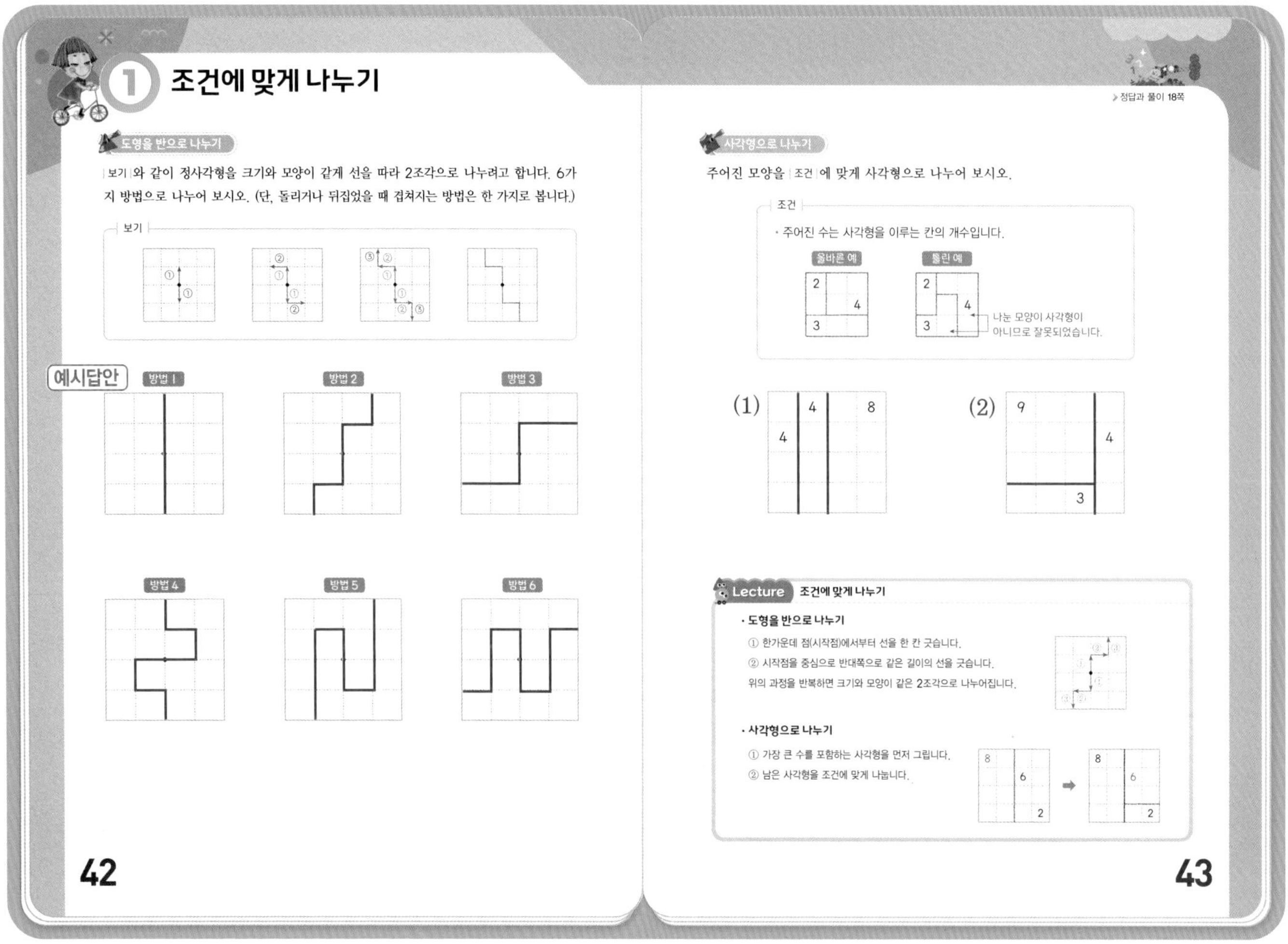

1 조건에 맞게 나누기

정답과 풀이 18쪽

도형을 반으로 나누기

보기 와 같이 정사각형을 크기와 모양이 같게 선을 따라 2조각으로 나누려고 합니다. 6가지 방법으로 나누어 보시오. (단, 돌리거나 뒤집었을 때 겹쳐지는 방법은 한 가지로 봅니다.)

보기

예시답안 방법 1 방법 2 방법 3 방법 4 방법 5 방법 6

사각형으로 나누기

주어진 모양을 조건 에 맞게 사각형으로 나누어 보시오.

조건
- 주어진 수는 사각형을 이루는 칸의 개수입니다.

올바른 예 / 틀린 예

나눈 모양이 사각형이 아니므로 잘못되었습니다.

(1) 4, 8, 4 (2) 9, 4, 3

Lecture 조건에 맞게 나누기

- 도형을 반으로 나누기
  ① 한가운데 점(시작점)에서부터 선을 한 칸 긋습니다.
  ② 시작점을 중심으로 반대쪽으로 같은 길이의 선을 긋습니다.
  위의 과정을 반복하면 크기와 모양이 같은 2조각으로 나누어집니다.
- 사각형으로 나누기
  ① 가장 큰 수를 포함하는 사각형을 먼저 그립니다.
  ② 남은 사각형을 조건에 맞게 나눕니다.

42 43

도형을 반으로 나누기

한가운데 점에서부터 크기와 모양이 같도록 반대 방향으로 한 칸씩 번갈아가며 선을 그려 봅니다.

TIP 2조각으로 나누어 그린 다음 나누어진 2조각의 크기와 모양이 같은지 확인하도록 지도합니다.

사각형으로 나누기

가장 큰 수를 포함하는 사각형을 먼저 그립니다.

(1) 8을 포함하도록 사각형을 그리는 방법은 다음과 같습니다.

4	8
4	

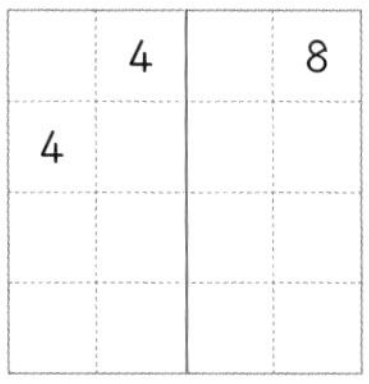

(2) 9를 포함하도록 사각형을 그리는 방법은 다음과 같습니다.

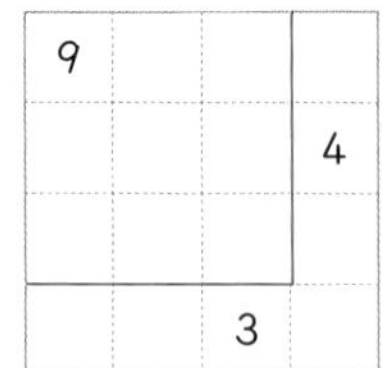

① 조건에 맞게 나누기

대표문제

다음 정사각형을 크기와 모양이 같게 선을 따라 4조각으로 나누려고 합니다. 6가지 방법으로 나누어 보시오. (단, 돌리거나 뒤집었을 때 겹치는 방법은 한 가지로 봅니다.)

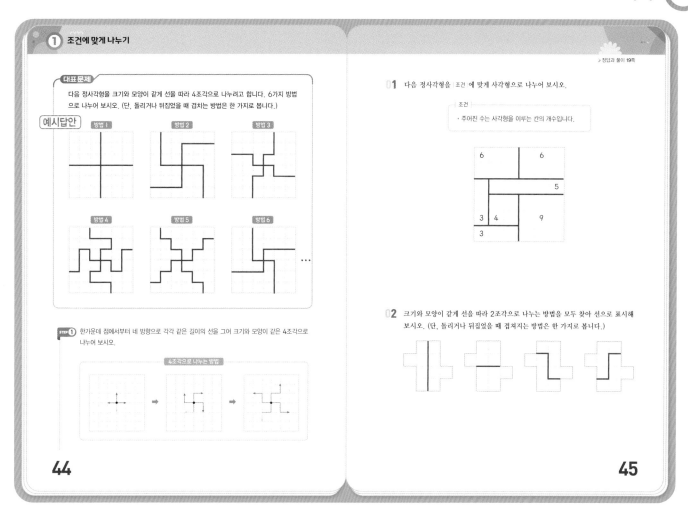

예시답안

방법 1 방법 2 방법 3

방법 4 방법 5 방법 6 …

STEP ① 한가운데 점에서부터 네 방향으로 각각 같은 길이의 선을 그어 크기와 모양이 같은 4조각으로 나누어 보시오.

4조각으로 나누는 방법

44

정답과 풀이 19쪽

01 다음 정사각형을 조건에 맞게 사각형으로 나누어 보시오.

조건
• 주어진 수는 사각형을 이루는 칸의 개수입니다.

6 6 5 3 4 9 3

02 크기와 모양이 같게 선을 따라 2조각으로 나누는 방법을 모두 찾아 선으로 표시해 보시오. (단, 돌리거나 뒤집었을 때 겹쳐지는 방법은 한 가지로 봅니다.)

45

대표문제

STEP ① 아래와 같은 방법으로도 나눌 수 있습니다.

예시답안

01 가장 큰 수 9를 포함하는 정사각형을 그린 후, 5를 포함하는 직사각형을 그려 봅니다.

02 한가운데 점을 기준으로 하여 반대 방향으로 한 칸씩 선을 그어 크기와 모양이 같게 2조각으로 나누어 봅니다.

TIP 아래와 같이 선을 그려 2조각으로 나눌 때 두 그림의 나누어지는 모양이 서로 다르다는 것에 유의합니다.

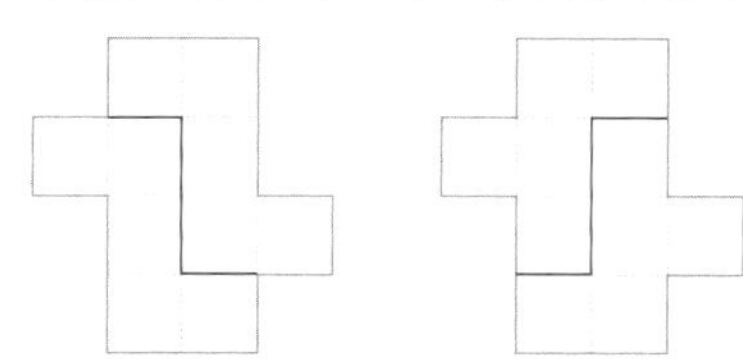

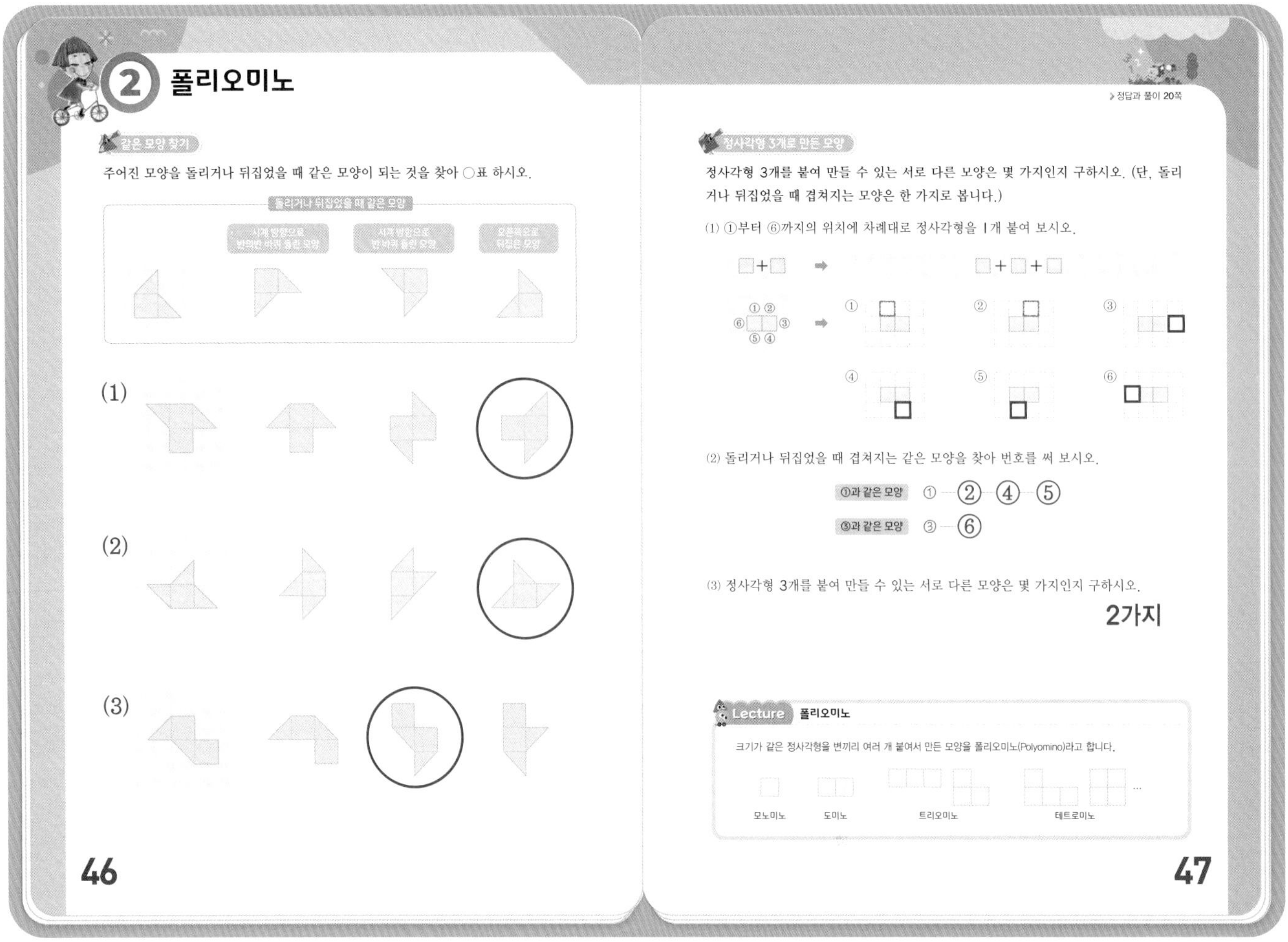

② 폴리오미노

정답과 풀이 20쪽

같은 모양 찾기

주어진 모양을 돌리거나 뒤집었을 때 같은 모양이 되는 것을 찾아 ○표 하시오.

돌리거나 뒤집었을 때 같은 모양

시계 방향으로 반의반 바퀴 돌린 모양 / 시계 방향으로 반 바퀴 돌린 모양 / 오른쪽으로 뒤집은 모양

(1)

(2)

(3)

46

정사각형 3개로 만든 모양

정사각형 3개를 붙여 만들 수 있는 서로 다른 모양은 몇 가지인지 구하시오. (단, 돌리거나 뒤집었을 때 겹쳐지는 모양은 한 가지로 봅니다.)

(1) ①부터 ⑥까지의 위치에 차례대로 정사각형을 1개 붙여 보시오.

□+□ ➡ □+□+□

① ② ⑥ □□ ③ ⑤ ④ ➡ ① ② ③ ④ ⑤ ⑥

(2) 돌리거나 뒤집었을 때 겹쳐지는 같은 모양을 찾아 번호를 써 보시오.

①과 같은 모양 ① ― ② ― ④ ― ⑤

③과 같은 모양 ③ ― ⑥

(3) 정사각형 3개를 붙여 만들 수 있는 서로 다른 모양은 몇 가지인지 구하시오.

2가지

Lecture 폴리오미노

크기가 같은 정사각형을 변끼리 여러 개 붙여서 만든 모양을 폴리오미노(Polyomino)라고 합니다.

모노미노 도미노 트리오미노 테트로미노 …

47

같은 모양 찾기

(1) 모양은 모양을 시계 방향으로 반의반 바퀴 돌린 모양입니다.

(2) 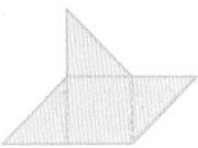 모양은 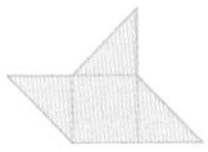 모양을 오른쪽으로 뒤집은 모양입니다.

(3)  모양은 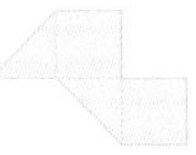 모양을 시계 반대 방향으로 반의반 바퀴를 돌린 다음 오른쪽으로 뒤집은 모양입니다.

정사각형 3개로 만든 모양

정사각형 2개를 붙여 만든 모양에 정사각형 1개를 더 붙여서 정사각형 3개를 붙여 만들 수 있는 모양을 찾아보면 다음과 같이 모두 2가지입니다.

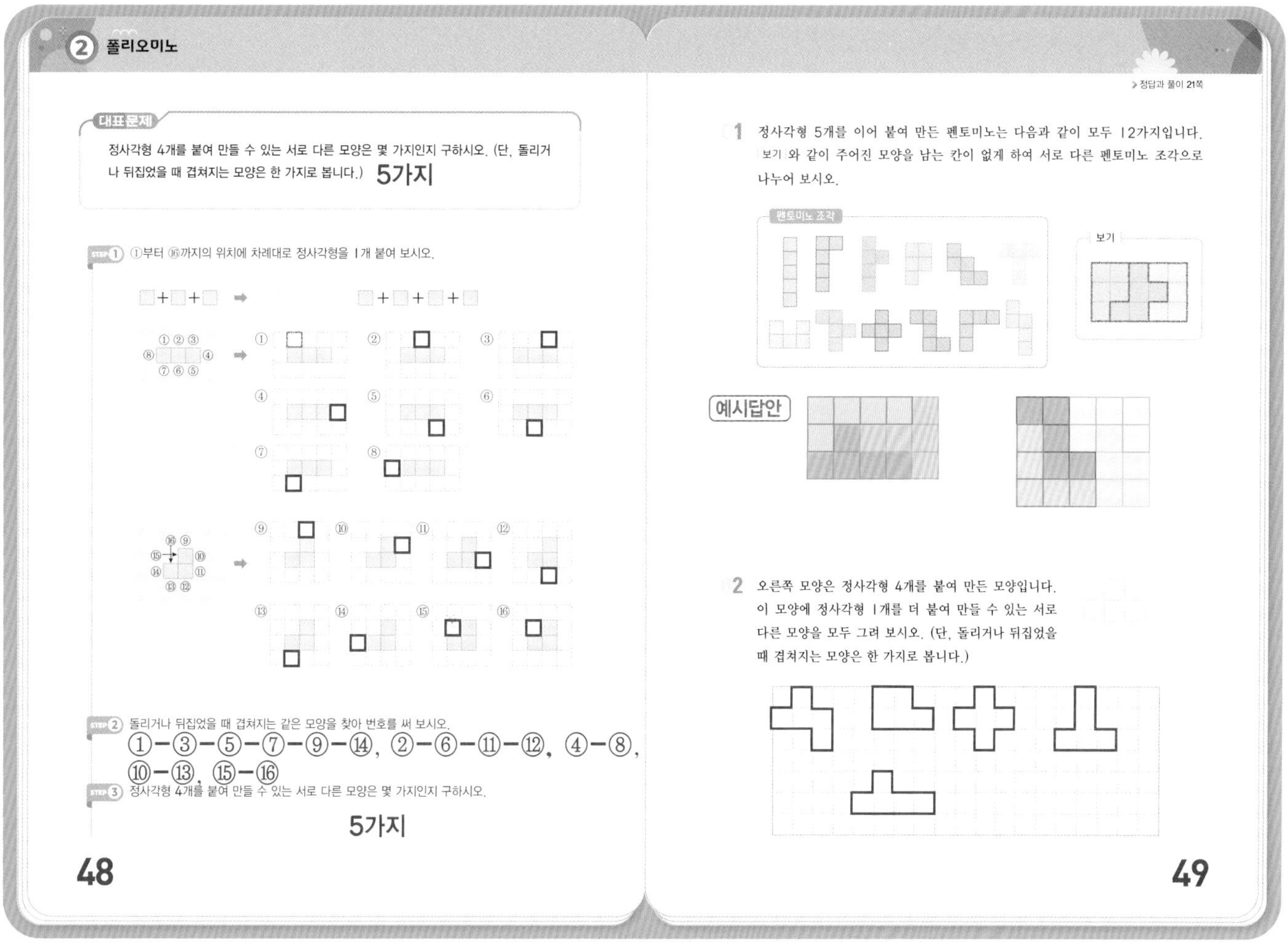

② 폴리오미노

정답과 풀이 21쪽

대표문제

정사각형 4개를 붙여 만들 수 있는 서로 다른 모양은 몇 가지인지 구하시오. (단, 돌리거나 뒤집었을 때 겹쳐지는 모양은 한 가지로 봅니다.) **5가지**

STEP① ①부터 ⑯까지의 위치에 차례대로 정사각형을 1개 붙여 보시오.

STEP② 돌리거나 뒤집었을 때 겹쳐지는 같은 모양을 찾아 번호를 써 보시오.

①-③-⑤-⑦-⑨-⑭, ②-⑥-⑪-⑫, ④-⑧, ⑩-⑬, ⑮-⑯

STEP③ 정사각형 4개를 붙여 만들 수 있는 서로 다른 모양은 몇 가지인지 구하시오.

5가지

48

1 정사각형 5개를 이어 붙여 만든 펜토미노는 다음과 같이 모두 12가지입니다. 보기 와 같이 주어진 모양을 남는 칸이 없게 하여 서로 다른 펜토미노 조각으로 나누어 보시오.

펜토미노 조각

보기

예시답안

2 오른쪽 모양은 정사각형 4개를 붙여 만든 모양입니다. 이 모양에 정사각형 1개를 더 붙여 만들 수 있는 서로 다른 모양을 모두 그려 보시오. (단, 돌리거나 뒤집었을 때 겹쳐지는 모양은 한 가지로 봅니다.)

49

대표문제

STEP① 정삼각형 3개를 붙여 만들 수 있는 모양은 다음과 같습니다.

두 모양에 정사각형 1개를 붙여 만들 수 있는 모양을 모두 찾아봅니다.

STEP② STEP①에서 그린 모양 중에서 돌리거나 뒤집었을 때 겹쳐지는 같은 모양을 찾아봅니다.

STEP③ 정사각형 4개를 붙여 만들 수 있는 모양은 다음과 같이 모두 5가지입니다.

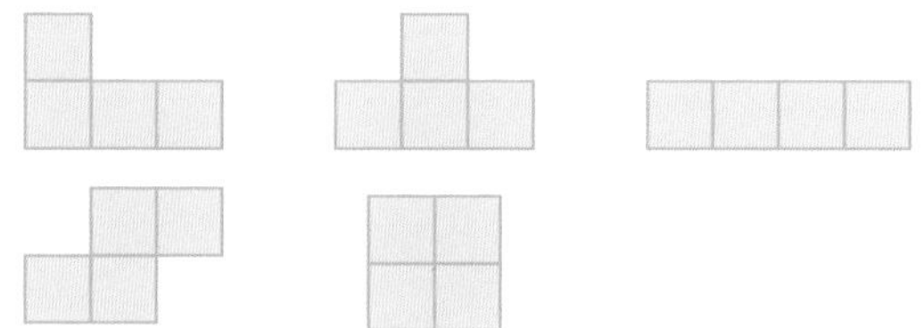

01 펜토미노 조각을 놓을 수 있는 방법은 여러 가지입니다.

예시답안

02 ①부터 ⑩까지의 위치에 차례대로 정사각형을 1개 붙입니다.

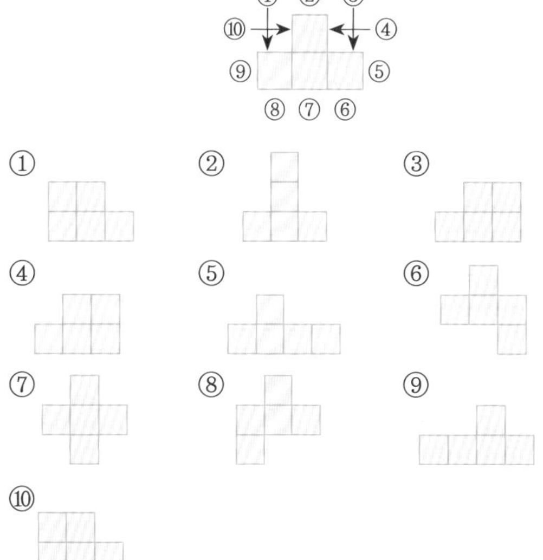

①~⑩ 모양 중 돌리거나 뒤집었을 때 겹쳐지는 같은 모양을 찾아봅니다.

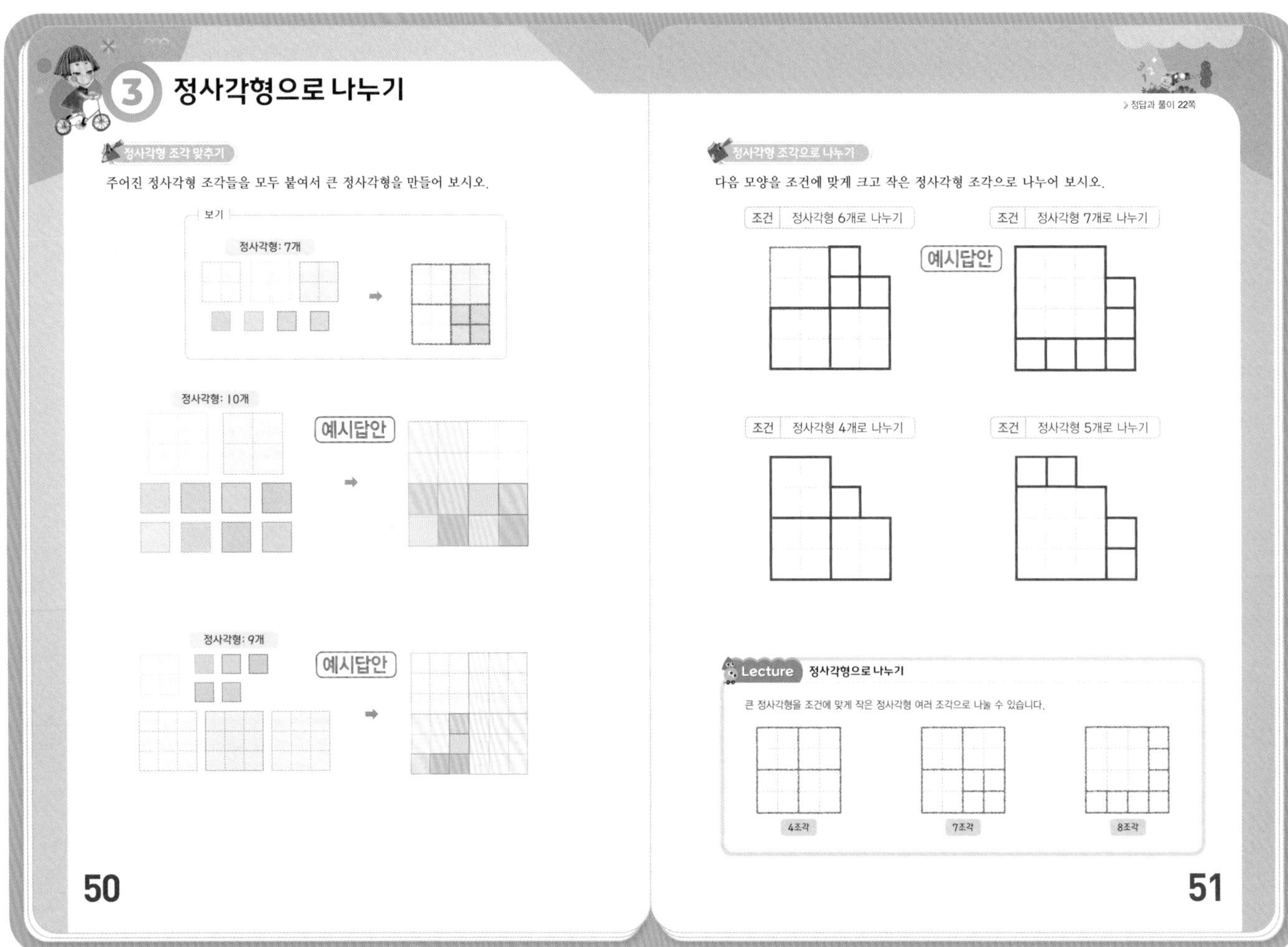

3 정사각형으로 나누기
정답과 풀이 22쪽
정사각형 조각 맞추기
주어진 정사각형 조각들을 모두 붙여서 큰 정사각형을 만들어 보시오.
보기
정사각형: 7개
정사각형: 10개
예시답안
정사각형: 9개
예시답안
50
정사각형 조각으로 나누기
다음 모양을 조건에 맞게 크고 작은 정사각형 조각으로 나누어 보시오.
조건 정사각형 6개로 나누기
조건 정사각형 7개로 나누기
예시답안
조건 정사각형 4개로 나누기
조건 정사각형 5개로 나누기
Lecture 정사각형으로 나누기
큰 정사각형을 조건에 맞게 작은 정사각형 여러 조각으로 나눌 수 있습니다.
4조각
7조각
8조각
51

정사각형 조각 맞추기

왼쪽에 있는 정사각형 조각들을 모두 사용하여 오른쪽에 있는 정사각형을 만들어 봅니다. 큰 조각부터 차례대로 놓아 만들도록 합니다.

정사각형 조각으로 나누기

여러 가지 크기의 정사각형을 놓아 보며 조건에 맞게 정사각형 조각으로 나누어 봅니다. 정사각형 조각을 모두 놓은 다음 개수를 세어 조건에 맞는지 확인해 봅니다.

3 정사각형으로 나누기

대표문제

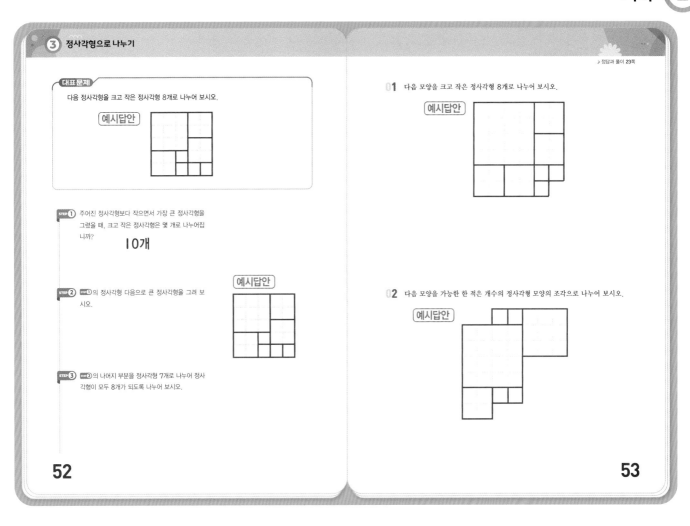

다음 정사각형을 크고 작은 정사각형 8개로 나누어 보시오.

예시답안

STEP ① 주어진 정사각형보다 작으면서 가장 큰 정사각형을 그렸을 때, 크고 작은 정사각형은 몇 개로 나누어집니까?

10개

STEP ② STEP①의 정사각형 다음으로 큰 정사각형을 그려 보시오.

예시답안

STEP ③ STEP②의 나머지 부분을 정사각형 7개로 나누어 정사각형이 모두 8개가 되도록 나누어 보시오.

52

정답과 풀이 23쪽

01 다음 모양을 크고 작은 정사각형 8개로 나누어 보시오.

예시답안

02 다음 모양을 가능한 한 적은 개수의 정사각형 모양의 조각으로 나누어 보시오.

예시답안

53

대표문제

STEP ① 주어진 정사각형보다 작으면서 가장 큰 정사각형을 그리면 다음과 같습니다.

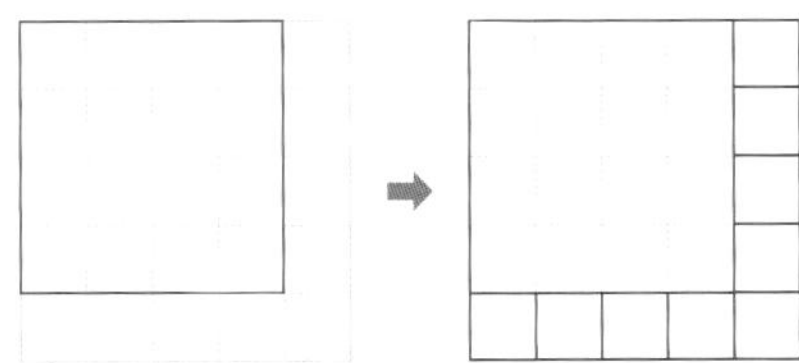

남은 부분에 정사각형을 모두 그리면 크고 작은 정사각형 10개를 그릴 수 있습니다.

STEP ② STEP①의 정사각형보다 작으면서 가장 큰 정사각형을 그리면 다음과 같습니다.

STEP ③ 나머지 부분에 크고 작은 정사각형 7개를 그려 봅니다.

01 다음과 같이 정사각형을 나눌 수도 있습니다.

예시답안

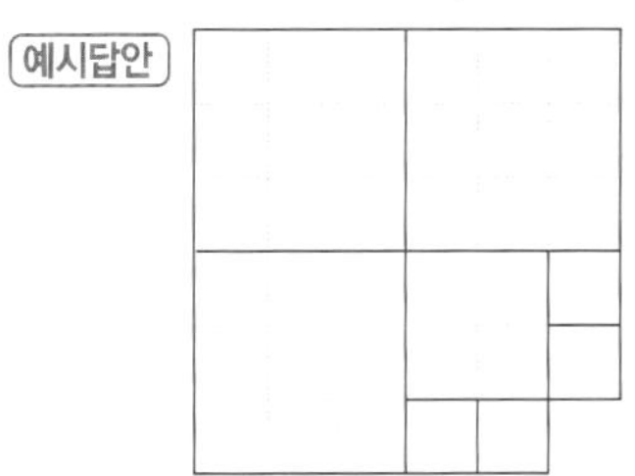

02 가능한 크기가 큰 정사각형을 그려 나누어 보면, 정사각형 모양의 조각을 7개로 나눌 수 있습니다.

예시답안

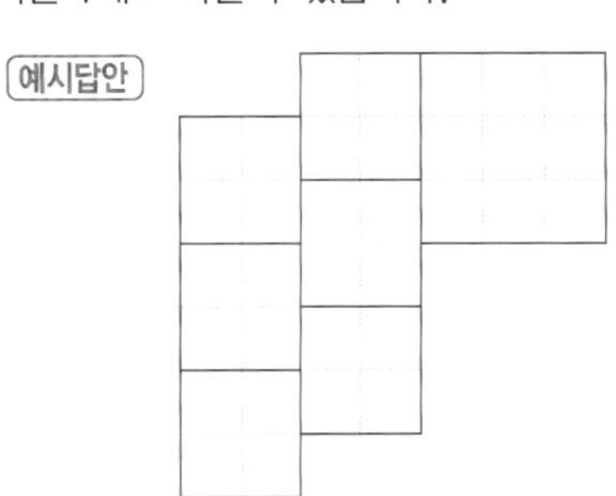

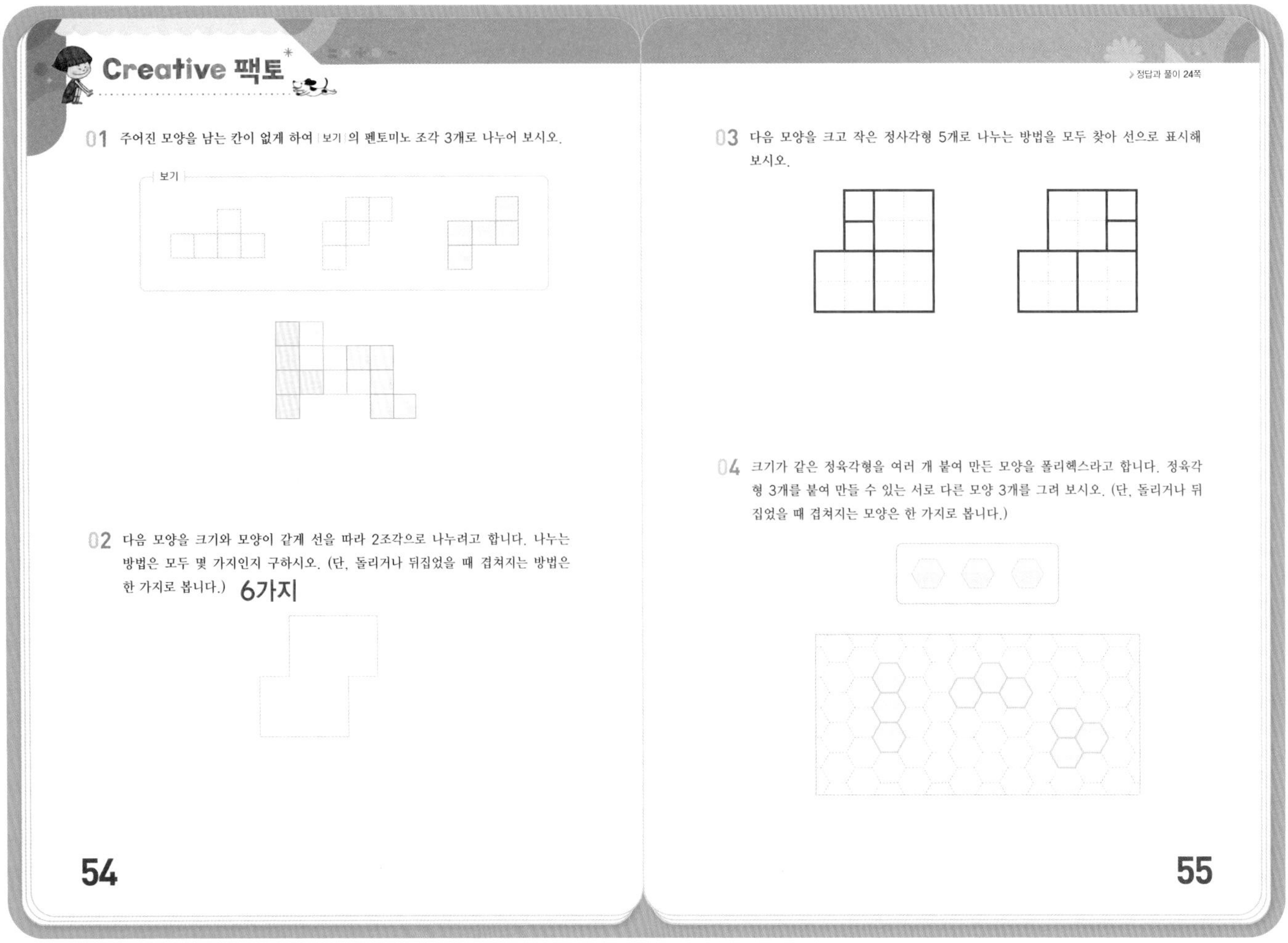

Creative 팩토

> 정답과 풀이 24쪽

01 주어진 모양을 남는 칸이 없게 하여 보기 의 펜토미노 조각 3개로 나누어 보시오.

보기

02 다음 모양을 크기와 모양이 같게 선을 따라 2조각으로 나누려고 합니다. 나누는 방법은 모두 몇 가지인지 구하시오. (단, 돌리거나 뒤집었을 때 겹쳐지는 방법은 한 가지로 봅니다.) 6가지

54

03 다음 모양을 크고 작은 정사각형 5개로 나누는 방법을 모두 찾아 선으로 표시해 보시오.

04 크기가 같은 정육각형을 여러 개 붙여 만든 모양을 폴리헥스라고 합니다. 정육각형 3개를 붙여 만들 수 있는 서로 다른 모양 3개를 그려 보시오. (단, 돌리거나 뒤집었을 때 겹쳐지는 모양은 한 가지로 봅니다.)

55

01 가장자리에 들어갈 수 있는 모양부터 생각해 봅니다.

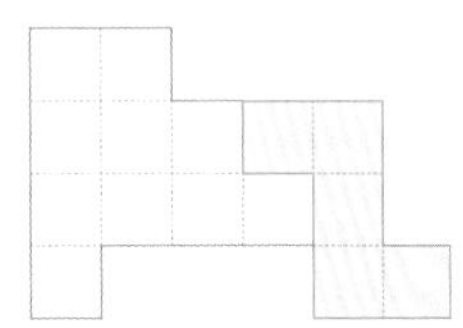

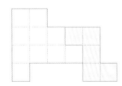

02 한가운데 점을 기준으로 하여 반대 방향으로 한 칸씩 선을 그어 크기와 모양이 같게 2조각으로 나눕니다.

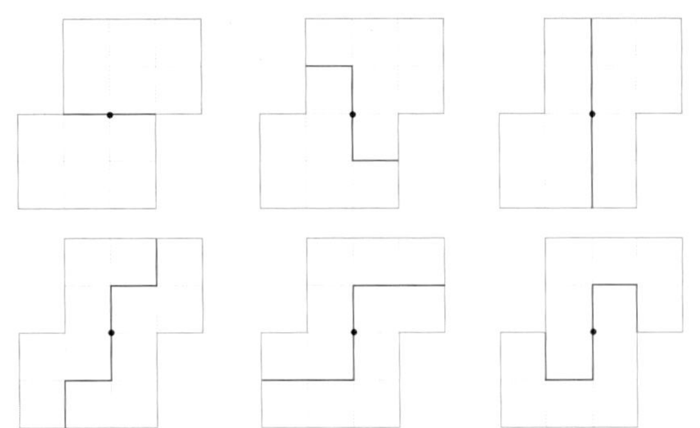

03 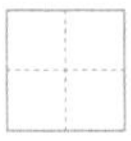 모양의 정사각형을 이용하여 모양을 나누어 봅니다.

04 정육각형 2개를 붙여 모양을 만든 후 정육각형 1개를 더 붙여 모양을 만듭니다.

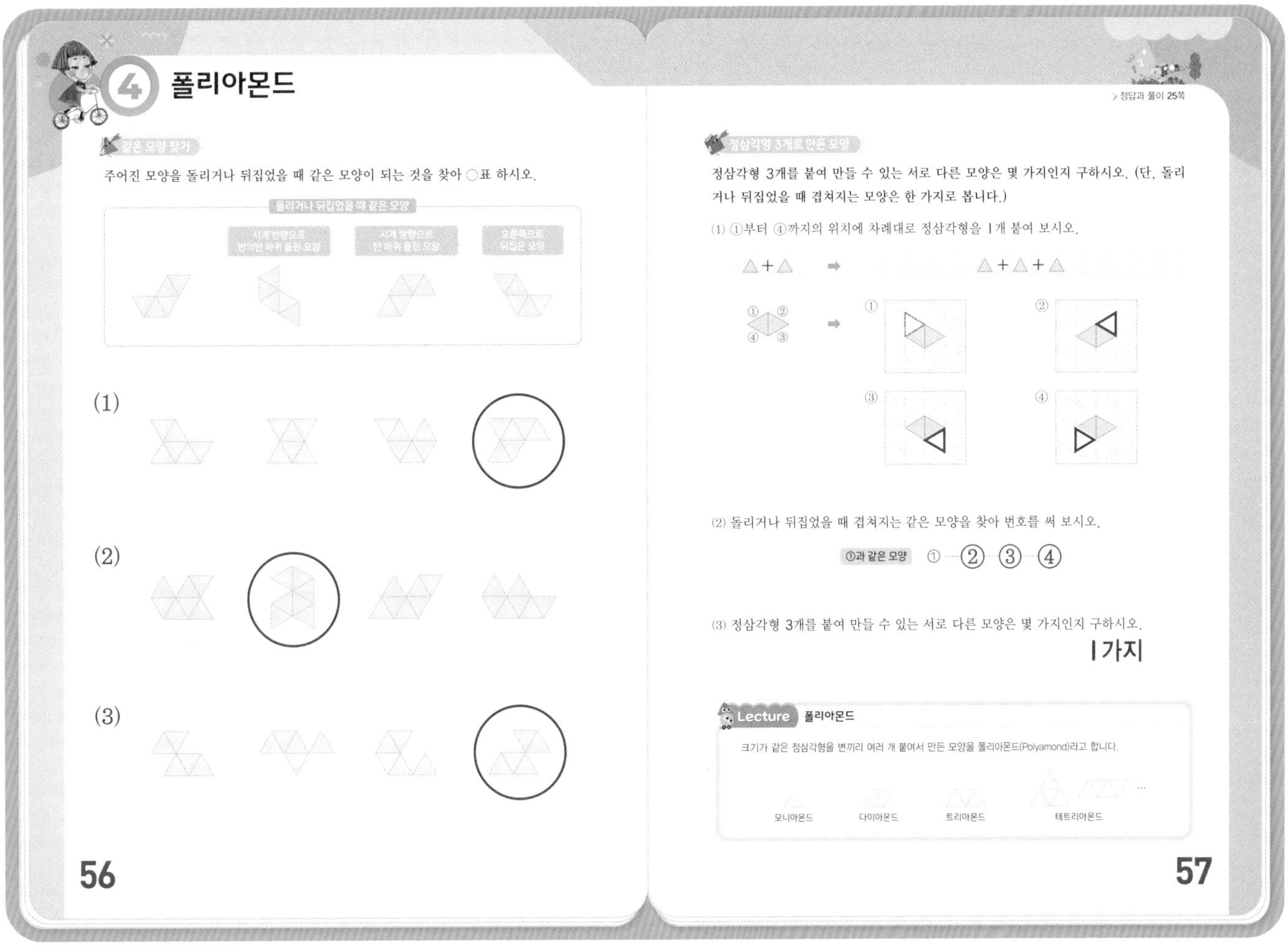

4 폴리아몬드

같은 모양 찾기

주어진 모양을 돌리거나 뒤집었을 때 같은 모양이 되는 것을 찾아 ○표 하시오.

돌리거나 뒤집었을 때 같은 모양

시계 방향으로 반의반 바퀴 돌린 모양 / 시계 방향으로 반 바퀴 돌린 모양 / 오른쪽으로 뒤집은 모양

(1)

(2)

(3)

56

정답과 풀이 25쪽

정삼각형 3개로 만든 모양

정삼각형 3개를 붙여 만들 수 있는 서로 다른 모양은 몇 가지인지 구하시오. (단, 돌리거나 뒤집었을 때 겹쳐지는 모양은 한 가지로 봅니다.)

(1) ①부터 ④까지의 위치에 차례대로 정삼각형을 1개 붙여 보시오.

△+△ ➡ △+△+△

①②④③ ➡ ① ② ③ ④

(2) 돌리거나 뒤집었을 때 겹쳐지는 같은 모양을 찾아 번호를 써 보시오.

①과 같은 모양 ① - ② ③ ④

(3) 정삼각형 3개를 붙여 만들 수 있는 서로 다른 모양은 몇 가지인지 구하시오.

1가지

Lecture 폴리아몬드

크기가 같은 정삼각형을 변끼리 여러 개 붙여서 만든 모양을 폴리아몬드(Polyamond)라고 합니다.

모니아몬드 다이아몬드 트리아몬드 테트리아몬드 …

57

같은 모양 찾기

(1) 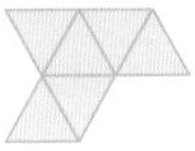 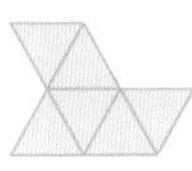 모양은 모양을 아래쪽으로 뒤집은 모양입니다.

(2) 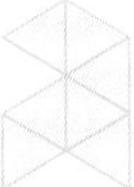 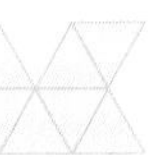 모양은 모양을 시계 방향으로 반의반 바퀴를 돌린 다음 오른쪽으로 뒤집은 모양입니다.

(3) 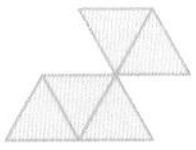  모양은  모양을 오른쪽으로 뒤집은 모양입니다.

정삼각형 3개로 만든 모양

정삼각형 2개를 붙여 만든 모양에 정삼각형 1개를 더 붙여서 정삼각형 3개를 붙여 만들 수 있는 모양을 찾아보면 다음과 같이 1가지입니다.

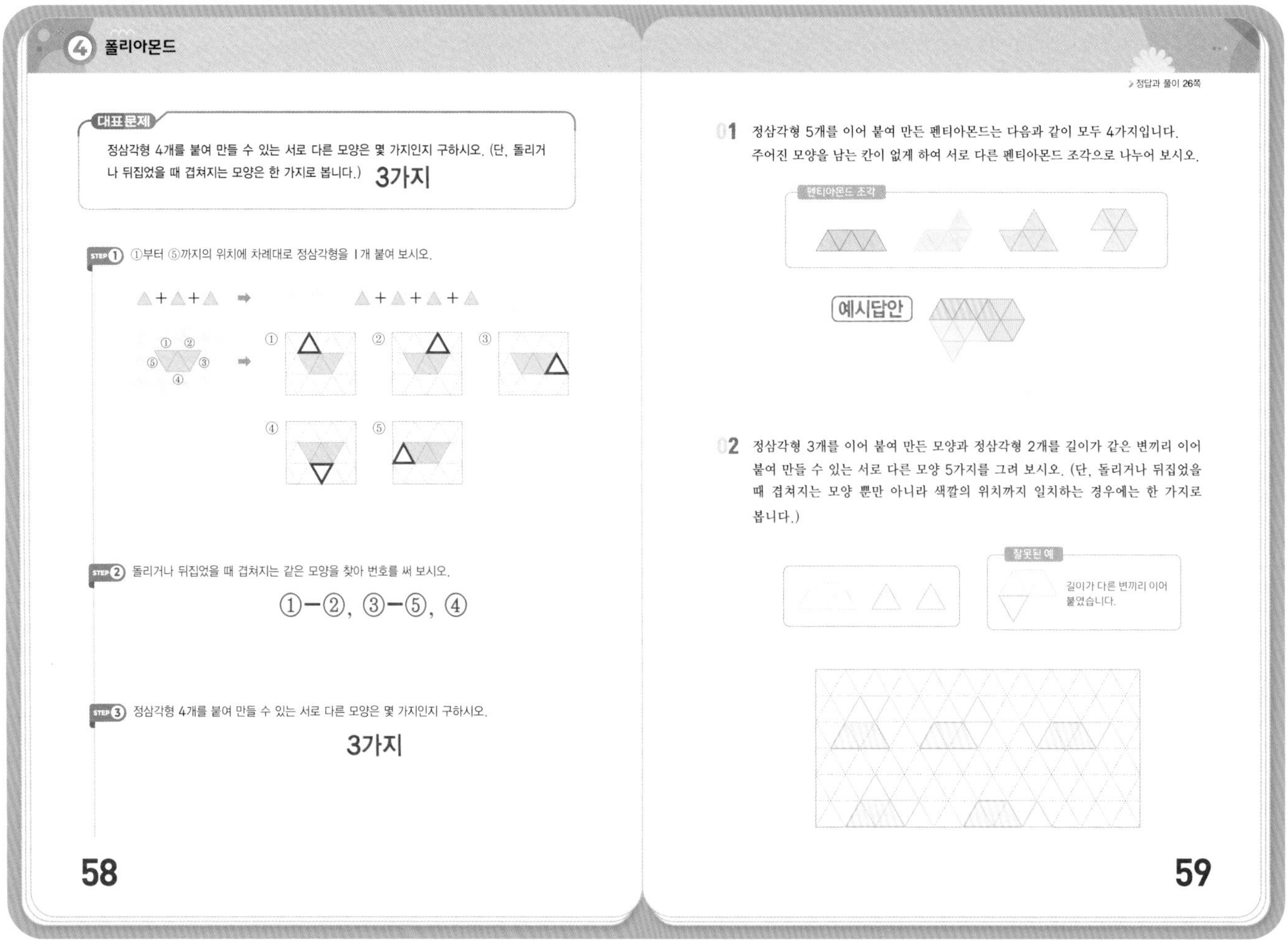

4 폴리아몬드

정답과 풀이 26쪽

대표문제

정삼각형 4개를 붙여 만들 수 있는 서로 다른 모양은 몇 가지인지 구하시오. (단, 돌리거나 뒤집었을 때 겹쳐지는 모양은 한 가지로 봅니다.) **3가지**

STEP ① ①부터 ⑤까지의 위치에 차례대로 정삼각형을 1개 붙여 보시오.

STEP ② 돌리거나 뒤집었을 때 겹쳐지는 같은 모양을 찾아 번호를 써 보시오.

①－②, ③－⑤, ④

STEP ③ 정삼각형 4개를 붙여 만들 수 있는 서로 다른 모양은 몇 가지인지 구하시오.

3가지

58

01 정삼각형 5개를 이어 붙여 만든 펜티아몬드는 다음과 같이 모두 4가지입니다. 주어진 모양을 남는 칸이 없게 하여 서로 다른 펜티아몬드 조각으로 나누어 보시오.

펜티아몬드 조각

예시답안

02 정삼각형 3개를 이어 붙여 만든 모양과 정삼각형 2개를 길이가 같은 변끼리 이어 붙여 만들 수 있는 서로 다른 모양 5가지를 그려 보시오. (단, 돌리거나 뒤집었을 때 겹쳐지는 모양 뿐만 아니라 색깔의 위치까지 일치하는 경우에는 한 가지로 봅니다.)

잘못된 예

길이가 다른 변끼리 이어 붙였습니다.

59

대표문제

STEP ① 정삼각형 3개를 붙여 만들 수 있는 모양은 다음과 같습니다.

이 모양에 정삼각형 1개를 붙여 만들 수 있는 모양을 모두 찾아봅니다.

STEP ② STEP ①에서 그린 모양 중에서 돌리거나 뒤집었을 때 겹쳐지는 같은 모양을 찾아봅니다.

STEP ③ 정삼각형 4개를 붙여 만들 수 있는 모양은 다음과 같이 모두 3가지입니다.

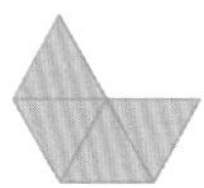  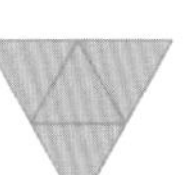

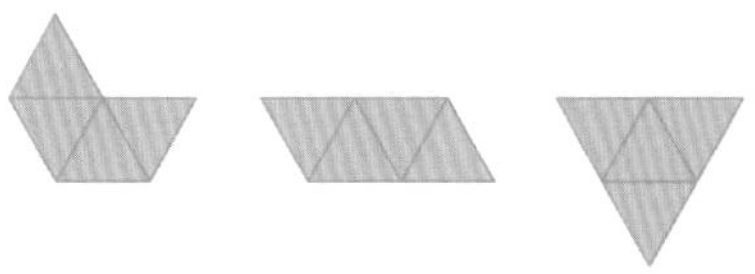

01 다음과 같은 방법으로 나눌 수도 있습니다.

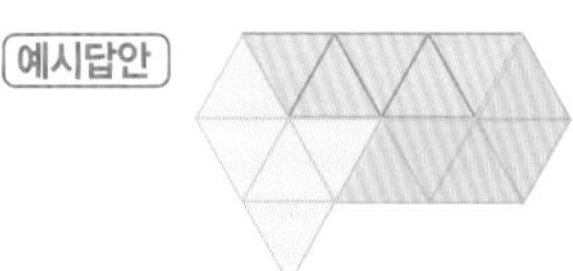

02

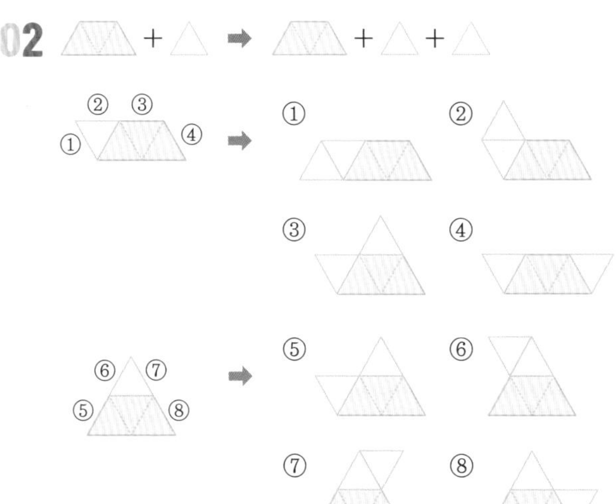

돌리거나 뒤집었을 때 색깔의 위치까지 일치하는 모양은 ③－⑤－⑧, ⑥－⑦입니다. 따라서 주어진 모양을 붙여서 만들 수 있는 서로 다른 모양은 ①, ②, ③(⑤, ⑧), ④, ⑥(⑦)입니다.

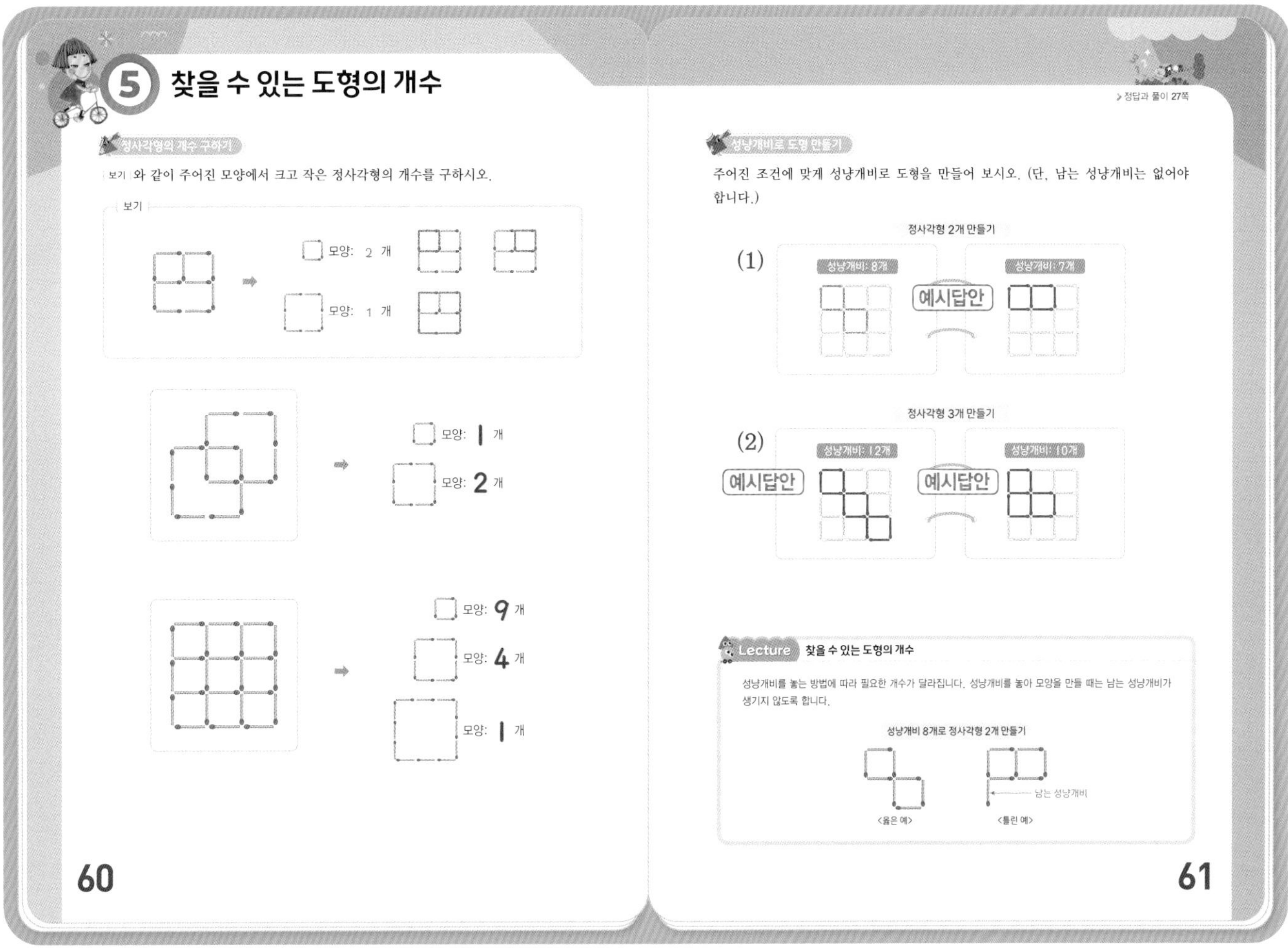

5 찾을 수 있는 도형의 개수
정사각형의 개수 구하기
보기 와 같이 주어진 모양에서 크고 작은 정사각형의 개수를 구하시오.
모양: 2 개
모양: 1 개
모양: 1 개
모양: 2 개
모양: 9 개
모양: 4 개
모양: 1 개
60
정답과 풀이 27쪽
성냥개비로 도형 만들기
주어진 조건에 맞게 성냥개비로 도형을 만들어 보시오. (단, 남는 성냥개비는 없어야 합니다.)
정사각형 2개 만들기
(1)
성냥개비: 8개
성냥개비: 7개
예시답안
정사각형 3개 만들기
(2)
성냥개비: 12개
성냥개비: 10개
예시답안
예시답안
Lecture 찾을 수 있는 도형의 개수
성냥개비를 놓는 방법에 따라 필요한 개수가 달라집니다. 성냥개비를 놓아 모양을 만들 때는 남는 성냥개비가 생기지 않도록 합니다.
성냥개비 8개로 정사각형 2개 만들기
남는 성냥개비
<옳은 예>
<틀린 예>
61

정사각형의 개수 구하기

TIP

□, □, □ 모양의 정사각형을 직접 찾아 그림에 표시하며 각각 몇 개씩인지 세어 보도록 합니다.

성냥개비로 도형 만들기

(1) 성냥개비 8개로 정사각형 2개를 만들기 위해서는 겹치는 변이 하나도 없어야 하고, 성냥개비 7개로 정사각형 2개를 만들기 위해서는 겹치는 변이 1개 있어야 합니다.

(2) 성냥개비 12개로 정사각형 3개를 만들기 위해서는 겹치는 변이 하나도 없어야 하고, 성냥개비 10개로 정사각형 3개를 만들기 위해서는 겹치는 변이 2개 있어야 합니다.

⑤ 찾을 수 있는 도형의 개수

대표문제

성냥개비 16개로 만든 모양입니다. 성냥개비 2개를 옮겨서 크기가 같은 정사각형이 4개가 되도록 만들어 보시오.

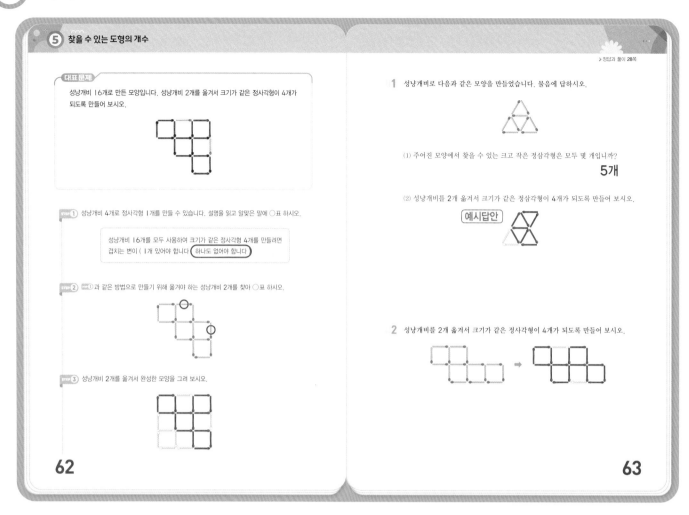

STEP① 성냥개비 4개로 정사각형 1개를 만들 수 있습니다. 설명을 읽고 알맞은 말에 ○표 하시오.

성냥개비 16개를 모두 사용하여 크기가 같은 정사각형 4개를 만들려면 겹치는 변이 (1개 있어야 합니다, (하나도 없어야 합니다)).

STEP② STEP①과 같은 방법으로 만들기 위해 옮겨야 하는 성냥개비 2개를 찾아 ○표 하시오.

STEP③ 성냥개비 2개를 옮겨서 완성한 모양을 그려 보시오.

62

> 정답과 풀이 28쪽

1 성냥개비로 다음과 같은 모양을 만들었습니다. 물음에 답하시오.

(1) 주어진 모양에서 찾을 수 있는 크고 작은 정삼각형은 모두 몇 개입니까?

5개

(2) 성냥개비를 2개 옮겨서 크기가 같은 정삼각형이 4개가 되도록 만들어 보시오.

예시답안

2 성냥개비를 2개 옮겨서 크기가 같은 정사각형이 4개가 되도록 만들어 보시오.

63

대표문제

STEP① 성냥개비 16개를 모두 사용하여 정사각형 4개를 만들려면 겹치는 변이 하나도 없어야 합니다.

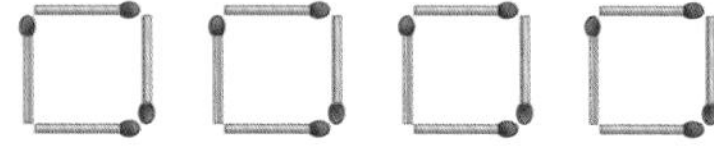

STEP② 정사각형 4개에 겹치는 변이 하나도 없도록 성냥개비를 옮겨야 합니다.

STEP③ ○표 한 성냥개비를 옮겨서 새로운 사각형을 만듭니다.

01 (1) 2가지 삼각형의 개수를 각각 세어 봅니다.

(2) 크기가 같은 작은 정삼각형 4개로 만듭니다.

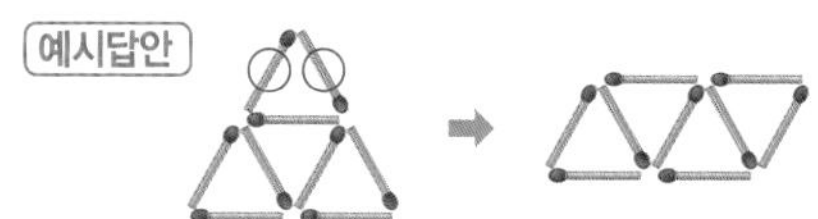

02 성냥개비 16개를 모두 사용하여 사각형 4개를 만들려면 겹치는 변이 하나도 없어야 합니다.

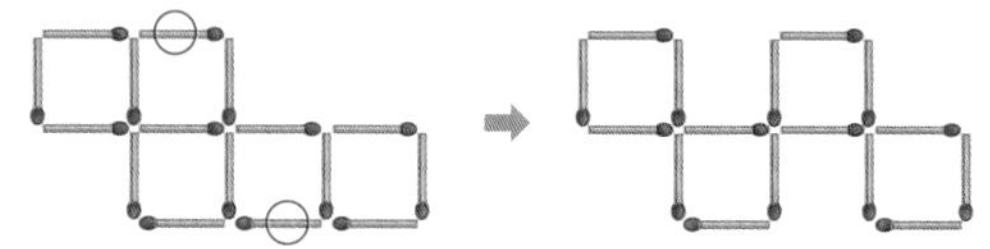

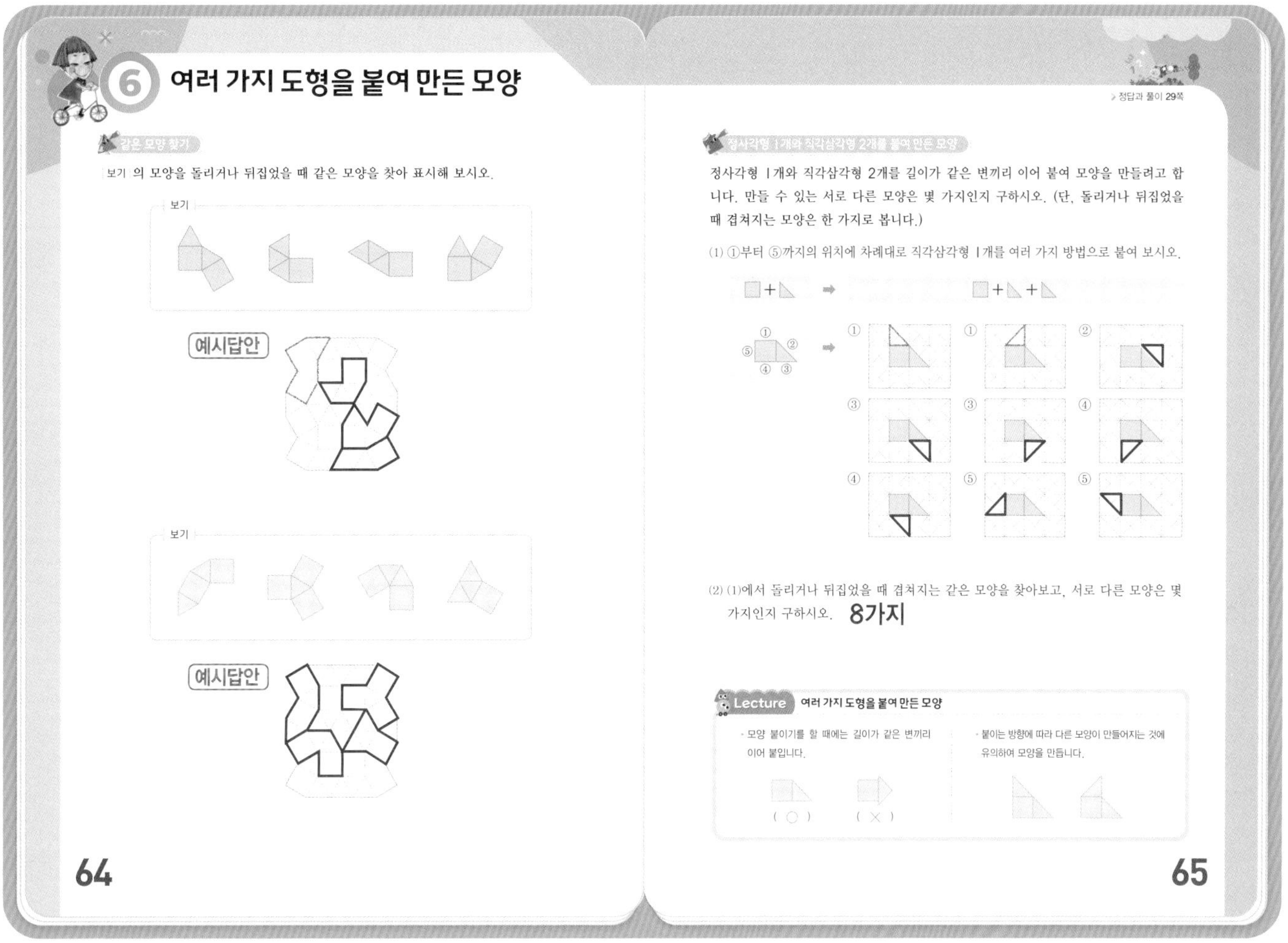

6 여러 가지 도형을 붙여 만든 모양

같은 모양 찾기

보기 의 모양을 돌리거나 뒤집었을 때 같은 모양을 찾아 표시해 보시오.

보기

예시답안

보기

예시답안

정답과 풀이 29쪽

정사각형 1개와 직각삼각형 2개를 붙여 만든 모양

정사각형 1개와 직각삼각형 2개를 길이가 같은 변끼리 이어 붙여 모양을 만들려고 합니다. 만들 수 있는 서로 다른 모양은 몇 가지인지 구하시오. (단, 돌리거나 뒤집었을 때 겹쳐지는 모양은 한 가지로 봅니다.)

(1) ①부터 ⑤까지의 위치에 차례대로 직각삼각형 1개를 여러 가지 방법으로 붙여 보시오.

(2) (1)에서 돌리거나 뒤집었을 때 겹쳐지는 같은 모양을 찾아보고, 서로 다른 모양은 몇 가지인지 구하시오. 8가지

Lecture 여러 가지 도형을 붙여 만든 모양

- 모양 붙이기를 할 때에는 길이가 같은 변끼리 이어 붙입니다.

(○) (×)

- 붙이는 방향에 따라 다른 모양이 만들어지는 것에 유의하여 모양을 만듭니다.

같은 모양 찾기

보기 의 모양을 돌리거나 뒤집은 모양을 생각하며 복잡한 그림에서 같은 모양을 찾아봅니다.

정사각형 1개와 직각삼각형 2개를 붙여 만든 모양

(1) 직각삼각형을 붙이는 방향에 따라 만들어지는 모양이 서로 다름에 주의하여 직각삼각형을 붙여 봅니다.

① 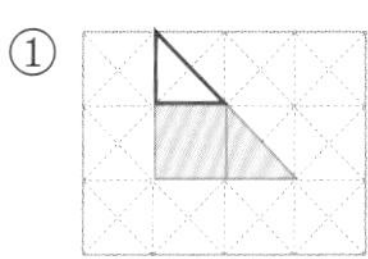
① 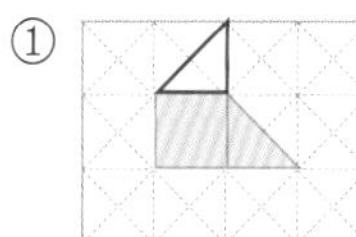

(2) 돌리거나 뒤집었을 때 같은 모양을 찾아보면 아래와 같습니다.

① 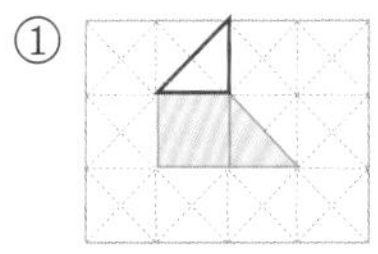
④ 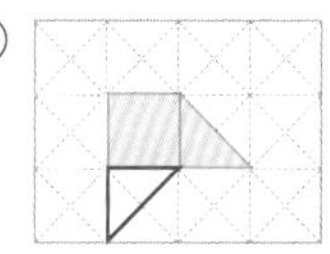

따라서 서로 다른 모양은 모두 8가지입니다.

⑥ 여러 가지 도형을 붙여 만든 모양

대표문제

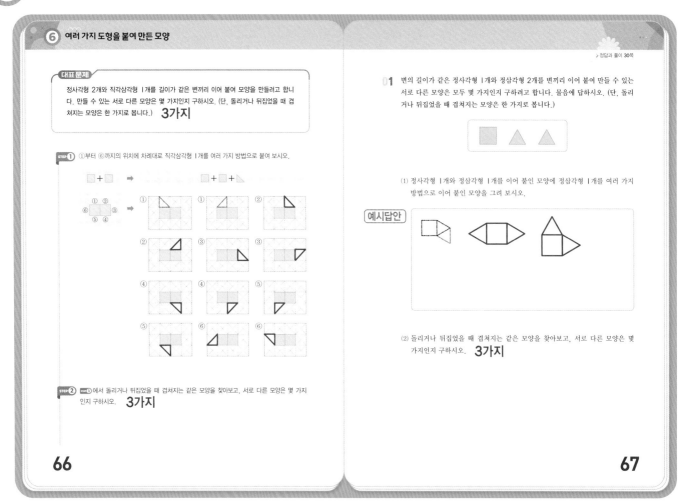

정사각형 2개와 직각삼각형 1개를 길이가 같은 변끼리 이어 붙여 모양을 만들려고 합니다. 만들 수 있는 서로 다른 모양은 몇 가지인지 구하시오. (단, 돌리거나 뒤집었을 때 겹쳐지는 모양은 한 가지로 봅니다.) **3가지**

STEP ① ①부터 ⑥까지의 위치에 차례대로 직각삼각형 1개를 여러 가지 방법으로 붙여 보시오.

STEP ② STEP ①에서 돌리거나 뒤집었을 때 겹쳐지는 같은 모양을 찾아보고, 서로 다른 모양은 몇 가지인지 구하시오. **3가지**

66

정답과 풀이 30쪽

01 변의 길이가 같은 정사각형 1개와 정삼각형 2개를 변끼리 이어 붙여 만들 수 있는 서로 다른 모양은 모두 몇 가지인지 구하려고 합니다. 물음에 답하시오. (단, 돌리거나 뒤집었을 때 겹쳐지는 모양은 한 가지로 봅니다.)

(1) 정사각형 1개와 정삼각형 1개를 이어 붙인 모양에 정삼각형 1개를 여러 가지 방법으로 이어 붙인 모양을 그려 보시오.

예시답안

(2) 돌리거나 뒤집었을 때 겹쳐지는 같은 모양을 찾아보고, 서로 다른 모양은 몇 가지인지 구하시오. **3가지**

67

대표문제

STEP ① 정사각형 2개를 붙여 만들 수 있는 모양은 다음과 같습니다.

이 모양에 직각삼각형 1개를 붙여 만들 수 있는 모양을 모두 찾아봅니다. 이때 직각삼각형을 붙이는 방향에 유의합니다.

STEP ② STEP ①에서 그린 모양 중에서 돌리거나 뒤집었을 때 같은 모양이 아닌 경우는 다음과 같이 모두 3가지입니다.

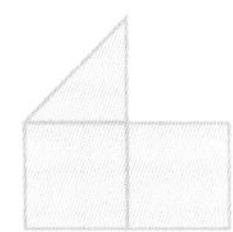

01 (1) 정사각형 1개와 정삼각형 1개를 붙여 만들 수 있는 모양은 다음과 같습니다.

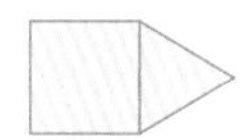

이 모양에 정삼각형 1개를 붙여 만들 수 있는 모양을 모두 찾아봅니다.

Creative 팩토

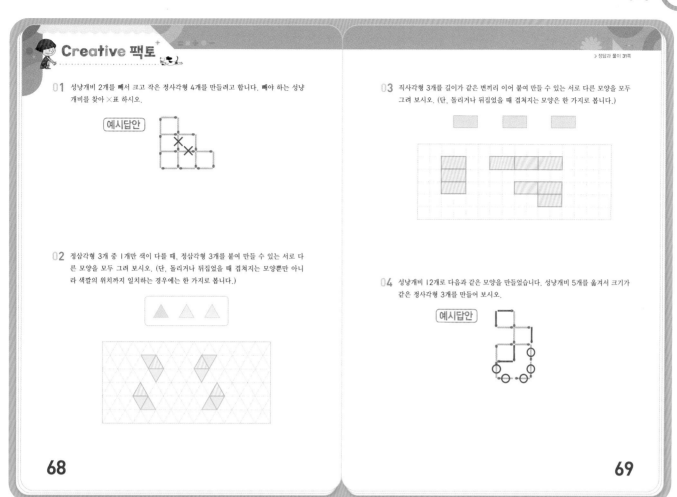

01 성냥개비 2개를 빼서 크고 작은 정사각형 4개를 만들려고 합니다. 빼야 하는 성냥개비를 찾아 ×표 하시오.

예시답안

02 정삼각형 3개 중 1개만 색이 다를 때, 정삼각형 3개를 붙여 만들 수 있는 서로 다른 모양을 모두 그려 보시오. (단, 돌리거나 뒤집었을 때 겹쳐지는 모양뿐만 아니라 색깔의 위치까지 일치하는 경우에는 한 가지로 봅니다.)

68

> 정답과 풀이 31쪽

03 직사각형 3개를 길이가 같은 변끼리 이어 붙여 만들 수 있는 서로 다른 모양을 모두 그려 보시오. (단, 돌리거나 뒤집었을 때 겹쳐지는 모양은 한 가지로 봅니다.)

04 성냥개비 12개로 다음과 같은 모양을 만들었습니다. 성냥개비 5개를 옮겨서 크기가 같은 정사각형 3개를 만들어 보시오.

예시답안

69

01 예시답안

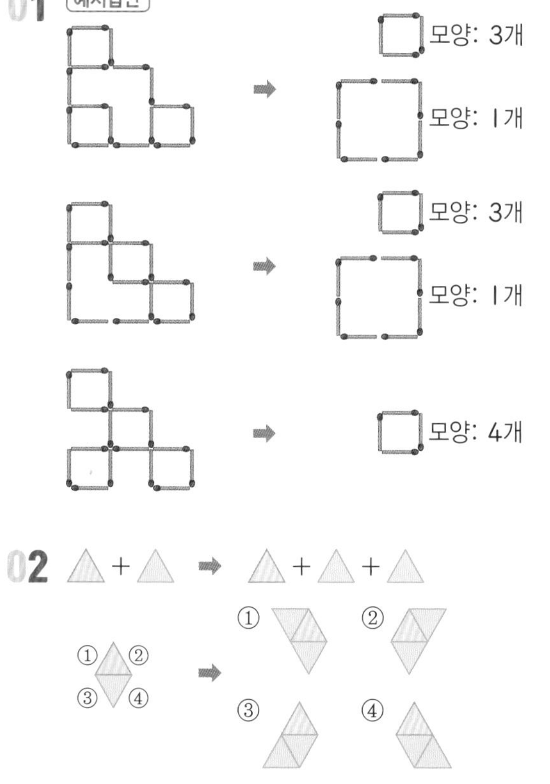

02

돌리거나 뒤집었을 때 색깔의 위치까지 일치하는 모양은 ①－②, ③－④입니다. 따라서 주어진 모양을 붙여서 만들 수 있는 서로 다른 모양은 ①(②), ③(④)입니다.

03 TIP 길이가 같은 변끼리 이어 붙여 모양을 만들어야 하므로 다음과 같은 모양은 만들 수 없습니다.

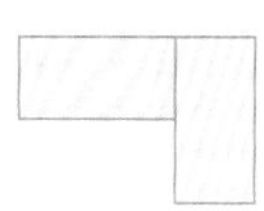

04 성냥개비 4개로 정사각형 1개를 만듭니다. 따라서 12개의 성냥개비로 정사각형 3개를 만들려면 겹치는 변이 하나도 없어야 합니다.

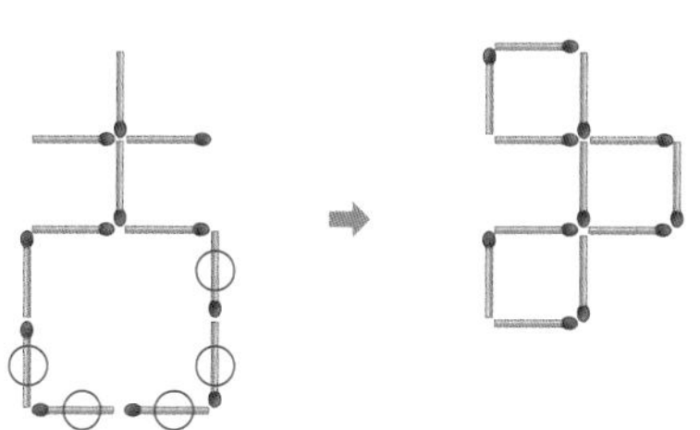

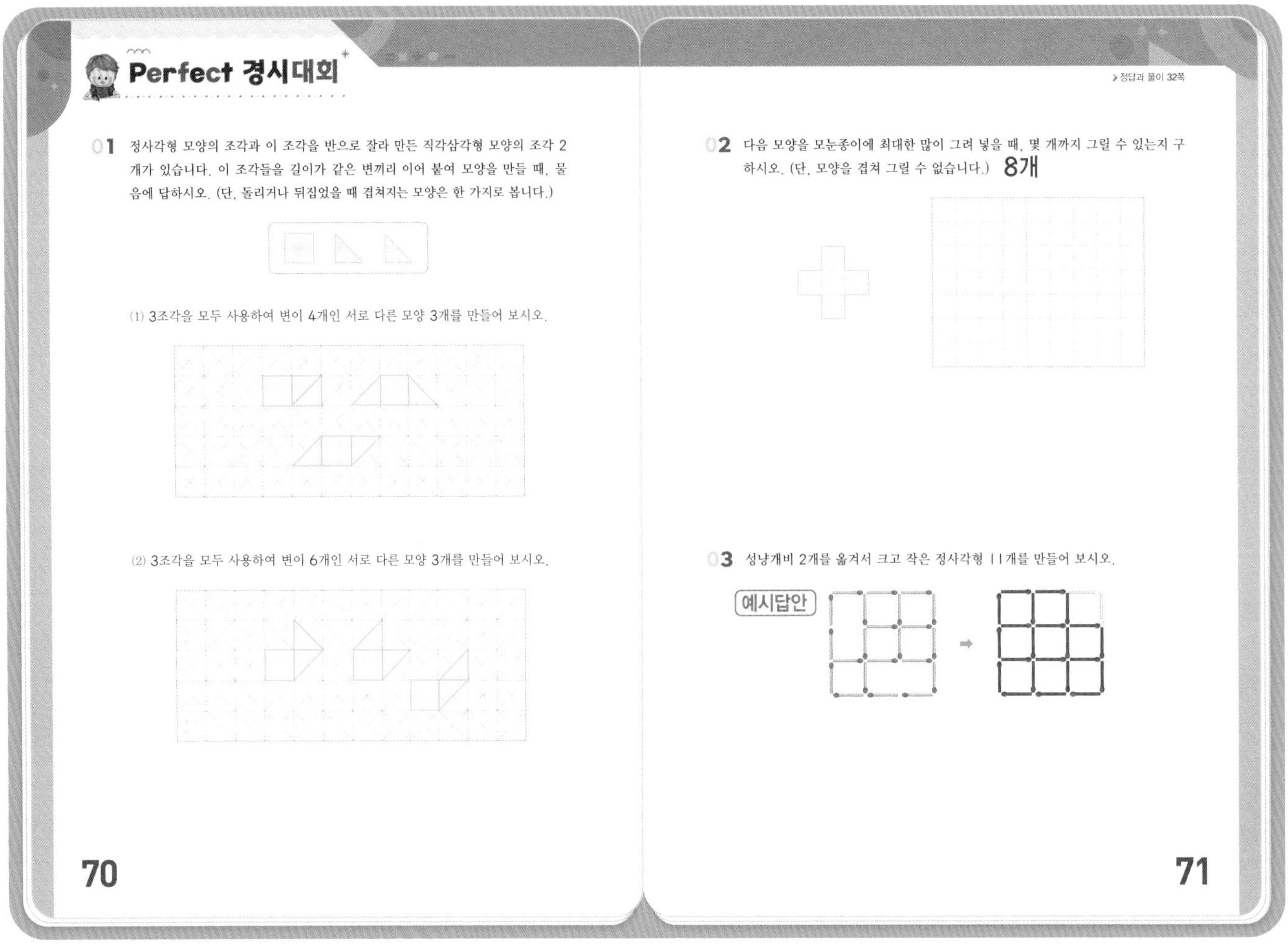

Perfect 경시대회

01 정사각형 모양의 조각과 이 조각을 반으로 잘라 만든 직각삼각형 모양의 조각 2개가 있습니다. 이 조각들을 길이가 같은 변끼리 이어 붙여 모양을 만들 때, 물음에 답하시오. (단, 돌리거나 뒤집었을 때 겹쳐지는 모양은 한 가지로 봅니다.)

(1) 3조각을 모두 사용하여 변이 4개인 서로 다른 모양 3개를 만들어 보시오.

(2) 3조각을 모두 사용하여 변이 6개인 서로 다른 모양 3개를 만들어 보시오.

> 정답과 풀이 32쪽

02 다음 모양을 모눈종이에 최대한 많이 그려 넣을 때, 몇 개까지 그릴 수 있는지 구하시오. (단, 모양을 겹쳐 그릴 수 없습니다.) 8개

03 성냥개비 2개를 옮겨서 크고 작은 정사각형 11개를 만들어 보시오.

예시답안

01 (1) 변이 4개인 모양은 사각형입니다. 여러 가지 사각형을 만들 수 있습니다.

(2) 정사각형 1개와 직각삼각형 1개를 붙인 모양에 남은 1개의 직각삼각형을 돌려가며 붙여서 변이 6개인 모양을 찾아봅니다.

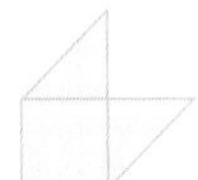 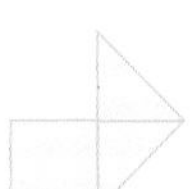 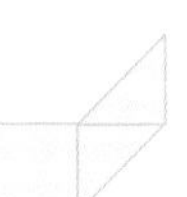

02 가장 위쪽과 아래쪽부터 그려 본 후, 남은 칸에 최대한 많이 그려 넣습니다.

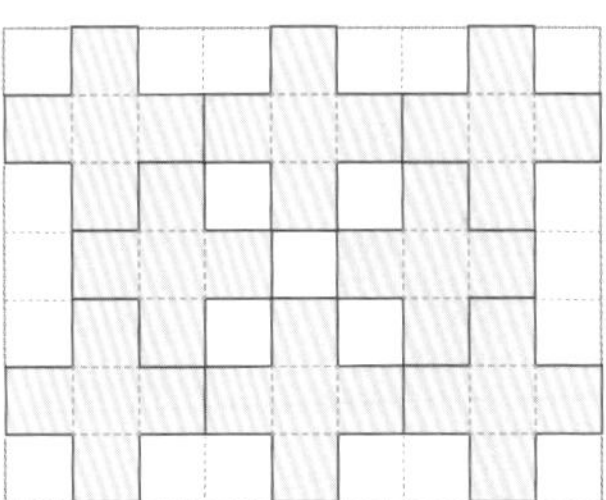

03

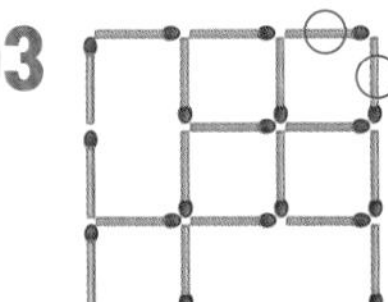 → 

모양: 8개

모양: 3개

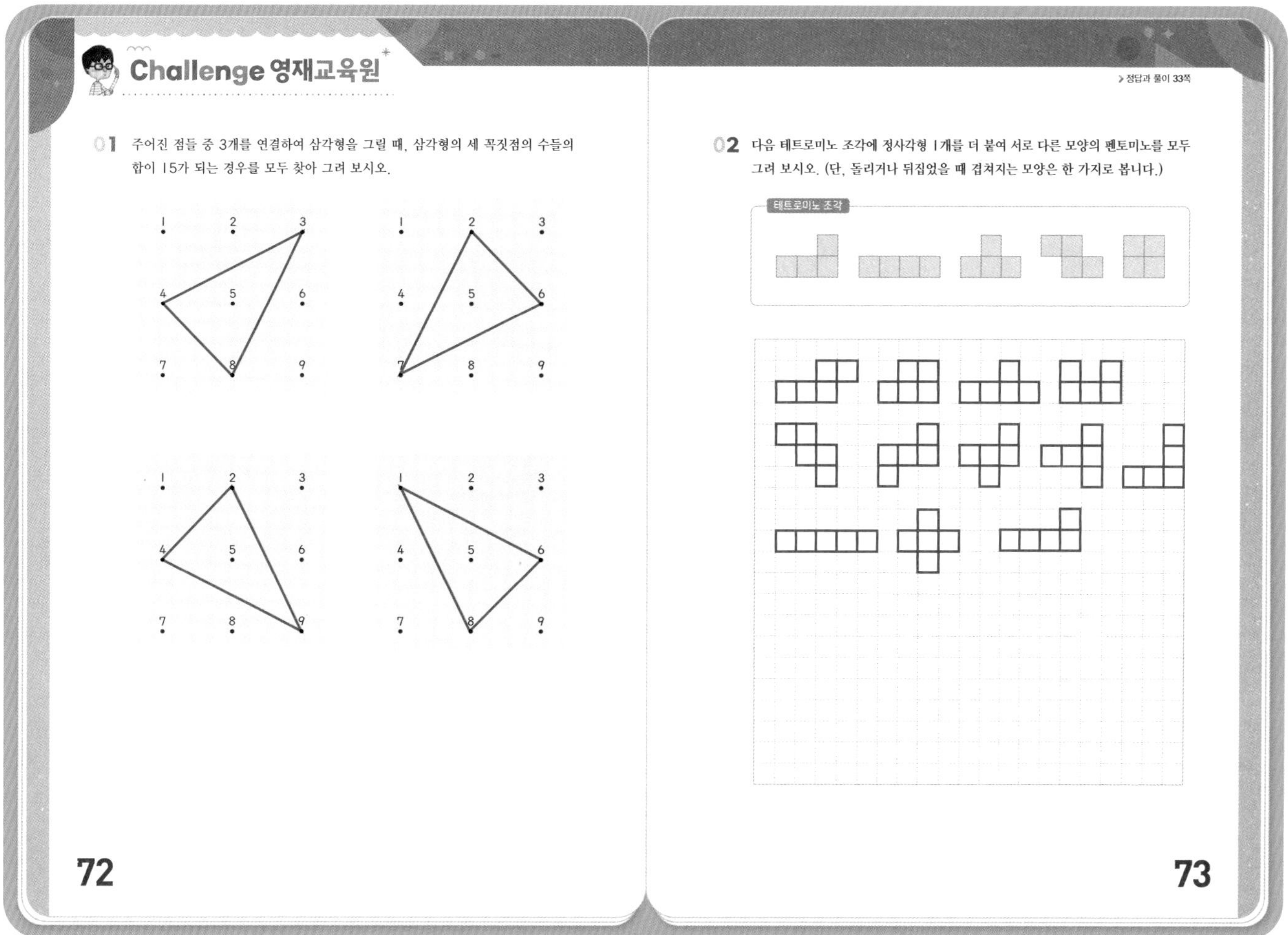

Challenge 영재교육원
정답과 풀이 33쪽
01 주어진 점들 중 3개를 연결하여 삼각형을 그릴 때, 삼각형의 세 꼭짓점의 수들의 합이 15가 되는 경우를 모두 찾아 그려 보시오.
02 다음 테트로미노 조각에 정사각형 1개를 더 붙여 서로 다른 모양의 펜토미노를 모두 그려 보시오. (단, 돌리거나 뒤집었을 때 겹쳐지는 모양은 한 가지로 봅니다.)
테트로미노 조각
72
73

01 수들의 합이 15가 되는 세 점은 다음과 같이 8가지 경우가 있습니다.
(1, 5, 9), (1, 6, 8), (2, 4, 9), (2, 5, 8), (2, 6, 7), (3, 4, 8), (3, 5, 7), (4, 5, 6)
이 중 세 점이 일직선 상에 놓이는
(1, 5, 9), (2, 5, 8), (3, 5, 7), (4, 5, 6)의 경우에는 삼각형을 그릴 수 없습니다.
따라서 모두 (1, 6, 8), (2, 4, 9), (2, 6, 7), (3, 4, 8)의 세 점을 각각 연결하면 합이 15가 되는 삼각형을 그릴 수 있습니디

02 주어진 테트로미노 조각에 정사각형 1개를 여러 가지 방법으로 붙여 봅니다. 이때 앞에 그렸던 모양과 같은 모양인 경우에는 제외합니다. 서로 다른 모양의 펜토미노는 모두 12가지입니다.

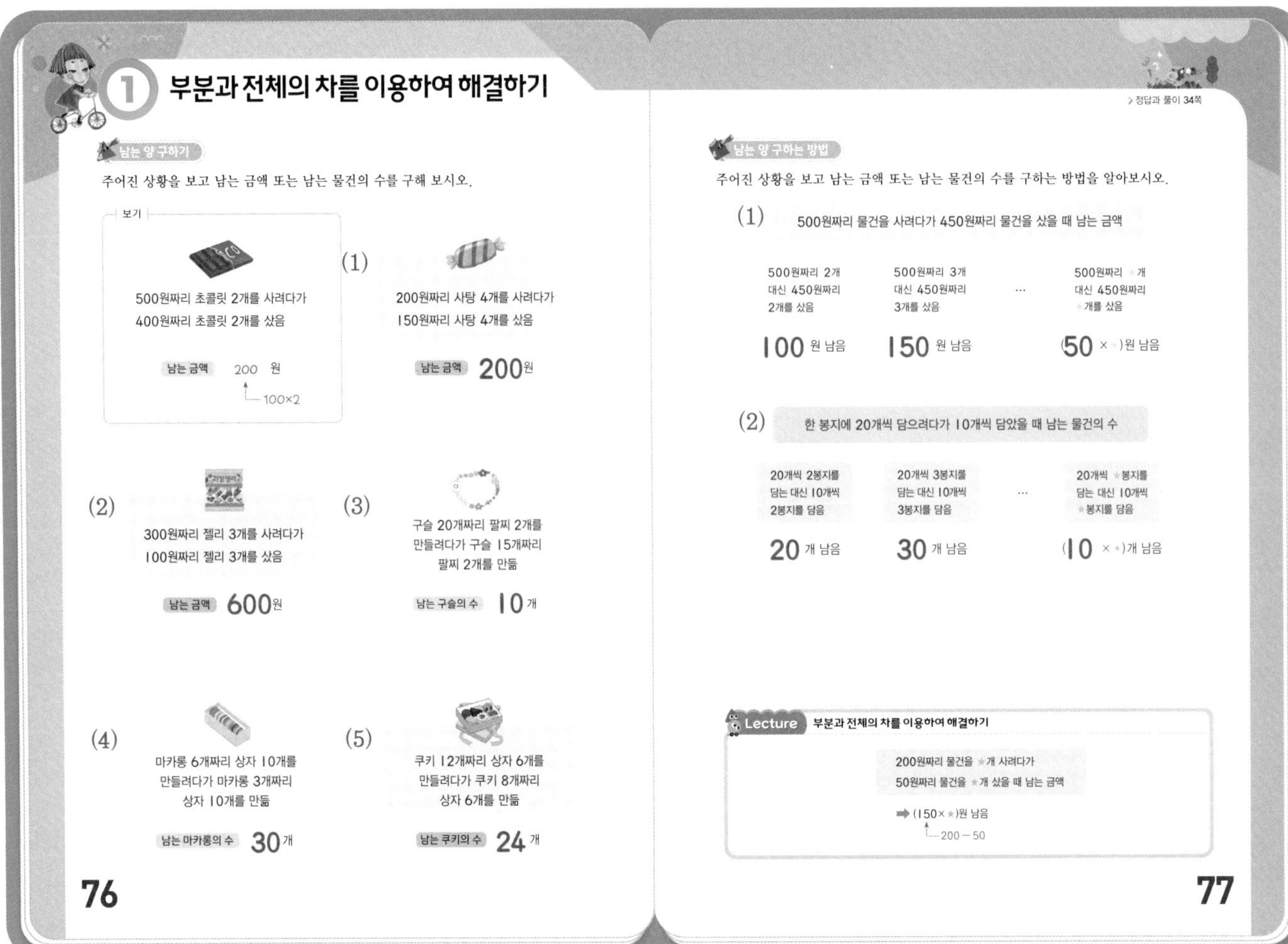

1 부분과 전체의 차를 이용하여 해결하기

> 정답과 풀이 34쪽

남는 양 구하기

주어진 상황을 보고 남는 금액 또는 남는 물건의 수를 구해 보시오.

보기
500원짜리 초콜릿 2개를 사려다가 400원짜리 초콜릿 2개를 샀음
남는 금액 200 원
100×2

(1) 200원짜리 사탕 4개를 사려다가 150원짜리 사탕 4개를 샀음
남는 금액 200원

(2) 300원짜리 젤리 3개를 사려다가 100원짜리 젤리 3개를 샀음
남는 금액 600원

(3) 구슬 20개짜리 팔찌 2개를 만들려다가 구슬 15개짜리 팔찌 2개를 만듦
남는 구슬의 수 10개

(4) 마카롱 6개짜리 상자 10개를 만들려다가 마카롱 3개짜리 상자 10개를 만듦
남는 마카롱의 수 30개

(5) 쿠키 12개짜리 상자 6개를 만들려다가 쿠키 8개짜리 상자 6개를 만듦
남는 쿠키의 수 24개

76

남는 양 구하는 방법

주어진 상황을 보고 남는 금액 또는 남는 물건의 수를 구하는 방법을 알아보시오.

(1) 500원짜리 물건을 사려다가 450원짜리 물건을 샀을 때 남는 금액

500원짜리 2개 대신 450원짜리 2개를 샀음 — 100 원 남음
500원짜리 3개 대신 450원짜리 3개를 샀음 — 150 원 남음
…
500원짜리 ★개 대신 450원짜리 ★개를 샀음 — (50 × ★)원 남음

(2) 한 봉지에 20개씩 담으려다가 10개씩 담았을 때 남는 물건의 수

20개씩 2봉지를 담는 대신 10개씩 2봉지를 담음 — 20 개 남음
20개씩 3봉지를 담는 대신 10개씩 3봉지를 담음 — 30 개 남음
…
20개씩 ★봉지를 담는 대신 10개씩 ★봉지를 담음 — (10 × ★)개 남음

Lecture 부분과 전체의 차를 이용하여 해결하기

200원짜리 물건을 ★개 사려다가 50원짜리 물건을 ★개 샀을 때 남는 금액
➡ (150×★)원 남음
200－50

77

남는 양 구하기

사려는 두 금액의 차와 개수의 곱을 구합니다.

(1) 50×4=200
↳ 200－150

(2) 200×3=600
↳ 300－100

물건 수의 차와 개수의 곱을 구합니다.

(3) 5×2=10
↳ 20－15

(4) 3×10=30
↳ 6－3

(5) 4×6=24
↳ 12－8

남는 양 구하는 방법

(1) 500원짜리 ★개 대신 450원짜리 ★개를 샀음
➡ (50×★)원 남음
↳ 500－450

(2) 20개씩 ★봉지를 담는 대신 10개씩 ★봉지를 담음
➡ (10×★)개 남음
↳ 20－10

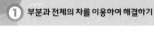

① 부분과 전체의 차를 이용하여 해결하기

> 정답과 풀이 35쪽

대표문제

예나는 800원짜리 도넛 ▒개를 살 돈만 가지고 도넛 가게에 갔는데 예나가 찾는 도넛이 없어서 750원짜리 도넛을 ▒개 샀습니다. 도넛을 사고 350원이 남았다면 예나가 처음에 가지고 간 돈은 얼마인지 구해 보시오. (단, ▒는 같은 수입니다.) 5600원

STEP ① 문제를 보고 남는 금액을 구하는 방법을 알아보시오.

800원짜리 도넛 ▒개를 사려다가 750원짜리 도넛 ▒개를 샀을 때 남는 금액

800원짜리 2개 대신 750원짜리 2개를 샀음	800원짜리 3개 대신 750원짜리 3개를 샀음	…	800원짜리 ▒개 대신 750원짜리 ▒개를 샀음
100 원 남음	150 원 남음		(50×▒)원 남음

STEP ② STEP ①에서 구한 방법과 남는 금액인 350원을 이용하여 산 도넛의 수 ▒를 구해 보시오. 7개

STEP ③ 예나가 처음에 가지고 간 돈은 얼마인지 구해 보시오. 5600원

78

01 구슬이 몇 개 있습니다. 이 구슬은 40개씩 들어가는 봉지 ▒개에 남김없이 가득 담을 수 있습니다. 그런데 이 구슬을 32개씩 들어가는 봉지 ▒개에 가득 담으면 구슬 64개가 남습니다. 구슬은 몇 개 있는지 구해 보시오.
(단, ▒는 같은 수입니다.)

320개

02 초콜릿이 몇 개 있습니다. 이 초콜릿은 25개씩 들어가는 봉지 ▒개에 남김없이 가득 담을 수 있습니다. 그런데 이 초콜릿을 30개씩 들어가는 봉지 ▒개에 가득 담으려면 초콜릿 45개가 부족합니다. 초콜릿은 몇 개 있는지 구해 보시오.
(단, ▒는 같은 수입니다.)

225개

79

대표문제

STEP ① 800원짜리 ▒개 대신 750원짜리 ▒개를 샀음
➡ (50×▒)원 남음
└➤ 800－750

STEP ② ▒개를 샀을 때 남는 금액이 (50×▒)원이므로 50×▒＝350이고, ▒＝7입니다.

STEP ③ 예나가 산 도넛은 7개이므로 예나가 처음에 가지고 간 돈은 800×7＝5600(원)입니다.

01 40개씩 ▒봉지 대신 32개씩 ▒봉지에 담음
➡ (8×▒)개 남음
└➤ 40－32

➡ 구슬이 64개 남음
따라서 8×▒＝64이고, ▒＝8입니다.
봉지 8개에 담았으므로 구슬은 40×8＝320(개)입니다.

TIP 봉지의 수를 구한 다음 구슬의 수를 32×8＝256(개)로 구하지 않도록 주의합니다.

02 25개씩 ▒봉지 대신 30개씩 ▒봉지에 담음
➡ (5×▒)개 부족
└➤ 30－25

➡ 초콜릿이 45개 부족
따라서 5×▒＝45이고, ▒＝9입니다.
봉지 9개에 담았으므로 초콜릿은 25×9＝225(개)입니다.

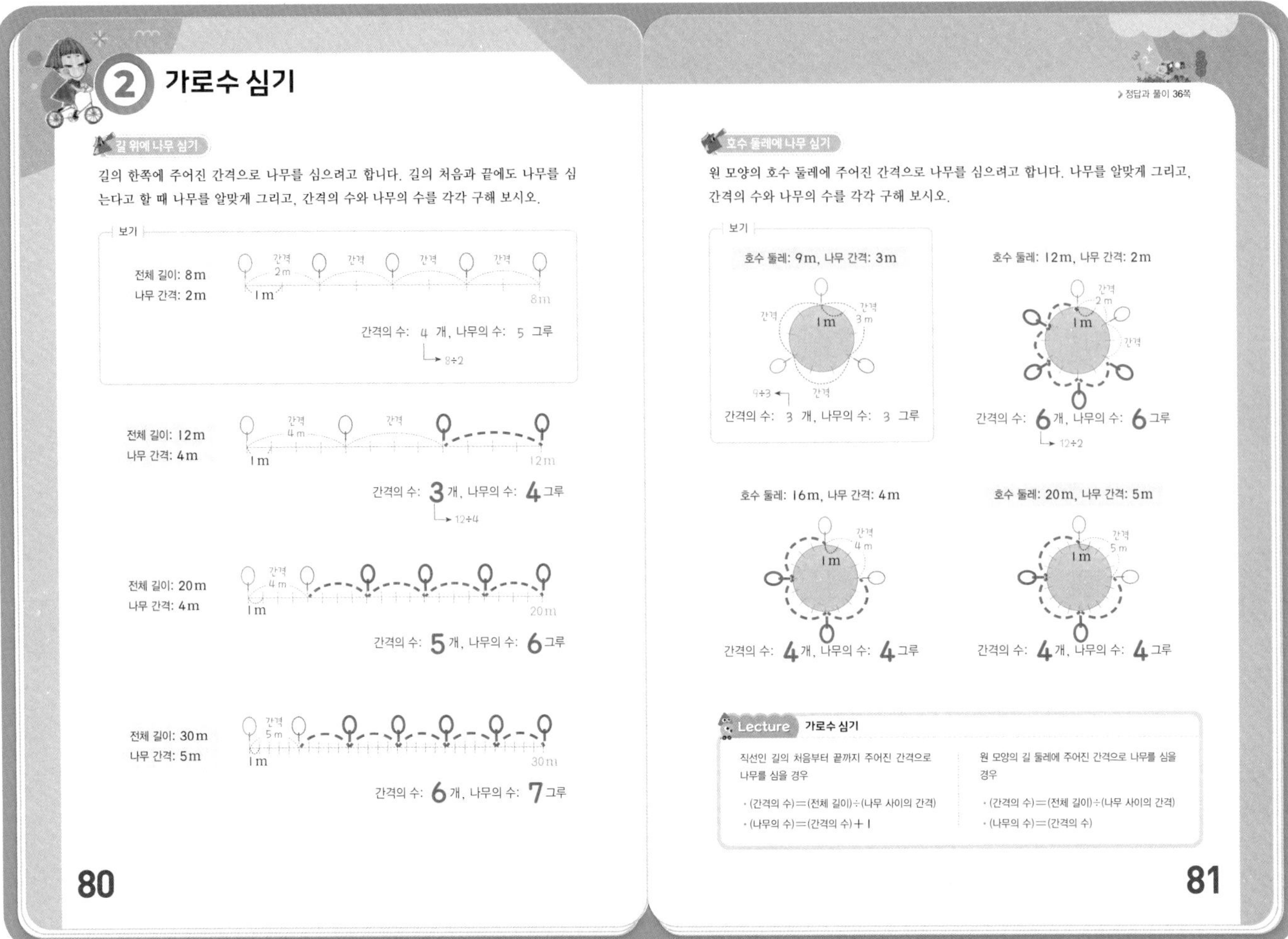

길 위에 나무 심기

직선인 길 위에 나무를 심었을 때, 나무의 수가 간격의 수보다 1만큼 더 큽니다.

호수 둘레에 나무 심기

원 모양의 호수 둘레에 나무를 심었을 때, 나무의 수와 간격의 수가 같습니다.

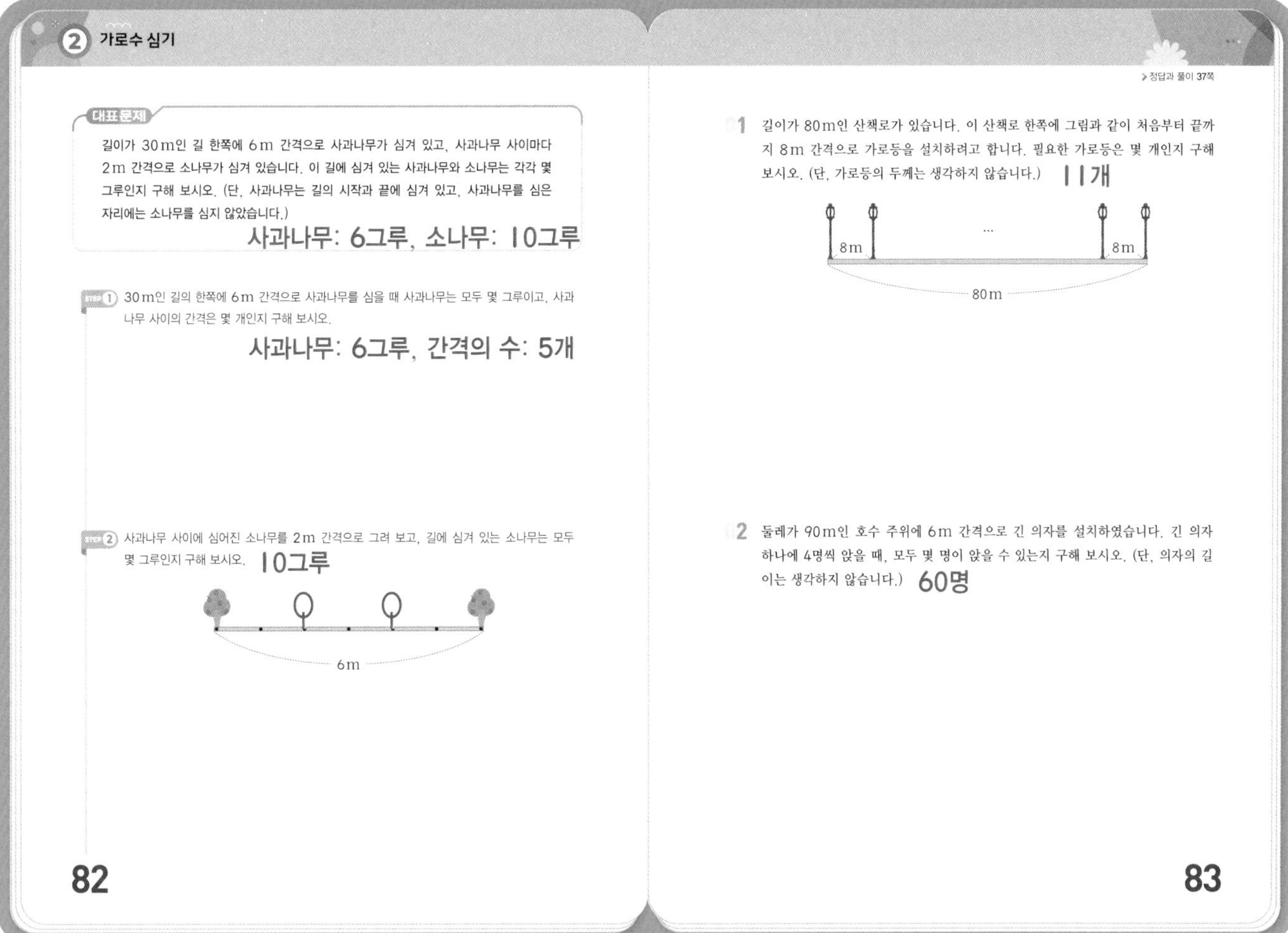

2 가로수 심기
정답과 풀이 37쪽
대표문제
길이가 30m인 길 한쪽에 6m 간격으로 사과나무가 심겨 있고, 사과나무 사이마다 2m 간격으로 소나무가 심겨 있습니다. 이 길에 심겨 있는 사과나무와 소나무는 각각 몇 그루인지 구해 보시오. (단, 사과나무는 길의 시작과 끝에 심겨 있고, 사과나무를 심은 자리에는 소나무를 심지 않았습니다.)
사과나무: 6그루, 소나무: 10그루
STEP 1 30m인 길의 한쪽에 6m 간격으로 사과나무를 심을 때 사과나무는 모두 몇 그루이고, 사과나무 사이의 간격은 몇 개인지 구해 보시오.
사과나무: 6그루, 간격의 수: 5개
STEP 2 사과나무 사이에 심어진 소나무를 2m 간격으로 그려 보고, 길에 심겨 있는 소나무는 모두 몇 그루인지 구해 보시오. 10그루
6m
82
1 길이가 80m인 산책로가 있습니다. 이 산책로 한쪽에 그림과 같이 처음부터 끝까지 8m 간격으로 가로등을 설치하려고 합니다. 필요한 가로등은 몇 개인지 구해 보시오. (단, 가로등의 두께는 생각하지 않습니다.) 11개
8m
8m
80m
2 둘레가 90m인 호수 주위에 6m 간격으로 긴 의자를 설치하였습니다. 긴 의자 하나에 4명씩 앉을 때, 모두 몇 명이 앉을 수 있는지 구해 보시오. (단, 의자의 길이는 생각하지 않습니다.) 60명
83

대표문제

STEP 1 • (간격의 수)=(전체 길이)÷(사과나무 사이의 간격)이므로 간격은 $30 \div 6 = 5$(개)입니다.
• (사과나무의 수)=(간격의 수)+1이므로
사과나무는 $5 + 1 = 6$(그루)입니다.

STEP 2 사과나무 사이의 간격은 5개이고, 사과나무 사이에 소나무가 2그루씩 심겨 있습니다.
따라서 이 길에 심겨 있는 소나무는 $5 \times 2 = 10$(그루)입니다.

01 80m 길이의 산책로에 8m 간격으로 가로등을 설치하면 간격의 수는 $80 \div 8 = 10$(개)입니다.
따라서 (가로등의 수)=(간격의 수)+1이므로 필요한 가로등은 $10 + 1 = 11$(개)입니다.

02 둘레가 90m인 호수 주위에 6m 간격으로 긴 의자를 설치한다면 간격의 수는 $90 \div 6 = 15$(개)이고,
(의자의 수)=(간격의 수)이므로 설치된 의자는 15개입니다.
따라서 한 의자에 4명씩 앉을 수 있으므로 앉을 수 있는 사람은 모두 $15 \times 4 = 60$(명)입니다.

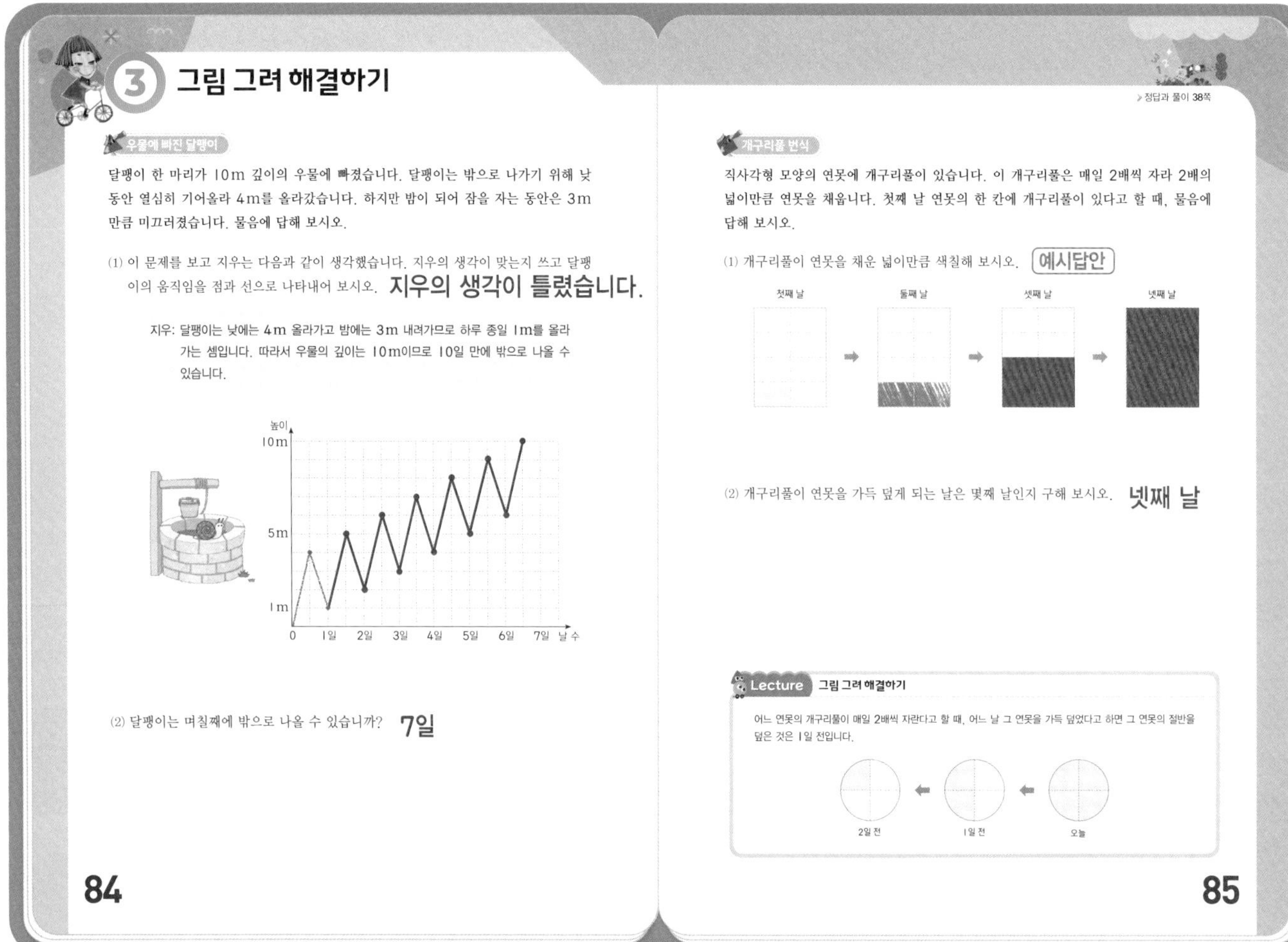

3 그림 그려 해결하기
우물에 빠진 달팽이
달팽이 한 마리가 10m 깊이의 우물에 빠졌습니다. 달팽이는 밖으로 나가기 위해 낮 동안 열심히 기어올라 4m를 올라갔습니다. 하지만 밤이 되어 잠을 자는 동안은 3m 만큼 미끄러졌습니다. 물음에 답해 보시오.
(1) 이 문제를 보고 지우는 다음과 같이 생각했습니다. 지우의 생각이 맞는지 쓰고 달팽이의 움직임을 점과 선으로 나타내어 보시오. 지우의 생각이 틀렸습니다.
지우: 달팽이는 낮에는 4m 올라가고 밤에는 3m 내려가므로 하루 종일 1m를 올라가는 셈입니다. 따라서 우물의 깊이는 10m이므로 10일 만에 밖으로 나올 수 있습니다.
(2) 달팽이는 며칠째에 밖으로 나올 수 있습니까? 7일
84
개구리풀 번식
직사각형 모양의 연못에 개구리풀이 있습니다. 이 개구리풀은 매일 2배씩 자라 2배의 넓이만큼 연못을 채웁니다. 첫째 날 연못의 한 칸에 개구리풀이 있다고 할 때, 물음에 답해 보시오.
(1) 개구리풀이 연못을 채운 넓이만큼 색칠해 보시오. 예시답안
(2) 개구리풀이 연못을 가득 덮게 되는 날은 몇째 날인지 구해 보시오. 넷째 날
Lecture 그림 그려 해결하기
85

우물에 빠진 달팽이

(1) 지우의 생각이 틀렸습니다. 왜냐하면 7일째 되는 날에는 낮에 다 올라갔기 때문에 다시 미끄러져 내려오지 않습니다.

(2) 달팽이는 7일째에 밖으로 나올 수 있습니다.

개구리풀 번식

개구리풀이 매일 2배씩 자라 2배의 넓이만큼 연못을 채우므로 넷째 날 연못을 가득 덮게 됩니다.

③ 그림 그려 해결하기

대표문제

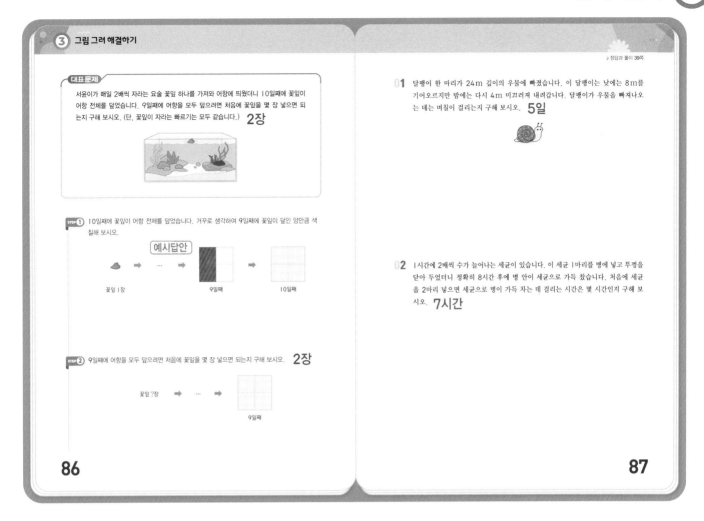

서윤이가 매일 2배씩 자라는 요술 꽃잎 하나를 가져와 어항에 띄웠더니 10일째에 꽃잎이 어항 전체를 덮었습니다. 9일째에 어항을 모두 덮으려면 처음에 꽃잎을 몇 장 넣으면 되는지 구해 보시오. (단, 꽃잎이 자라는 빠르기는 모두 같습니다.) **2장**

STEP① 10일째에 꽃잎이 어항 전체를 덮었습니다. 거꾸로 생각하여 9일째에 꽃잎이 덮인 양만큼 색칠해 보시오.

예시답안

꽃잎 1장 ➡ … ➡ 9일째 ➡ 10일째

STEP② 9일째에 어항을 모두 덮으려면 처음에 꽃잎을 몇 장 넣으면 되는지 구해 보시오. **2장**

꽃잎 ?장 ➡ … ➡ 9일째

86

정답과 풀이 39쪽

01 달팽이 한 마리가 24m 깊이의 우물에 빠졌습니다. 이 달팽이는 낮에는 8m를 기어오르지만 밤에는 다시 4m 미끄러져 내려갑니다. 달팽이가 우물을 빠져나오는 데는 며칠이 걸리는지 구해 보시오. **5일**

02 1시간에 2배씩 수가 늘어나는 세균이 있습니다. 이 세균 1마리를 병에 넣고 뚜껑을 닫아 두었더니 정확히 8시간 후에 병 안이 세균으로 가득 찼습니다. 처음에 세균을 2마리 넣으면 세균으로 병이 가득 차는 데 걸리는 시간은 몇 시간인지 구해 보시오. **7시간**

87

대표문제

STEP① 하루에 2배씩 넓어지고 10일째에 어항을 모두 덮었으므로 9일째에는 어항의 절반을 덮었습니다.
다음과 같이 나타낼 수도 있습니다.

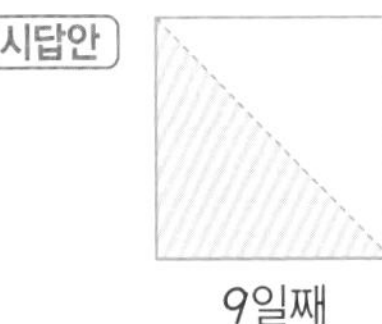

9일째

STEP② 꽃잎 1장이 9일 지나면 어항의 절반을 덮습니다. 따라서 남은 절반의 어항을 덮으려면 꽃잎이 1장 더 필요합니다.

01 1일째 낮: 8 m
1일째 밤: $8-4=4$(m)
2일째 낮: $4+8=12$(m)
2일째 밤: $12-4=8$(m)
3일째 낮: $8+8=16$(m)
3일째 밤: $16-4=12$(m)
4일째 낮: $12+8=20$(m)
4일째 밤: $20-4=16$(m)
5일째 낮: $16+8=24$(m)
따라서 5일째 낮에 달팽이는 우물을 빠져 나옵니다.

02 세균 2마리가 병을 가득 채우려면 세균 1마리가 병을 절반씩 채우면 됩니다.
1시간에 2배씩 늘어나는 세균 1마리가 8시간 후에 병을 가득 채우므로 1시간 전에 병의 절반을 채우게 됩니다.
따라서 2마리의 세균이 병을 가득 채우는 데 걸리는 시간은 7시간입니다.

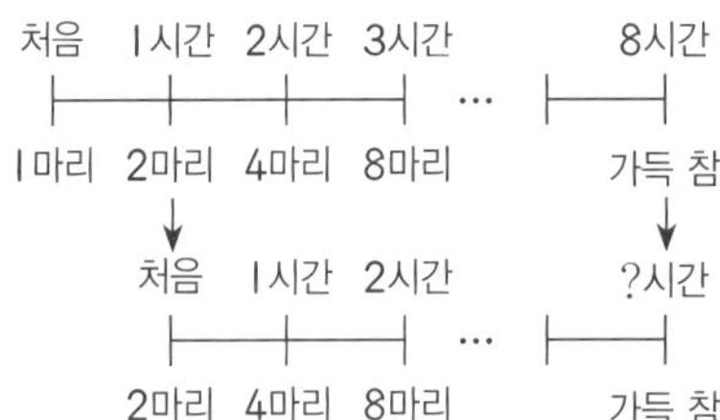

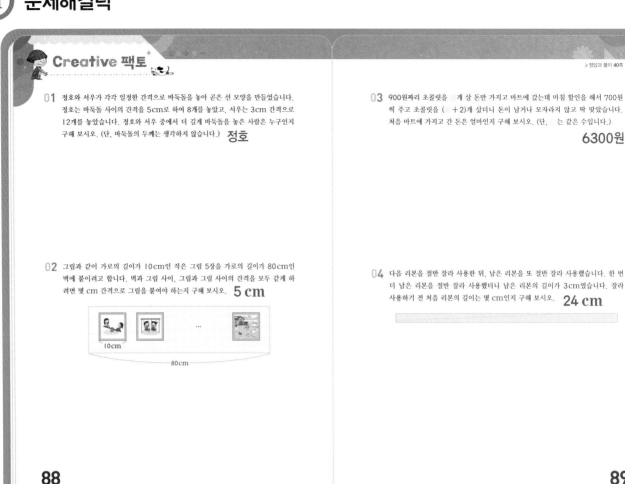

Creative 팩토

정답과 풀이 40쪽

01 정호와 서우가 각각 일정한 간격으로 바둑돌을 놓아 곧은 선 모양을 만들었습니다. 정호는 바둑돌 사이의 간격을 5cm로 하여 8개를 놓았고, 서우는 3cm 간격으로 12개를 놓았습니다. 정호와 서우 중에서 더 길게 바둑돌을 놓은 사람은 누구인지 구해 보시오. (단, 바둑돌의 두께는 생각하지 않습니다.) 정호

02 그림과 같이 가로의 길이가 10cm인 작은 그림 5장을 가로의 길이가 80cm인 벽에 붙이려고 합니다. 벽과 그림 사이, 그림과 그림 사이의 간격을 모두 같게 하려면 몇 cm 간격으로 그림을 붙여야 하는지 구해 보시오. 5 cm

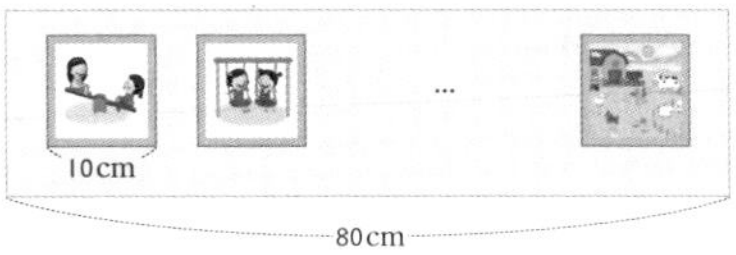

10cm ··· 80cm

03 900원짜리 초콜릿을 ▒개 살 돈만 가지고 마트에 갔는데 마침 할인을 해서 700원씩 주고 초콜릿을 (▒+2)개 샀더니 돈이 남거나 모자라지 않고 딱 맞았습니다. 처음 마트에 가지고 간 돈은 얼마인지 구해 보시오. (단, ▒는 같은 수입니다.) 6300원

04 다음 리본을 절반 잘라 사용한 뒤, 남은 리본을 또 절반 잘라 사용했습니다. 한 번 더 남은 리본을 절반 잘라 사용했더니 남은 리본의 길이가 3cm였습니다. 잘라 사용하기 전 처음 리본의 길이는 몇 cm인지 구해 보시오. 24 cm

88 89

01 정호는 바둑돌을 8개 놓았으므로 바둑돌 사이 간격이 7개가 생기고, 서우는 바둑돌을 12개 놓았으므로 바둑돌 사이 간격이 11개가 생깁니다.
정호의 바둑돌 간격은 5cm이므로 정호가 만든 곧은 선의 길이는 $5 \times 7=35$(cm)입니다.
서우의 바둑돌 간격은 3cm이므로 서우가 만든 곧은 선의 길이는 $3 \times 11=33$(cm)입니다.
$35>33$이므로 바둑돌을 더 길게 놓은 사람은 정호입니다.

02 5장의 그림의 가로의 길이는 $10 \times 5=50$(cm)이므로 벽과 그림 사이, 그림과 그림 사이에 간격이 차지하는 길이는 $80-50=30$(cm)입니다.
5장의 그림을 벽에 붙이면 그림과 그림 사이의 간격은 4개, 그림과 벽 사이의 간격은 2개이므로 간격은 모두 6개입니다.
따라서 이 길이를 6개의 똑같은 길이로 나누어야 하므로 $30 \div 6=5$ (cm) 간격으로 그림을 붙여야 합니다.

03 900원과 700원의 차는 200원이고, 900원짜리 ▒개와 700원짜리 ▒개를 똑같이 샀다고 하면 두 금액의 차이는 $700 \times 2=1400$(원)입니다.
→ 700원짜리 초콜릿은 900원짜리 초콜릿보다 2개 더 살 수 있습니다.
$200 \times$ ▒ $=1400$, ▒ $=7$이므로
처음 마트에 가지고 간 돈은 $900 \times 7=6300$(원)입니다.

04

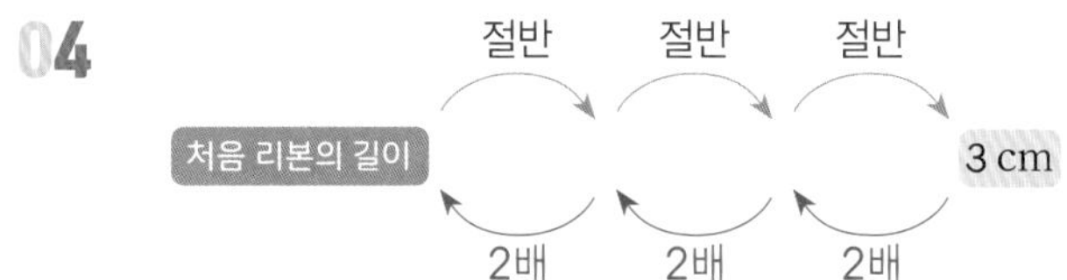

3의 2배는 6, 6의 2배는 12, 12의 2배는 24이므로
자르기 전 처음 리본의 길이는 24 cm입니다.

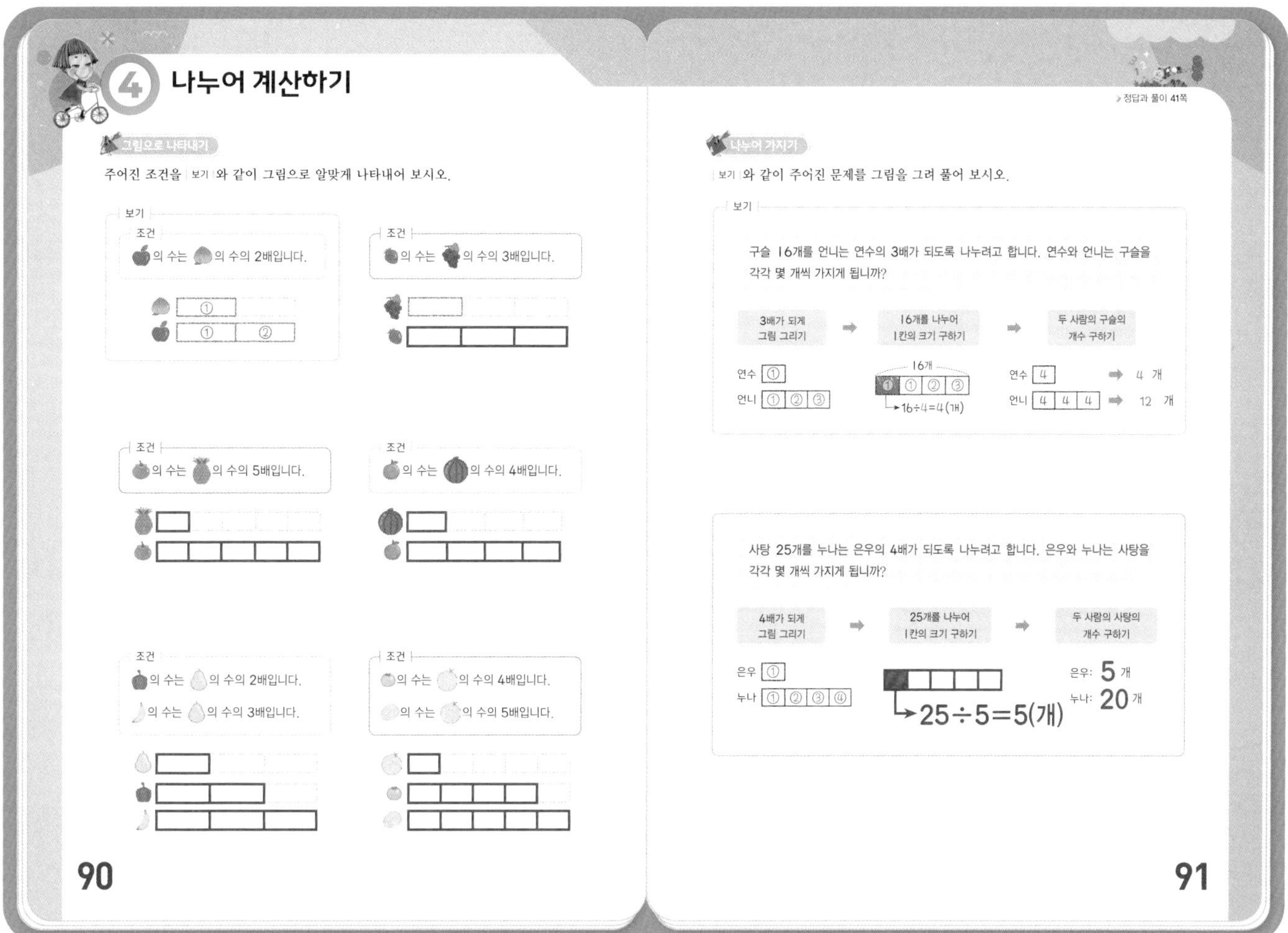

4 나누어 계산하기

그림으로 나타내기

주어진 조건을 보기 와 같이 그림으로 알맞게 나타내어 보시오.

보기
조건
의 수는 의 수의 2배입니다.
①
① ②

조건
의 수는 의 수의 3배입니다.

조건
의 수는 의 수의 5배입니다.

조건
의 수는 의 수의 4배입니다.

조건
의 수는 의 수의 2배입니다.
의 수는 의 수의 3배입니다.

조건
의 수는 의 수의 4배입니다.
의 수는 의 수의 5배입니다.

90

정답과 풀이 41쪽

나누어 가지기

보기 와 같이 주어진 문제를 그림을 그려 풀어 보시오.

보기
구슬 16개를 언니는 연수의 3배가 되도록 나누려고 합니다. 연수와 언니는 구슬을 각각 몇 개씩 가지게 됩니까?

3배가 되게 그림 그리기 ➡ 16개를 나누어 1칸의 크기 구하기 ➡ 두 사람의 구슬의 개수 구하기

연수 ①
언니 ① ② ③
16개
① ① ② ③
16÷4=4(개)
연수 4 ➡ 4 개
언니 4 4 4 ➡ 12 개

사탕 25개를 누나는 은우의 4배가 되도록 나누려고 합니다. 은우와 누나는 사탕을 각각 몇 개씩 가지게 됩니까?

4배가 되게 그림 그리기 ➡ 25개를 나누어 1칸의 크기 구하기 ➡ 두 사람의 사탕의 개수 구하기

은우 ①
누나 ① ② ③ ④
25÷5=5(개)
은우: 5 개
누나: 20 개

91

그림으로 나타내기

■의 수는 ●의 수의 ▲배입니다.

➡ 기준이 되는 수는 ●이므로 ●를 □로 먼저 나타낸 다음 ■의 수를 나타내어 봅니다.

나누어 가지기

은우와 누나의 사탕의 수는 □가 5칸이고, 5칸이 사탕 25개를 나타내므로 1칸이 5개를 나타냅니다.
따라서 은우는 사탕 5개, 누나는 사탕 $4\times5=20$(개)를 가지게 됩니다.

4 나누어 계산하기

정답과 풀이 42쪽

대표문제
쿠키 64개를 지유는 보라의 3배, 수호는 보라의 4배가 되도록 나누려고 합니다. 보라, 지유, 수호는 쿠키를 각각 몇 개씩 가지게 되는지 구해 보시오.
보라: 8개, 지유: 24개, 수호: 32개

STEP① 보라가 가지게 되는 쿠키의 수를 다음과 같이 나타낼 때, 지유와 수호가 가지게 되는 쿠키의 수를 그림으로 나타내어 보시오.

지유는 보라의 3배, 수호는 보라의 4배

보라
지유
수호

STEP② 쿠키가 모두 64개일 때, STEP①의 □ 1칸은 쿠키 몇 개를 나타냅니까? 8개

STEP③ 보라, 지유, 수호는 쿠키를 각각 몇 개씩 가지게 되는지 구해 보시오.
보라: 8개, 지유: 24개, 수호: 32개

92

01 연필 72자루를 아라는 유호의 2배, 선미는 유호의 3배가 되도록 나누려고 합니다. 아라, 유호, 선미는 연필을 각각 몇 자루씩 가지게 되는지 구해 보시오.
유호: 12자루, 아라: 24자루, 선미: 36자루

02 진우는 수연이보다 색종이가 3장 더 많고, 혜주는 수연이의 3배만큼 색종이를 가지고 있습니다. 세 사람이 가진 색종이를 합하면 28장입니다. 진우, 수연, 혜주가 가지고 있는 색종이는 각각 몇 장씩인지 구해 보시오.
수연: 5장, 진우: 8장, 혜주: 15장

93

대표문제

STEP① 보라가 가지게 되는 쿠키의 수가 □이므로 지유는 □를 3칸, 수호는 □를 4칸으로 나타냅니다.

STEP② 보라, 지유, 수호가 가지는 쿠키는 모두 □가 8칸이므로 □ 1칸은 $64 \div 8 = 8$(개)입니다.

STEP③ 보라는 쿠키를 8개 가지게 되고, 지유는 $8 \times 3 = 24$(개), 수호는 $8 \times 4 = 32$(개)를 가지게 됩니다.

01 그림으로 나타내면 다음과 같습니다.

유호 □
아라 □□
선미 □□□

□ 6칸이 연필 72자루를 나타내므로
□ 1칸은 $72 \div 6 = 12$(자루)입니다.
따라서 유호는 12자루, 아라는 $12 \times 2 = 24$(자루), 선미는 $12 \times 3 = 36$(자루)를 가지게 됩니다.

02 그림으로 나타내면 다음과 같습니다.

수연 □
진우 □ +3장
혜주 □□□

□ 5칸이 색종이 $28 - 3 = 25$(장)을 나타내므로
□ 1칸은 $25 \div 5 = 5$(장)을 나타냅니다.
따라서 수연이는 5장, 진우는 $5 + 3 = 8$(장), 혜주는 $5 \times 3 = 15$(장)을 가지게 됩니다.

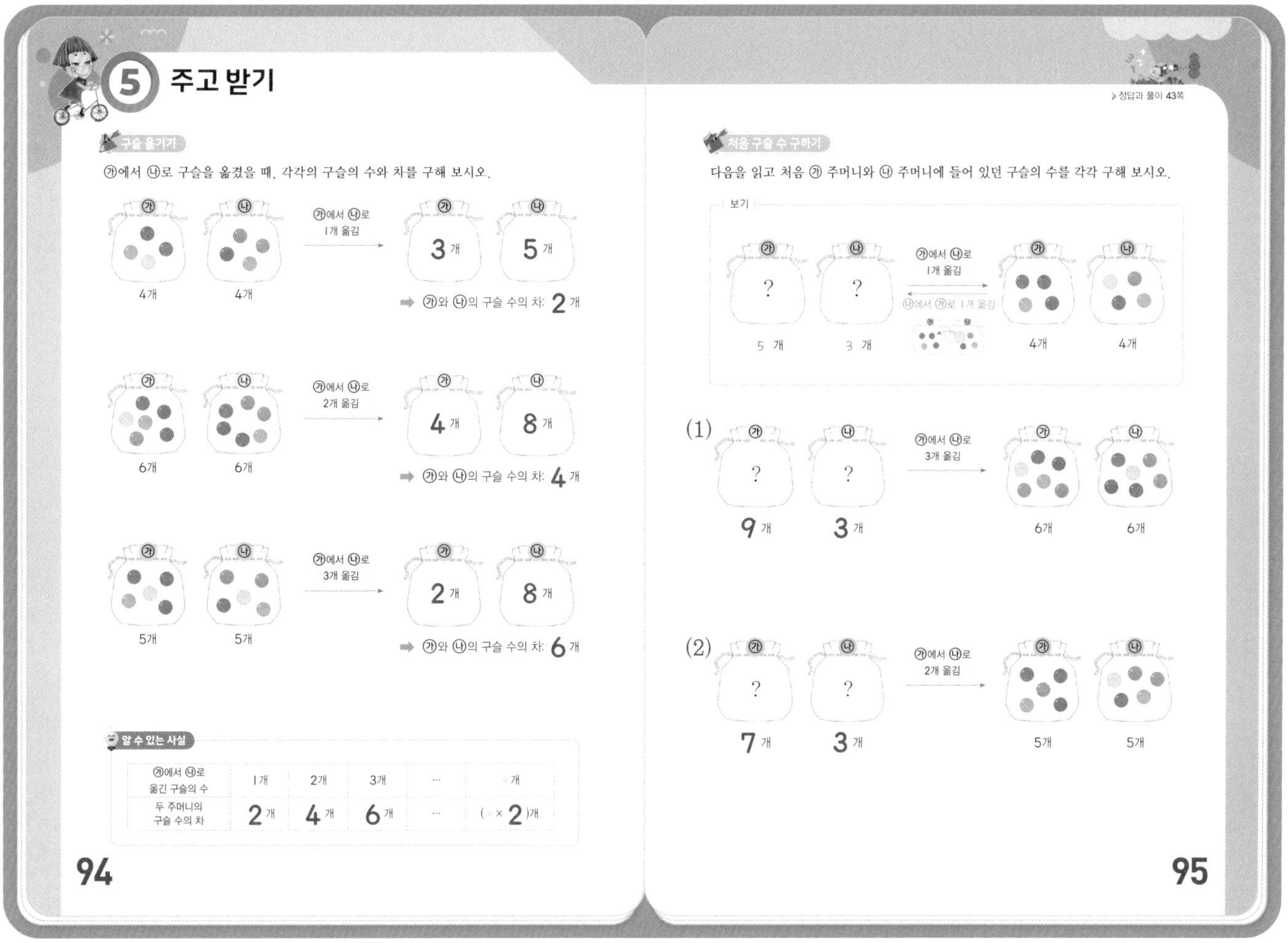

5 주고 받기

구슬 옮기기

㉮에서 ㉯로 구슬을 옮겼을 때, 각각의 구슬의 수와 차를 구해 보시오.

㉮ 4개, ㉯ 4개 → ㉮에서 ㉯로 1개 옮김 → ㉮ 3개, ㉯ 5개
➡ ㉮와 ㉯의 구슬 수의 차: 2개

㉮ 6개, ㉯ 6개 → ㉮에서 ㉯로 2개 옮김 → ㉮ 4개, ㉯ 8개
➡ ㉮와 ㉯의 구슬 수의 차: 4개

㉮ 5개, ㉯ 5개 → ㉮에서 ㉯로 3개 옮김 → ㉮ 2개, ㉯ 8개
➡ ㉮와 ㉯의 구슬 수의 차: 6개

알 수 있는 사실

㉮에서 ㉯로 옮긴 구슬의 수	1개	2개	3개	…	■개
두 주머니의 구슬 수의 차	2개	4개	6개	…	(■×2)개

94

정답과 풀이 43쪽

처음 구슬 수 구하기

다음을 읽고 처음 ㉮ 주머니와 ㉯ 주머니에 들어 있던 구슬의 수를 각각 구해 보시오.

보기
㉮ ? 5개, ㉯ ? 3개 → ㉮에서 ㉯로 1개 옮김 (㉯에서 ㉮로 1개 옮김) → ㉮ 4개, ㉯ 4개

(1) ㉮ ? 9개, ㉯ ? 3개 → ㉮에서 ㉯로 3개 옮김 → ㉮ 6개, ㉯ 6개

(2) ㉮ ? 7개, ㉯ ? 3개 → ㉮에서 ㉯로 2개 옮김 → ㉮ 5개, ㉯ 5개

95

구슬 옮기기

두 주머니의 구슬의 수가 같을 때, 구슬을 옮기면 옮긴 구슬의 수의 2배만큼 차이가 나게 됩니다.

처음 구슬 수 구하기

㉮에서 ㉯로 구슬 1개를 옮겼을 때, 처음 구슬의 수를 구하려면 거꾸로 ㉯에서 ㉮로 구슬 1개를 옮겨서 구할 수 있습니다.

(1)

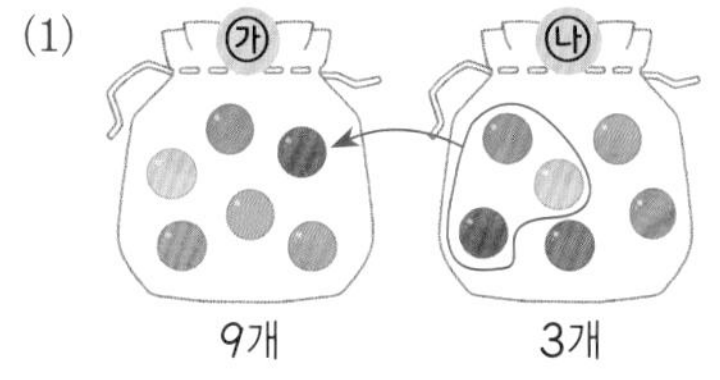

(2)

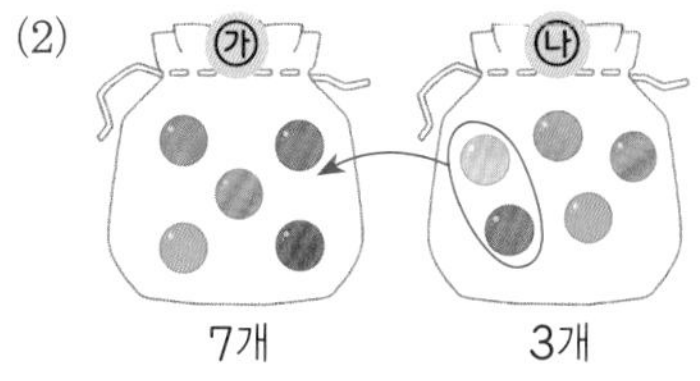

⑤ 주고 받기

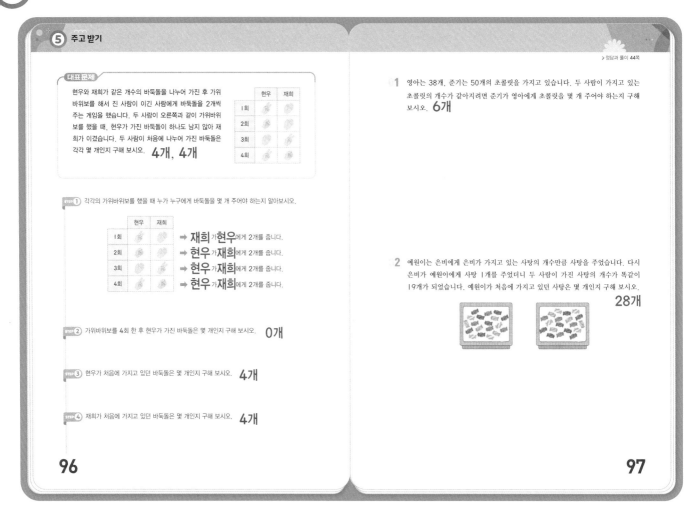

정답과 풀이 44쪽

대표문제

현우와 재희가 같은 개수의 바둑돌을 나누어 가진 후 가위바위보를 해서 진 사람이 이긴 사람에게 바둑돌을 2개씩 주는 게임을 했습니다. 두 사람이 오른쪽과 같이 가위바위보를 했을 때, 현우가 가진 바둑돌이 하나도 남지 않아 재희가 이겼습니다. 두 사람이 처음에 나누어 가진 바둑돌은 각각 몇 개인지 구해 보시오. 4개, 4개

	현우	재희
1회		
2회		
3회		
4회		

STEP ① 각각의 가위바위보를 했을 때 누가 누구에게 바둑돌을 몇 개 주어야 하는지 알아보시오.

	현우	재희	
1회			➡ 재희가 현우에게 2개를 줍니다.
2회			➡ 현우가 재희에게 2개를 줍니다.
3회			➡ 현우가 재희에게 2개를 줍니다.
4회			➡ 현우가 재희에게 2개를 줍니다.

STEP ② 가위바위보를 4회 한 후 현우가 가진 바둑돌은 몇 개인지 구해 보시오. 0개

STEP ③ 현우가 처음에 가지고 있던 바둑돌은 몇 개인지 구해 보시오. 4개

STEP ④ 재희가 처음에 가지고 있던 바둑돌은 몇 개인지 구해 보시오. 4개

96

01 영아는 38개, 준기는 50개의 초콜릿을 가지고 있습니다. 두 사람이 가지고 있는 초콜릿의 개수가 같아지려면 준기가 영아에게 초콜릿을 몇 개 주어야 하는지 구해 보시오. 6개

02 예원이는 은비에게 은비가 가지고 있는 사탕의 개수만큼 사탕을 주었습니다. 다시 은비가 예원이에게 사탕 1개를 주었더니 두 사람이 가진 사탕의 개수가 똑같이 19개가 되었습니다. 예원이가 처음에 가지고 있던 사탕은 몇 개인지 구해 보시오. 28개

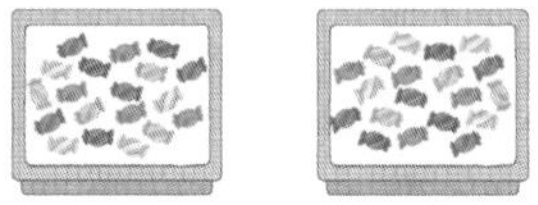

97

대표문제

STEP ① 1회는 현우가 이기고, 2회, 3회, 4회는 재희가 이겼습니다.

STEP ② 4회가 끝난 후 현우의 바둑돌이 남지 않았으므로 현우가 가진 바둑돌은 0개입니다.

STEP ③ 재희가 현우에게 2개의 바둑돌을 주고, 현우가 재희에게 6개의 바둑돌을 주었더니 현우의 바둑돌이 0개가 되었습니다. 따라서 현우가 처음에 가지고 있던 바둑돌은 $0+6-2=4$(개)입니다.

STEP ④ 두 사람이 처음에 같은 개수로 바둑돌을 나누어 가졌으므로 재희가 처음에 가지고 있던 바둑돌도 4개입니다.

01 영아와 준기가 가진 초콜릿의 개수의 차는 $50-38=12$(개)이므로 준기가 영아에게 초콜릿 6개를 주면 영아와 준기가 가지고 있는 초콜릿이 44개로 같아집니다.

02 표를 만든 다음 거꾸로 생각해 봅니다.

예원	은비
28개	10개
18개	20개
19개	19개

예원이가 은비에게 은비가 가지고 있는 개수만큼 사탕을 주었음
은비가 예원이에게 사탕 1개를 주었음
은비가 가지고 있는 사탕의 절반을 예원이에게 돌려줌
예원이가 은비에게 사탕 1개를 돌려줌

따라서 예원이가 처음에 가지고 있던 사탕은 28개입니다.

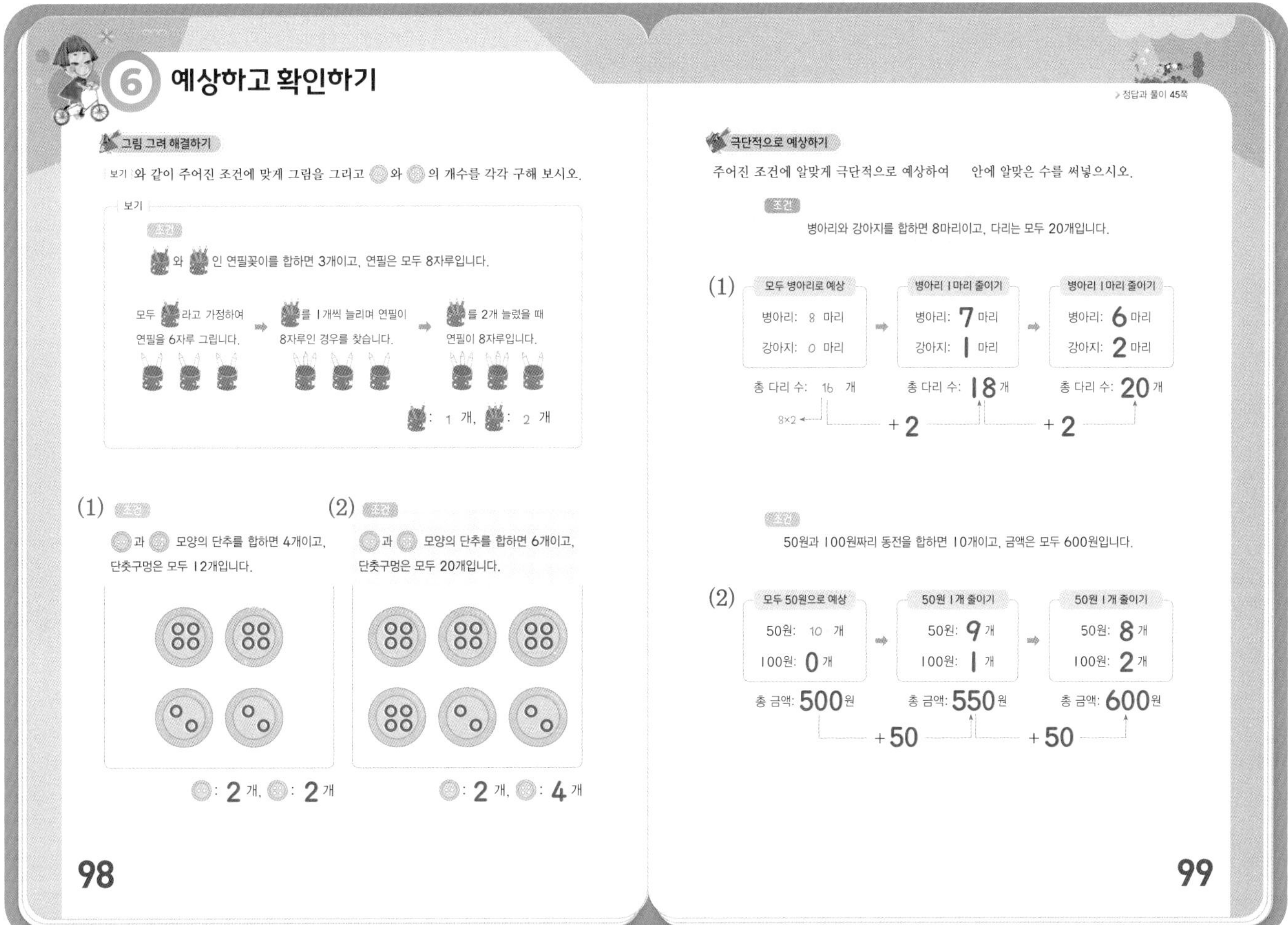

그림 그려 해결하기

(1) 모두 단춧구멍이 2개라고 가정하여 그림으로 나타내어 봅니다. 단춧구멍이 4개인 단추를 1개씩 늘려가며 단춧구멍이 모두 12개일 때를 찾아보면 (단추) 은 2개, (단추) 은 2개입니다.

(2) 모두 단춧구멍이 2개라고 가정하여 그림으로 나타내어 봅니다. 단춧구멍이 4개인 단추를 1개씩 늘려가며 단춧구멍이 모두 20개일 때를 찾아보면 (단추) 은 2개, (단추) 은 4개입니다.

극단적으로 예상하기

(1) 병아리는 다리가 2개, 강아지는 다리가 4개입니다.
모두 병아리로 예상하면 총 다리 수는 16개이고, 병아리를 1마리 줄이고, 강아지를 1마리 늘릴 때마다 다리 수가 2개씩 늘어납니다.

(2) 모두 50원으로 예상하면 총 금액은 500원이고, 50원을 1개 줄이고, 100원을 1개 늘릴 때마다 금액은 50원씩 늘어납니다.

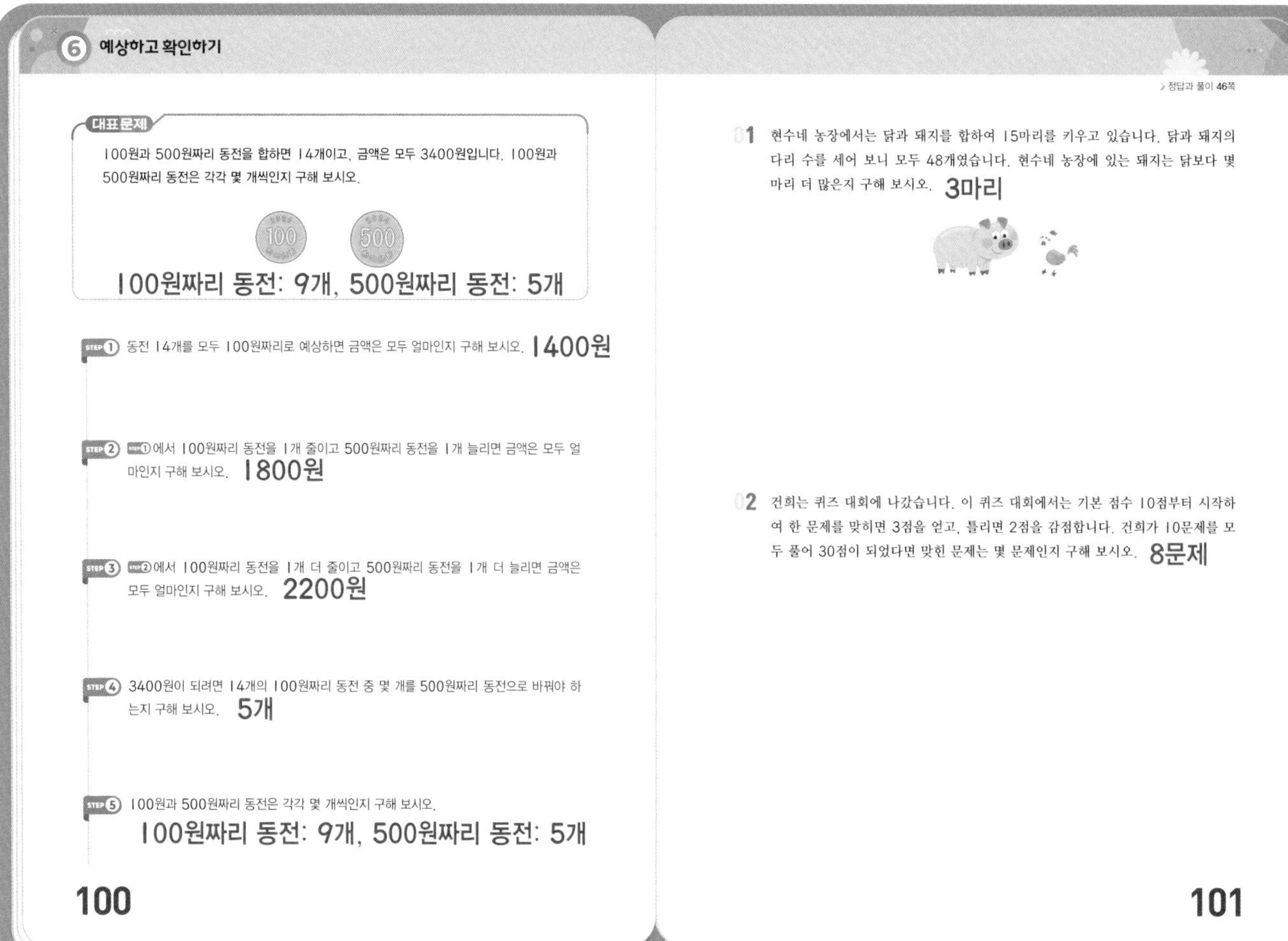
6 예상하고 확인하기

정답과 풀이 46쪽

대표문제

100원과 500원짜리 동전을 합하면 14개이고, 금액은 모두 3400원입니다. 100원과 500원짜리 동전은 각각 몇 개씩인지 구해 보시오.

100원짜리 동전: 9개, 500원짜리 동전: 5개

STEP① 동전 14개를 모두 100원짜리로 예상하면 금액은 모두 얼마인지 구해 보시오. 1400원

STEP② STEP①에서 100원짜리 동전을 1개 줄이고 500원짜리 동전을 1개 늘리면 금액은 모두 얼마인지 구해 보시오. 1800원

STEP③ STEP②에서 100원짜리 동전을 1개 더 줄이고 500원짜리 동전을 1개 더 늘리면 금액은 모두 얼마인지 구해 보시오. 2200원

STEP④ 3400원이 되려면 14개의 100원짜리 동전 중 몇 개를 500원짜리 동전으로 바꿔야 하는지 구해 보시오. 5개

STEP⑤ 100원과 500원짜리 동전은 각각 몇 개씩인지 구해 보시오.

100원짜리 동전: 9개, 500원짜리 동전: 5개

100

01 현수네 농장에서는 닭과 돼지를 합하여 15마리를 키우고 있습니다. 닭과 돼지의 다리 수를 세어 보니 모두 48개였습니다. 현수네 농장에 있는 돼지는 닭보다 몇 마리 더 많은지 구해 보시오. 3마리

02 건희는 퀴즈 대회에 나갔습니다. 이 퀴즈 대회에서는 기본 점수 10점부터 시작하여 한 문제를 맞히면 3점을 얻고, 틀리면 2점을 감점합니다. 건희가 10문제를 모두 풀어 30점이 되었다면 맞힌 문제는 몇 문제인지 구해 보시오. 8문제

101

대표문제

STEP① $100\times 14=1400$(원)

STEP② 100원짜리 동전 1개를 500원짜리 동전 1개로 바꾸면 늘어나는 돈은 $500-100=400$(원)입니다.
따라서 100원을 1개 줄이고 500원을 1개 늘리면 금액은 1800원이 됩니다.

STEP③ 100원을 1개 더 줄이고 500원을 1개 더 늘리면 금액은 $1800+400=2200$(원)이 됩니다.

STEP④ 금액의 합이 3400원이므로 모두 100원짜리 동전이라고 가정할 때보다 $3400-1400=2000$(원) 늘어나야 합니다. 500원이 1개씩 늘어날 때마다 400원이 늘어나므로 500원짜리 동전은 $2000\div 400=5$(개)입니다.

STEP⑤ 100원짜리 동전은 $14-5=9$(개), 500원짜리 동전은 5개입니다.

01 15마리를 모두 닭이라고 가정하면 다리 수는 $15\times 2=30$(개)입니다.
현수네 농장에 있는 동물의 다리 수는 모두 48개이므로 모두 닭이라고 가정할 때보다 $48-30=18$(개) 더 많아져야 합니다.
만약 닭 1마리를 돼지 1마리로 바꾸면 다리 수는 $4-2=2$(개)씩 늘어납니다.
현수네 농장에 있는 돼지의 수는 $18\div 2=9$(마리)이고, 닭의 수는 $15-9=6$(마리)입니다.
따라서 돼지가 닭보다 $9-6=3$(마리) 더 많습니다.

02 건희가 10문제를 모두 맞혔다고 가정하면 $10+10\times 3=40$(점)이 됩니다.
건희가 9문제를 맞히고, 1문제를 틀렸다고 가정하면 건희가 얻은 점수는 $10+27-2=35$(점)이 됩니다.
즉, 건희가 한 문제씩 틀렸다고 가정할 때마다 줄어드는 점수는 5점입니다.
건희의 점수는 30점이므로 모두 맞혔을 때보다 $40-30=10$(점)이 줄어들어야 합니다.
한 문제를 틀릴 때마다 줄어드는 점수가 5점이므로 건희가 틀린 문제는 $10\div 5=2$(문제)이고, 맞힌 문제는 $10-2=8$(문제)입니다.

정답과 풀이 47쪽

01 주희는 정우보다 연필이 5자루 더 많고, 다래는 정우보다 연필이 3자루 더 적습니다. 세 사람이 가지고 있는 연필을 합하면 23자루입니다. 세 사람이 연필을 각각 몇 자루씩 가지고 있는지 구해 보시오.

주희: 12자루, 다래: 4자루, 정우: 7자루

02 ㉮와 ㉯ 두 통에 사탕이 들어 있었습니다. 이 사탕을 다음과 같이 차례로 옮겼더니 두 통에 들어 있는 사탕이 각각 20개가 되었습니다. 처음에 ㉮와 ㉯ 통에 들어 있던 사탕은 각각 몇 개인지 구해 보시오. ㉮: 25개, ㉯: 15개

1단계: ㉯에 들어 있던 사탕의 개수만큼 ㉮에서 ㉯로 옮깁니다.
2단계: ㉮에 들어 있던 사탕의 개수만큼 ㉯에서 ㉮로 사탕을 옮깁니다.

102

03 병아리 1마리는 ㉮에서 ㉯로, 병아리 3마리는 ㉯에서 ㉮로 움직였습니다. 병아리들이 움직인 후 ㉮와 ㉯에는 각각 10마리의 병아리가 있을 때, 처음 ㉮와 ㉯에 있던 병아리는 각각 몇 마리인지 구해 보시오. ㉮: 8마리, ㉯: 12마리

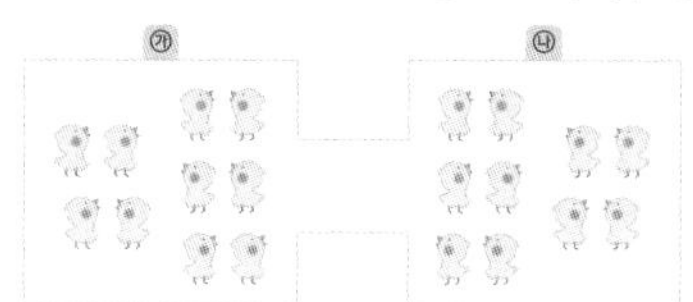

04 윤서네 반에서 수학 시간에 10문제의 시험을 보았습니다. 한 문제를 맞힐 때마다 5점을 얻고, 틀리면 2점을 잃습니다. 윤서가 10문제를 모두 풀어서 29점을 받았다면 윤서가 맞힌 문제는 몇 문제인지 구해 보시오. 7문제

103

01 그림으로 나타내면 다음과 같습니다.

정우 □
주희 □ + 5자루
다래 □ − 3자루

□ 3칸이 연필 $23-5+3=21$(자루)를 나타내므로
□ 1칸은 $21\div3=7$(자루)를 나타냅니다.
따라서 정우는 7자루, 주희는 $7+5=12$(자루),
다래는 $7-3=4$(자루)의 연필을 가지고 있습니다.

02 표를 만든 다음 거꾸로 생각해 봅니다

	㉮	㉯
처음	25개	15개
1단계 후	10개	30개
2단계 후	20개	20개

㉯의 개수가 2배가 되도록 ㉮에서 ㉯로 옮김
㉮의 개수가 2배가 되도록 ㉯에서 ㉮로 옮김
㉯의 절반을 ㉮에게 돌려줌
㉮의 절반을 ㉯에게 돌려줌

따라서 처음에 ㉮ 통에 들어 있던 사탕은 25개, ㉯ 통에 들어 있던 사탕은 15개입니다.

03 병아리 1마리가 ㉮에서 ㉯로 움직였으므로 ㉮는 1마리가 줄었고, ㉯는 1마리가 늘었습니다.
또한, 병아리 3마리가 ㉯에서 ㉮로 움직였으므로 ㉯는 3마리가 줄었고, ㉮는 3마리가 늘었습니다.
병아리가 모두 움직인 후, ㉮는 2마리가 늘었고, ㉯는 2마리가 줄어서 각각 10마리의 병아리가 되었습니다.
따라서 처음 ㉮에 있던 병아리는 8마리, ㉯에 있던 병아리는 12마리입니다.

04 윤서가 10문제를 모두 맞혔다고 가정하면, 윤서의 수학 점수는 $5\times10=50$(점)입니다.
윤서가 받은 점수는 29점이므로 모두 맞혔을 때보다
$50-29=21$(점) 더 줄어야 합니다.
만약 1문제 맞힌 것을 1문제 틀린 것으로 바꾸면 점수는
$5+2=7$(점)씩 줄어듭니다.
윤서가 틀린 문제는 $21\div7=3$(문제)이고,
맞힌 문제는 $10-3=7$(문제)입니다.

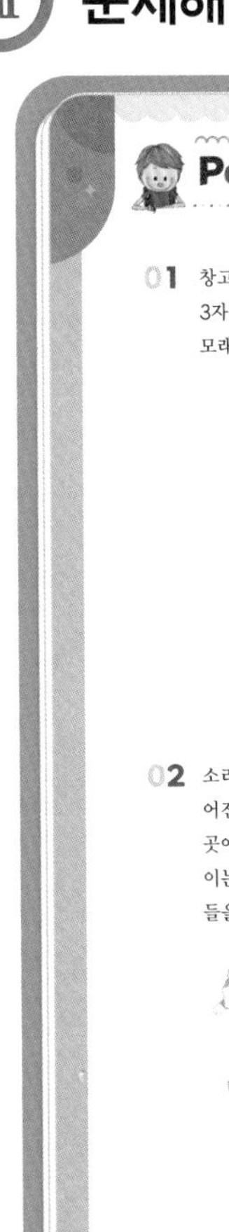

Perfect 경시대회

정답과 풀이 48쪽

01 창고 ㉮에는 모래가 55자루, 창고 ㉯에는 모래가 5자루 있습니다. 하루에 모래 3자루를 창고 ㉮에서 ㉯로 옮길 때 창고 ㉮에 있는 모래의 양이 창고 ㉯에 있는 모래의 양의 2배가 되는 것은 옮기기 시작한 지 며칠째 되는 날인지 구해 보시오. 5일째

02 소리를 듣는 능력을 청력이라고 합니다. 청력이 2배 더 좋으면 4배 더 멀리 떨어진 곳에서 난 소리를 들을 수 있고, 청력이 3배 더 좋으면 6배 더 멀리 떨어진 곳에서 난 소리를 들을 수 있습니다. 개는 고양이보다 청력이 2배 더 좋고, 고양이는 사람보다 청력이 3배 더 좋다고 합니다. 다음 모눈종이에 고양이와 사람이 들을 수 있는 거리를 나타내어 보시오.

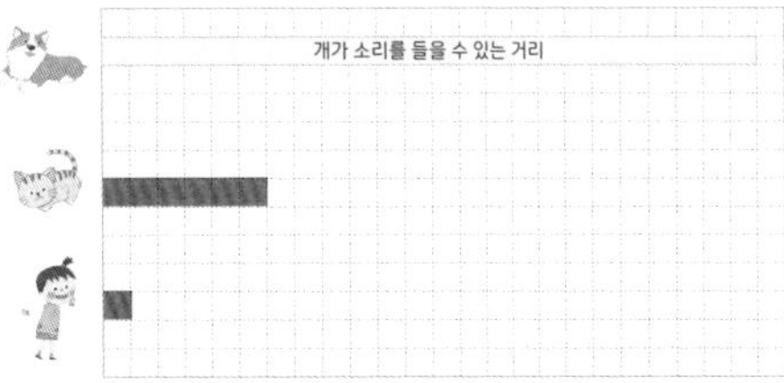

03 어제 현우는 하영이보다 인형을 2개 더 많이 가지고 있었고, 하영이는 준수보다 8개 더 많이 가지고 있었습니다. 오늘 현우가 가지고 있던 인형 중 몇 개를 준수에게 주었더니 현우와 준수가 가지고 있던 인형의 수가 같아졌습니다. 오늘 하영이는 준수보다 인형을 몇 개 더 많이 가지고 있는지 구해 보시오. 3개

04 민기와 지우 두 사람이 계단에서 가위바위보를 하여 이기는 사람은 계단 3개를 올라가고, 지는 사람은 계단 1개를 내려가기로 했습니다. 두 사람이 같은 곳에서 시작하여 민기가 4번 이기고 1번 졌다면 가위바위보를 끝낸 후, 민기와 지우는 계단 몇 개만큼 떨어져 있는지 구해 보시오. 12개

01 창고 ㉮에서 창고 ㉯로 모래 3자루를 옮기면, 창고 ㉮에서 하루 동안 모래가 3자루씩 줄어들고, 창고 ㉯에서는 모래가 3자루씩 늘어납니다. 이것을 표로 나타내어 구합니다.

	처음	1일째	2일째	3일째	4일째	5일 째
창고 ㉮	55	52	49	46	43	40
창고 ㉯	5	8	11	14	17	20

따라서 옮기기 시작한 지 5일째 되었을 때 창고 ㉮에 있는 모래의 양이 창고 ㉯에 있는 모래의 2배가 됩니다.

02 청력이 □배 좋을수록 (□×2)배 멀리 떨어진 소리를 들을 수 있습니다.
개가 고양이보다 청력이 2배 좋으므로 4배 멀리 떨어진 소리를 들을 수 있습니다. 모눈종이에서 개가 들을 수 있는 거리는 24칸입니다.
고양이가 들을 수 있는 거리를 □칸이라고 하면 □×4=24(칸)이므로 □=6입니다.
고양이는 사람보다 청력이 3배 좋으므로 6배 더 멀리 떨어진 소리를 들을 수 있습니다.
사람이 들을 수 있는 거리를 ★칸이라고 하면 ★×6=6(칸)이므로 ★=1입니다.

03 준수가 처음 가지고 있던 인형의 수를 □라 할 때 세 아이가 가진 인형의 개수는 다음과 같습니다.

	준수	하영	현우
어제	□	□+8	□+10
오늘	□+5	□+8	□+5

오늘 하영이는 인형을 (□+8)개 가지고 있고 준수는 (□+5)개 가지고 있으므로 하영이는 준수보다 인형을 3개 더 많이 가지고 있습니다.

04 민기가 4번 이기고 1번 졌으므로 가위바위보를 모두 5번 했습니다.
민기가 5회째 졌다고 가정하면 이기는 사람은 3계단 올라가고, 지는 사람은 1계단 내려가므로 다음 표와 같습니다.

	1회	2회	3회	4회	5회	합계
민기	3개↑	3개↑	3개↑	3개↑	1개↓	11개↑
지우	1개↓	1개↓	1개↓	1개↓	3개↑	1개↓

따라서 민기가 계단 11개를 올라갔고, 지우는 계단 1개를 내려갔으므로 민기와 지우는 계단 12개만큼 떨어져 있습니다.

> 정답과 풀이 49쪽

01 슬기네 집에서는 4월 한 달 동안 매일 아침마다 우유를 한 개씩 배달시켜서 마셨습니다. 한 개에 450원 하던 우윳값이 중간에 500원으로 올라 4월의 우윳값으로 14000원을 냈습니다. 우윳값이 오른 날은 4월 며칠부터인지 구해 보시오.

4월 21일

02 민지의 할머니가 공원에서 두 아이를 데리고 있는 엄마에게 아이들의 나이를 물었더니 아이의 엄마는 다음과 같이 대답하였습니다. 두 아이의 나이는 각각 몇 살인지 구해 보시오. **첫째: 9살, 둘째: 7살**

두 아이의 나이를 곱하면 63이고, 첫째 아이의 나이에서 1을 빼어 둘째 아이에게 주면 두 아이의 나이가 같아집니다.

106

03 다음과 같은 22 cm 길이의 상자 가운데에 풍뎅이를 넣으면 풍뎅이는 오른쪽, 왼쪽, 오른쪽, 왼쪽…으로 번갈아 가며 움직이고, 한 번에 가는 거리는 1 cm, 2 cm, 4 cm…와 같이 2배씩 늘어난다고 합니다. 물음에 답해 보시오.

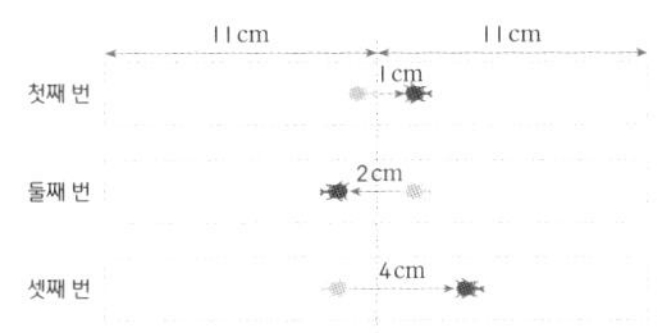

(1) 풍뎅이의 다음 움직임을 추측하여 넷째 번 그림을 완성해 보시오. 또, 풍뎅이는 어느 쪽 벽에 가까이 있고, 상자 가운데에서 몇 cm 떨어진 곳에 있는지 구해 보시오.

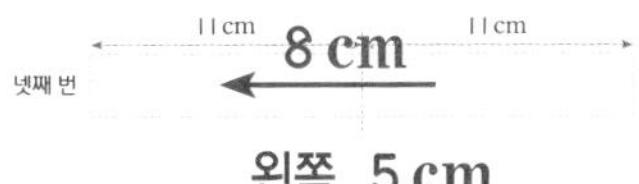

왼쪽, 5 cm

(2) 풍뎅이는 몇째 번 그림에서 한쪽 끝에 도착합니까? 또, 풍뎅이는 오른쪽과 왼쪽 벽 중에서 어느 쪽 끝에 도착합니까? **다섯째 번, 오른쪽**

107

01 4월 한 달은 30일입니다.
우윳값이 오르지 않았을 경우 4월의 우윳값은
$450 \times 30 = 13500$(원)입니다.
오른 우윳값이 500원이므로 우유는 $500 - 450 = 50$(원) 올랐습니다.
$14000 - 13500 = 500$(원) 차이가 나므로 우윳값이 오른 날 수는 $500 \div 50 = 10$(일)입니다.
따라서 4월 21일부터 우윳값이 올랐습니다.

02 두 아이의 나이를 곱하면 63이므로, 곱해서 63이 되는 경우는 1×63, 3×21, 7×9의 3가지가 있습니다.
첫째 아이의 나이에서 1을 빼어 둘째에게 주면 나이가 같아지므로 두 아이는 2살 차이입니다.
따라서 첫째는 9살, 둘째는 7살입니다.

02 (1) 풍뎅이는 왼쪽으로 $4 \times 2 = 8$(cm)만큼 갑니다.
또, 풍뎅이는 왼쪽 벽과 가깝고 가운데에서 왼쪽으로 5 cm 떨어진 곳에 있습니다.

(2) 다섯째 번 그림에서 풍뎅이는 오른쪽으로. $8 \times 2 = 16$(cm)만큼 가게 되므로 오른쪽 벽에 도착하게 됩니다.

TIP 풍뎅이가 움직인 것은 다음과 같습니다.

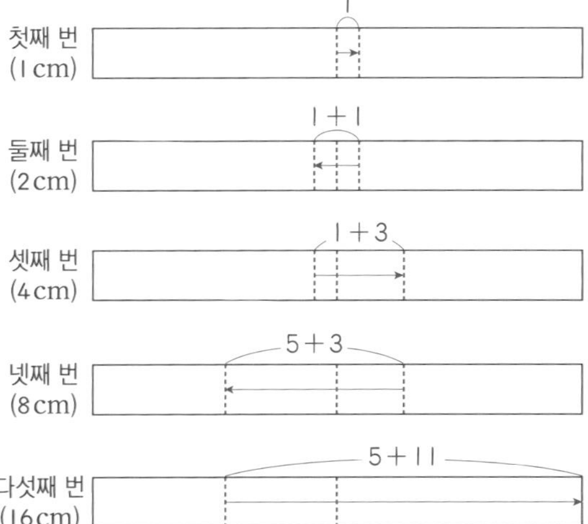

형성평가 규칙 영역

1 규칙에 따라 도형을 늘어놓을 때, 18째 번에 올 그림을 찾아 기호를 써 보시오. ㉯

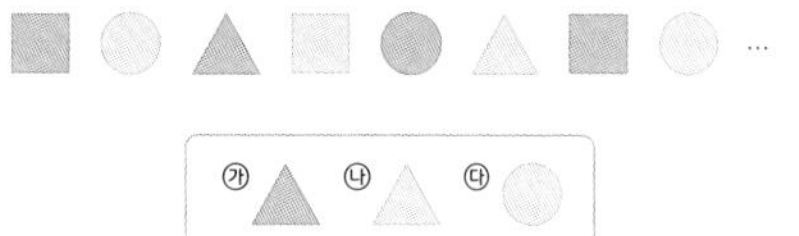

2 규칙을 찾아 빈칸에 알맞은 수를 써넣으시오.

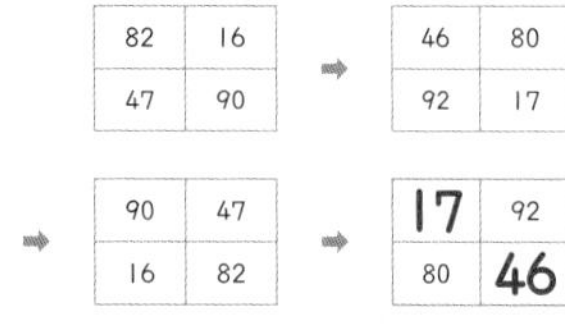

2

3 다음 수 배열표에서 규칙을 찾아 6행 4열의 수를 구해 보시오. 33

	1열	2열	3열	4열	…
1행	1	2	5	10	…
2행	4	3	6	11	…
3행	9	8	7	12	…
4행	16	15	14	13	…
⋮	⋮	⋮	⋮	⋮	⋱

4 그림과 같이 규칙에 따라 바둑돌을 8째 번까지 늘어놓을 때, 흰색 바둑돌과 검은색 바둑돌 중 무슨 색 바둑돌이 몇 개 더 많은지 구해 보시오.

흰색 바둑돌, 4개

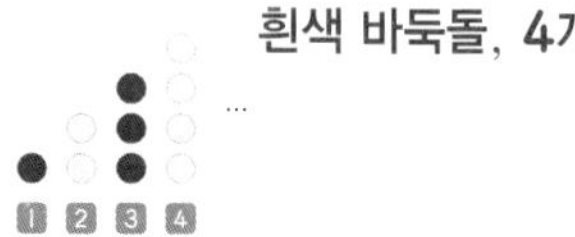

3

01 모양은 '□, ○, △'가 반복되고, 색깔은 '청록색, 노란색'이 반복됩니다.
18÷3의 나머지가 0이고, 18÷2의 나머지가 0이므로 18째 번에 올 그림은 ㉯입니다.

02 십의 자리 숫자는 시계 방향으로 1칸씩 이동합니다.
일의 자리 숫자는 시계 반대 방향으로 1칸씩 이동합니다.

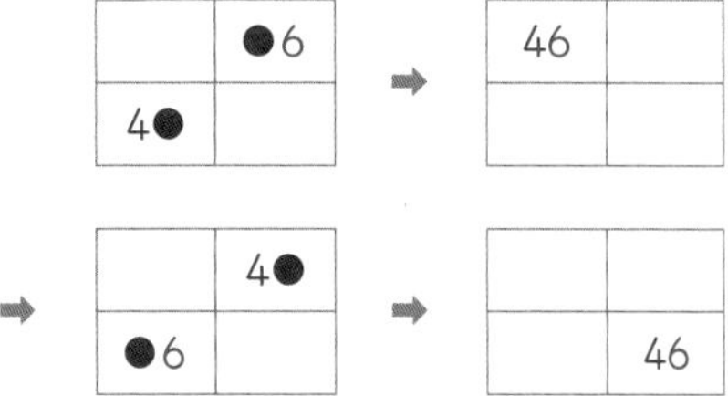

03 1열에 있는 수는 1, 4, 9, 16…으로 1부터 시작하여 3, 5, 7…로 늘어나는 수가 2씩 커집니다.
따라서 5행 1열은 25, 6행 1열은 36이고 6행은 오른쪽으로 갈수록 1씩 작아지므로 6행 4열은 33입니다.

	1열	2열	3열	4열	…
1행	1	2	5	10	…
2행	4	3	6	11	…
3행	9	8	7	12	…
4행	16	15	14	13	…
⋮	⋮	⋮	⋮	⋮	⋱

04 1째 번부터 8째 번까지 바둑돌을 늘어놓을 때, 홀수째 번은 검은색 바둑돌, 짝수째 번은 흰색 바둑돌이 놓여져 있습니다.
1~2째 번 바둑돌: 흰색 바둑돌이 1개 더 많음
3~4째 번 바둑돌: 흰색 바둑돌이 1개 더 많음
5~6째 번 바둑돌: 흰색 바둑돌이 1개 더 많음
7~8째 번 바둑돌: 흰색 바둑돌이 1개 더 많음
따라서 흰색 바둑돌이 4개 더 많습니다.

형성평가 규칙 영역

05 규칙에 따라 모양을 그리고 있습니다. 13째 번에는 어떤 모양을 몇 개 그려야 하는지 구해 보시오. ● 모양, 13개

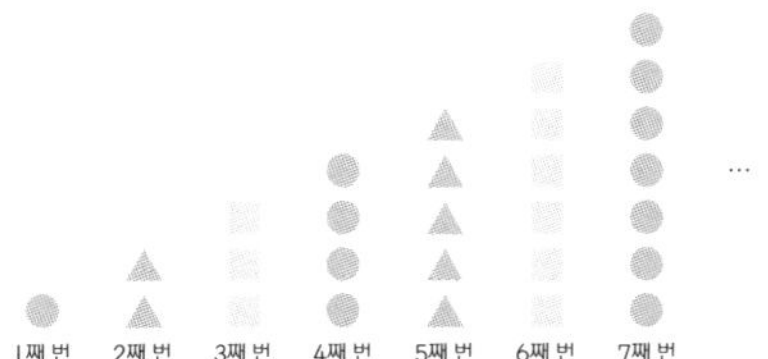

06 규칙을 찾아 빈칸에 알맞은 수를 써넣으시오.

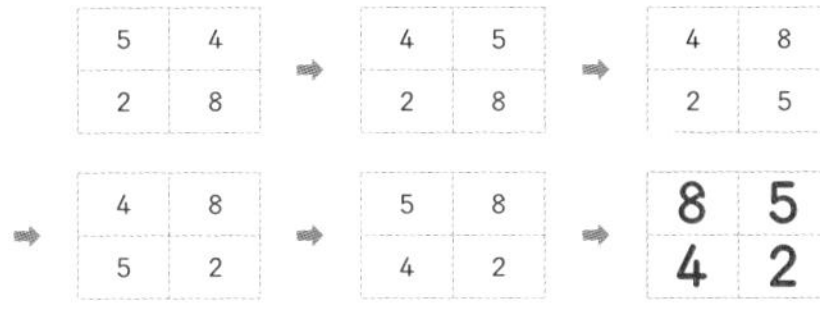

5	4
2	8

➡

4	5
2	8

➡

4	8
2	5

➡

4	8
5	2

➡

5	8
4	2

➡

8	5
4	2

4

07 그림과 같이 규칙에 따라 바둑돌을 늘어놓을 때, 16째 번에 놓일 바둑돌의 개수를 구해 보시오. 46개

08 직사각형 모양의 종이를 6등분으로 계속 잘라 규칙적으로 작은 직사각형을 만들고 있습니다. 5째 번에서 만들어지는 작은 직사각형의 수를 구해 보시오. 1296개

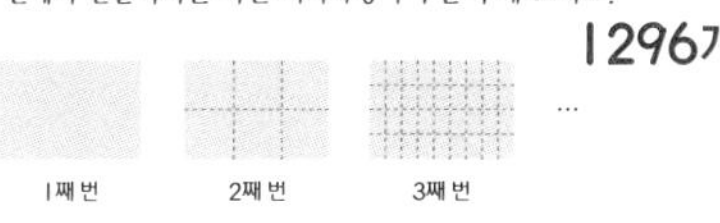

5

05 '●, ▲, ■'로 3개의 모양이 반복되고, 개수는 1개씩 늘어나는 규칙입니다.
따라서 13째 번은 ● 모양을 13개 그려야 합니다.

06 1째 번 그림과 2째 번 그림에서 색칠된 부분의 숫자가 서로 바뀝니다.

①

5	4
2	8

➡ ②

4	5
2	8

2째 번 그림과 3째 번 그림에서 색칠된 부분의 숫자가 서로 바뀝니다.

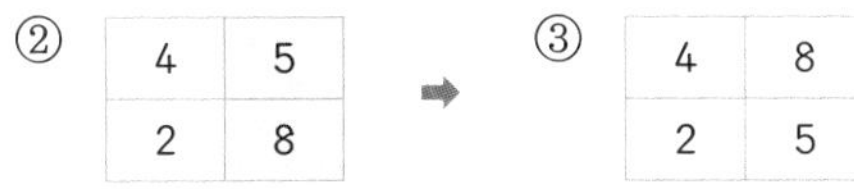

②

4	5
2	8

➡ ③

4	8
2	5

따라서 숫자가 바뀌는 부분이 시계 방향으로 한 칸씩 움직이는 규칙입니다.

07 바둑돌의 수가 3개 많아지는 규칙입니다.
1째 번 바둑돌의 수는 1개입니다.
2째 번 바둑돌의 수는 $1+3=4$(개)입니다.
3째 번 바둑돌의 수는 $1+3+3=7$(개)입니다.
4째 번 바둑돌의 수는 $1+3+3+3=10$(개)입니다.
⋮
16째 번 바둑돌의 수는 $1+\underbrace{3+\cdots+3}_{15번}=46$(개)입니다.

08 종이에서 만들어지는 직사각형의 수를 나열하면 1, 6, 36⋯이므로 1부터 시작하여 6씩 곱해지는 규칙입니다.
따라서 5째 번 종이에서 만들어지는 작은 직사각형의 수는 $6\times6\times6\times6=1296$(개)입니다.

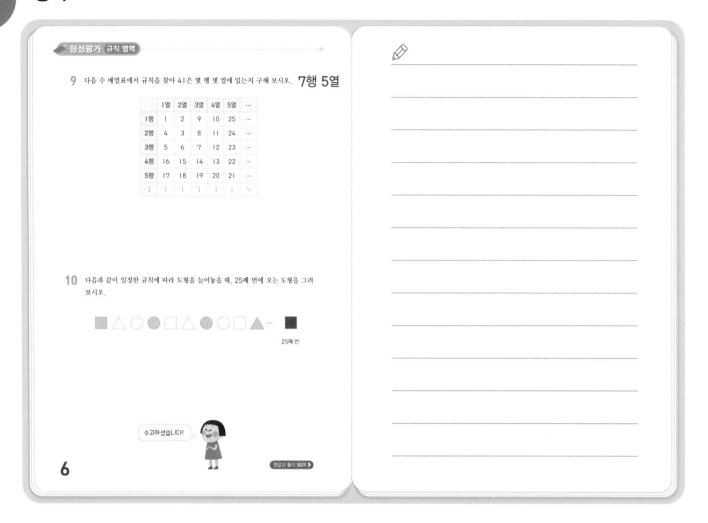

형성평가 규칙 영역

09 다음 수 배열표에서 규칙을 찾아 41은 몇 행 몇 열에 있는지 구해 보시오. 7행 5열

	1열	2열	3열	4열	5열	…
1행	1	2	9	10	25	…
2행	4	3	8	11	24	…
3행	5	6	7	12	23	…
4행	16	15	14	13	22	…
5행	17	18	19	20	21	…
⋮	⋮	⋮	⋮	⋮	⋮	⋱

10 다음과 같이 일정한 규칙에 따라 도형을 늘어놓을 때, 25째 번에 오는 도형을 그려 보시오.

25째 번

수고하셨습니다!

6

정답과 풀이 50쪽

09 1행 1열부터 대각선 방향의 수들을 써 보면
1, 3, 7, 13…으로 1부터 시작하여 2, 4, 6…으로
늘어나는 수가 2씩 커집니다.
따라서 7행 7열의 수는 $21+10+12=43$이므로
41은 7행 5열에 있습니다.

	1열	2열	3열	4열	5열	…
1행	1	2	9	10	25	…
2행	4	3	8	11	24	…
3행	5	6	7	12	23	…
4행	16	15	14	13	22	…
5행	17	18	19	20	21	…
⋮	⋮	⋮	⋮	⋮	⋮	⋱

10 모양은 '□, △, ○, ○'가 반복되고,
색깔은 '파란색, 흰색, 흰색'이 반복됩니다.
$25\div4$의 나머지는 1이고, $25\div3$의 나머지는 1이므로
25째 번에 오는 도형의 모양은 □이고, 색깔은 파란색입니다.

형성평가 기하 영역

01 주어진 모양을 돌리거나 뒤집었을 때 같은 모양이 되는 것을 찾아 번호를 써 보시오. ③

① ② ③ ④

02 다음 직사각형을 조건에 맞게 사각형으로 나누어 보시오.

조건
· 주어진 수는 사각형을 이루는 칸의 개수입니다.

3	4
1 4 2	
2 3 4 3	
6	

8

03 정사각형 4개를 붙여 만든 도형을 테트로미노라고 합니다. 다음 모양을 서로 다른 테트로미노 5조각으로 나누어 보시오.

테트로미노 조각

04 다음 모양을 크고 작은 정사각형 6개로 나누어 보시오.

9

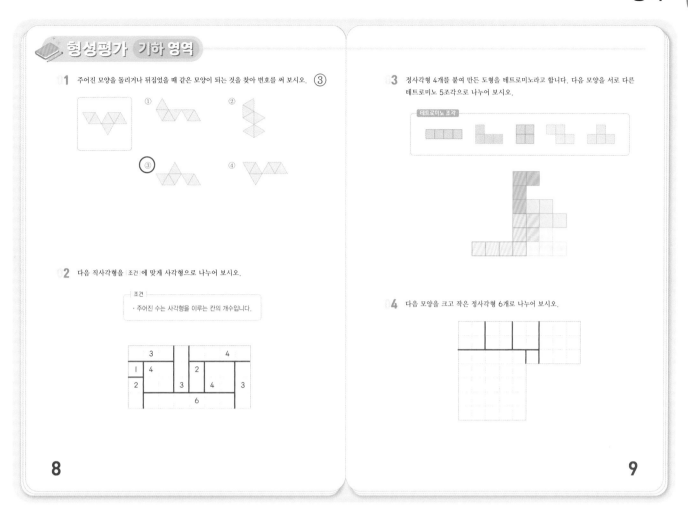

01 모양은 모양을 시계 방향으로 반 바퀴 돌린 모양입니다.

02 가장 큰 수를 포함하는 사각형을 먼저 그려 봅니다.

03 가장자리에 놓을 수 있는 조각을 먼저 생각합니다.

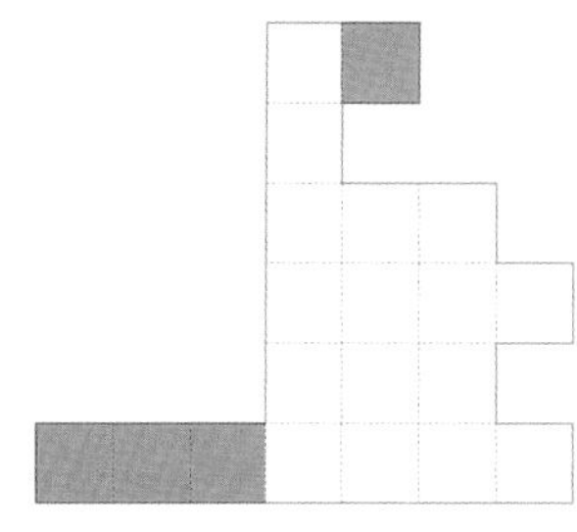

나머지 부분에 다른 조각을 놓아 보며 주어진 모양을 채워 봅니다.

04 가능한 크기가 큰 정사각형을 그려 나누어 보면, 정사각형 모양의 조각을 6개로 나눌 수 있습니다.

형성평가 기하 영역

05 주어진 모양을 남는 칸이 없게 하여 보기 의 펜토미노 조각 3개로 나누어 보시오.

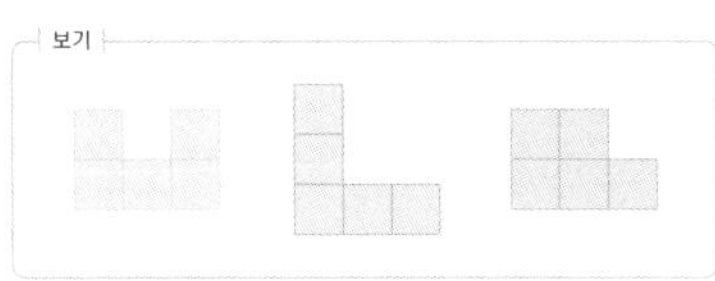

예시답안

06 성냥개비 12개로 다음과 같은 모양을 만들었습니다. 성냥개비를 3개 옮겨서 크고 작은 정삼각형 4개를 만들어 보시오.

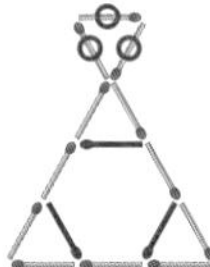

07 변의 길이가 같은 정사각형 2개와 정삼각형 1개를 이어 붙여 만들 수 있는 서로 다른 모양은 모두 몇 가지인지 구해 보시오. (단, 돌리거나 뒤집었을 때 겹쳐지는 모양은 한 가지로 봅니다.) 3가지

08 다음 모양을 크기와 모양이 같게 선을 따라 2조각으로 나누는 방법은 모두 몇 가지인지 구해 보시오. (단, 돌리거나 뒤집었을 때 겹쳐지는 방법은 한 가지로 봅니다.)

6가지

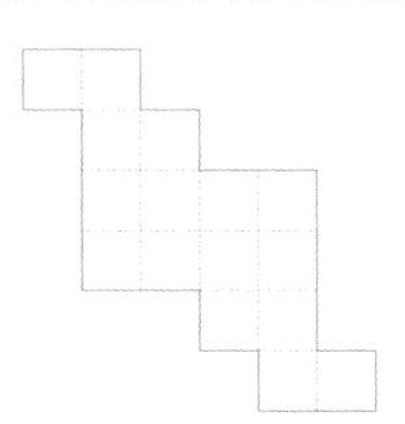

05 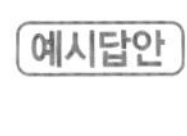 조각부터 위치를 생각해 봅니다.

예시답안 

06

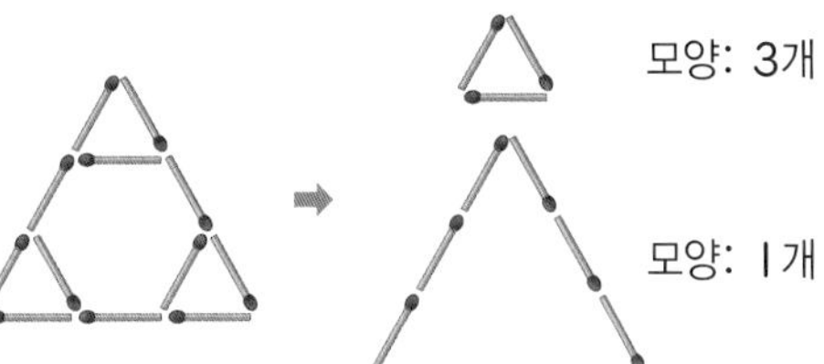

07 정사각형 1개와 정삼각형 1개를 붙여 만들 수 있는 모양은 다음과 같습니다.

이 모양에 정사각형 1개를 붙여 만들 수 있는 모양을 찾아보면 다음과 같습니다.

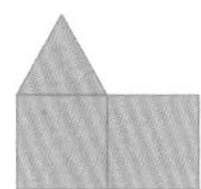  

08 16조각이므로 8조각씩 나눠야 합니다.
한가운데 점을 기준으로 하여 반대 방향으로 한 칸씩 선을 그어 크기와 모양이 같게 2조각으로 나눕니다.

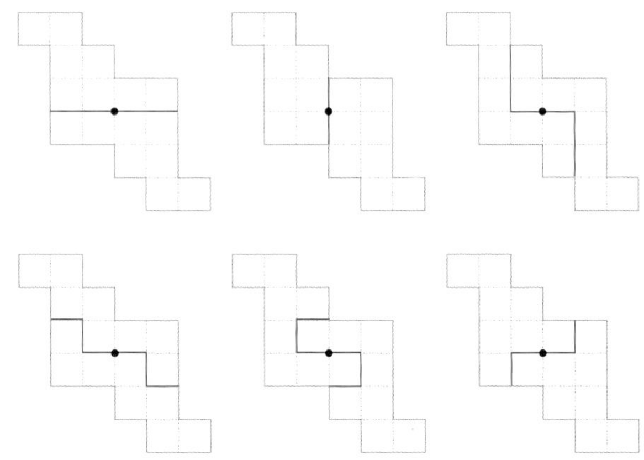

형성평가 기하 영역

09 성냥개비 12개로 만든 모양입니다. 성냥개비 4개를 옮겨서 크기가 같은 정사각형이 3개가 되도록 만들어 보시오.

예시답안

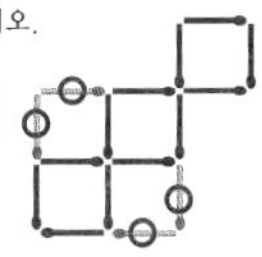

10 다음과 같이 정사각형 2개와 직각삼각형 1개가 있습니다. 이 도형들을 길이가 같은 변끼리 이어 붙여 만들 수 있는 변이 6개인 모양을 만들어 보시오. (단, 돌리거나 뒤집었을 때 겹쳐지는 모양은 한 가지로 봅니다.)

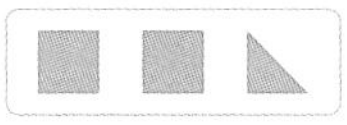

예시답안

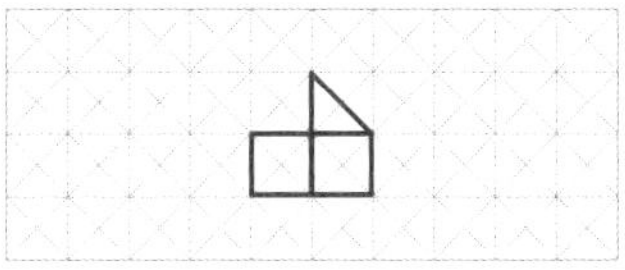

수고하셨습니다!

정답과 풀이 53쪽

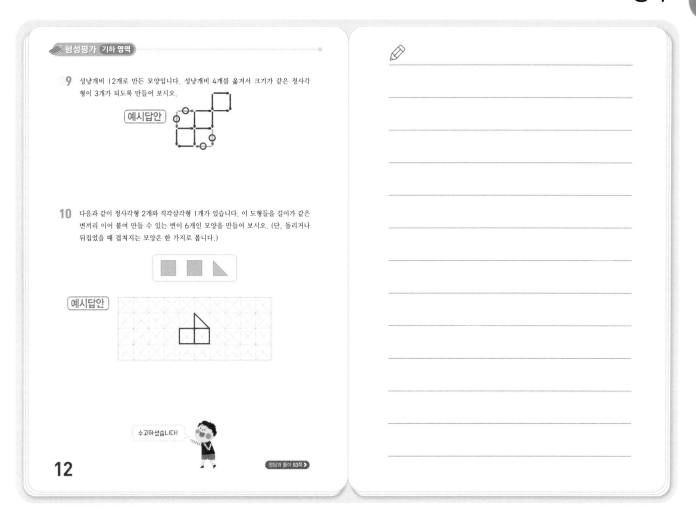

09 성냥개비 12개를 모두 사용하여 크기가 같은 정사각형 3개를 만들려면 겹치는 변이 하나도 없어야 합니다.

예시답안

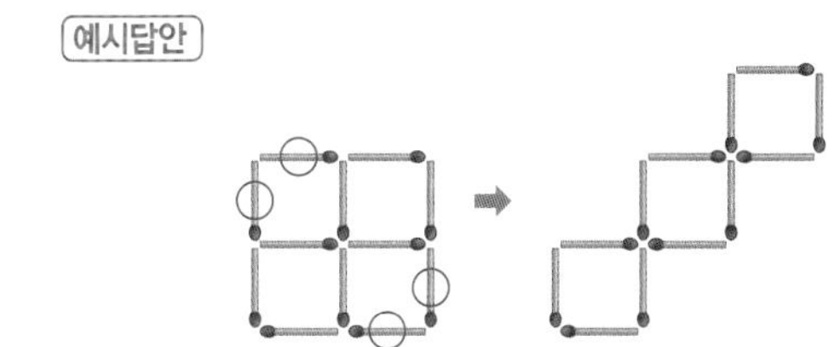

10 정사각형 1개와 직각삼각형 1개를 붙인 모양에 남은 1개의 정사각형을 붙여서 변이 6개인 모양을 만들어 봅니다.

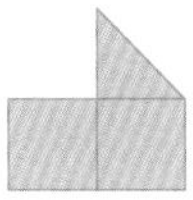

TIP 아래 모양은 변의 개수가 6개가 아닙니다.

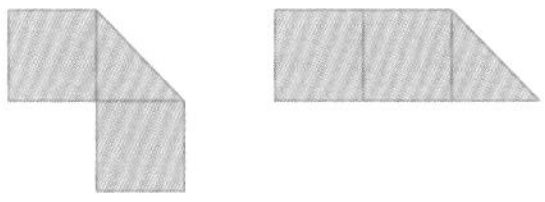

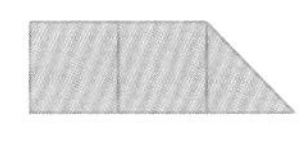

형성평가 문제해결력 영역

01 쿠키가 몇 개 있습니다. 이 쿠키는 9개씩 들어가는 상자 ●개에 남김없이 가득 담을 수 있습니다. 그런데 이 쿠키를 4개씩 들어가는 상자 ●개에 가득 담으면 75개가 남습니다. 쿠키는 몇 개 있는지 구해 보시오. (단, ●는 같은 수입니다.) 135개

02 길이가 70 m인 길 한쪽에 2 m 간격으로 의자를 설치하려고 합니다. 길의 처음과 끝에도 의자를 설치한다면 필요한 의자는 몇 개인지 구해 보시오. (단, 의자의 폭은 생각하지 않습니다.) 36개

03 1시간에 2배씩 수가 늘어나는 세균이 있습니다. 이 세균 1마리를 그릇에 넣고 뚜껑을 닫아 두었더니 정확히 12시간 후에 그릇 안이 세균으로 가득 찼습니다. 처음에 세균을 2마리 넣으면 세균으로 그릇이 가득 차는 데 걸리는 시간은 몇 시간인지 구해 보시오. 11시간

04 초콜릿 48개를 시우는 정민이의 2배, 은서는 정민이의 3배가 되도록 나누려고 합니다. 시우, 정민, 은서가 가지게 되는 초콜릿은 각각 몇 개씩인지 구해 보시오.
시우: 16개, 정민: 8개, 은서: 24개

01 9개씩 ● 상자 대신 4개씩 ● 상자에 담음
➡ (5 × ●)개 남음
└→ 9 − 4
➡ 쿠키가 75개 남음

따라서 5 × ● = 75이고, ● = 15입니다.
상자 15개에 담았으므로 쿠키는 9 × 15 = 135(개)입니다.

02 70 m 길이의 길에 2 m 간격으로 의자를 설치하면 간격의 수는 70 ÷ 2 = 35(개)입니다.
따라서 (의자의 수) = (간격의 수) + 1이므로 필요한 의자는 35 + 1 = 36(개)입니다.

03 세균 2마리가 그릇을 가득 채우려면 세균 1마리가 그릇을 절반씩 채우면 됩니다.
1시간에 2배씩 늘어나는 세균 1마리가 12시간 후에 그릇을 가득 채우므로 1시간 전에 그릇의 절반을 채우게 됩니다.
따라서 2마리의 세균이 그릇을 가득 채우는 데 걸리는 시간은 11시간입니다.

04 그림으로 나타내면 다음과 같습니다.

정민 □
시우 □□
은서 □□□

6칸이 초콜릿 48개를 나타내므로
1칸은 48 ÷ 6 = 8(개)입니다.
따라서 정민이는 8개, 시우는 8 × 2 = 16(개),
은서는 8 × 3 = 24(개)를 가지게 됩니다.

형성평가 문제해결력 영역

05 윤서는 태하에게 태하가 가지고 있는 사탕의 개수만큼 사탕을 주었습니다. 다시 태하가 윤서에게 사탕 1개를 주었더니 두 사람이 가진 사탕의 개수가 똑같이 7개가 되었습니다. 윤서가 처음에 가지고 있던 사탕은 몇 개인지 구해 보시오. 10개

06 100원과 500원짜리 동전의 개수를 합하면 10개이고, 금액은 모두 2200원입니다. 100원과 500원짜리 동전의 개수의 차를 구해 보시오. 4개

16

07 흰색 바둑돌 11개를 일렬로 놓았습니다. 흰색 바둑돌과 흰색 바둑돌 사이에 검은색 바둑돌을 3개씩 놓을 때, 놓은 바둑돌은 모두 몇 개인지 구해 보시오. 41개

08 세 수 ㉮, ㉯, ㉰가 있습니다. ㉯는 ㉮의 2배, ㉰는 ㉯의 2배이고, ㉮, ㉯, ㉰의 합은 49입니다. ㉮, ㉯, ㉰를 각각 구해 보시오.

㉮: 7, ㉯: 14, ㉰: 28

17

05 표를 만든 다음 거꾸로 생각해 봅니다.

	윤서	태하	
윤서가 태하에게 태하가 가지고 있는 개수만큼 사탕을 주었음	10개	4개	태하가 가지고 있는 사탕의 절반을 윤서에게 돌려줌
	6개	8개	
태하가 윤서에게 사탕 1개를 주었음	7개	7개	윤서가 태하에게 사탕 1개를 돌려줌

따라서 윤서가 처음에 가지고 있던 사탕은 10개입니다.

06 동전 10개를 모두 100원짜리 동전으로 예상하면 $100 \times 10 = 1000$(원)입니다.
100원짜리 동전 1개를 500원짜리 동전 1개로 바꾸면 늘어나는 돈은 $500 - 100 = 400$(원)입니다.
금액이 2200원이므로 모두 100원짜리 동전이라고 가정할 때보다 $2200 - 1000 = 1200$(원) 늘어나야 합니다.
500원이 1개씩 늘어날 때마다 400원이 늘어나므로 500원짜리 동전은 $1200 \div 400 = 3$(개)이고, 100원짜리 동전은 $10 - 3 = 7$(개)입니다.
➡ (두 동전의 개수의 차)$= 7 - 3 = 4$(개)

07 흰색 바둑돌 11개 사이의 간격은 10개입니다.
이 간격마다 검은색 바둑돌을 3개씩 놓으므로 검은색 바둑돌의 수는 $10 \times 3 = 30$(개)가 됩니다.
따라서 놓은 바둑돌의 수는 모두 $11 + 30 = 41$(개)입니다.

08 그림으로 나타내면 다음과 같습니다.

㉮ □
㉯ □□
㉰ □□□□

□ 7칸이 49이므로
□ 1칸은 $49 \div 7 = 7$입니다.
따라서 ㉮$=7$, ㉯$=7 \times 2 = 14$, ㉰$=7 \times 4 = 28$입니다.

형성평가 문제해결력 영역

09 민우, 다은, 예린이가 쿠키 몇 개를 나누어 먹었습니다. 민우가 먼저 전체의 절반을 먹었고, 이때 남은 쿠키의 절반을 다은이가 먹었습니다. 다은이가 먹고 남은 쿠키의 절반을 예린이가 먹었더니 남은 쿠키는 4개였습니다. 친구들이 먹기 전 쿠키는 몇 개였는지 구해 보시오. 32개

10 지후는 수학 시간에 10문제의 시험을 보았습니다. 한 문제를 맞히면 5점을 얻고, 틀리면 3점을 잃습니다. 지후가 10문제를 모두 풀어서 18점을 받았다면 지후가 맞힌 문제는 몇 문제인지 구해 보시오. 6문제

수고하셨습니다!

18

정답과 풀이 56쪽

09

4의 2배는 8, 8의 2배는 16, 16의 2배는 32이므로
친구들이 먹기 전 처음 쿠키의 개수는 32개입니다.

10 지후가 10문제를 모두 맞혔다고 가정하면,
지후의 수학 점수는 $5 \times 10 = 50$(점)입니다.
지후가 받은 점수는 18점이므로 모두 맞혔을 때보다
$50 - 18 = 32$(점) 더 줄어야 합니다.
만약 1문제 맞힌 것을 1문제 틀린 것으로 바꾸면 점수는
$5 + 3 = 8$(점)씩 줄어듭니다.
지후가 틀린 문제는 $32 \div 8 = 4$(문제)이고, 맞힌 문제는
$10 - 4 = 6$(문제)입니다.

총괄평가 1

Lv.3 기본 B

01 규칙에 따라 24째 번에 올 그림을 그려 보시오.

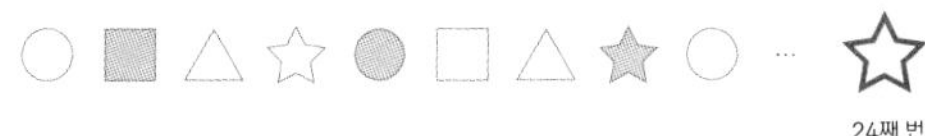

24째 번

02 규칙을 찾아 ☐ 안에 알맞은 수를 써넣으시오.

(1) 1, 1, 2, 3, 5, 8, 13, 21, 34, 55

(2) 1, 2, 2, 4, 3, 6, 4, 8, 5, 10

03 그림과 같이 흰색 바둑돌과 검은색 바둑돌을 1째 번부터 7째 번까지 늘어놓을 때, 흰색 바둑돌과 검은색 바둑돌 중 무슨 색 바둑돌이 몇 개 더 많은지 구해 보시오.

04 다음 정사각형을 조건에 맞게 사각형으로 나누어 보시오.

조건
• 주어진 수는 사각형을 이루는 칸의 개수입니다.

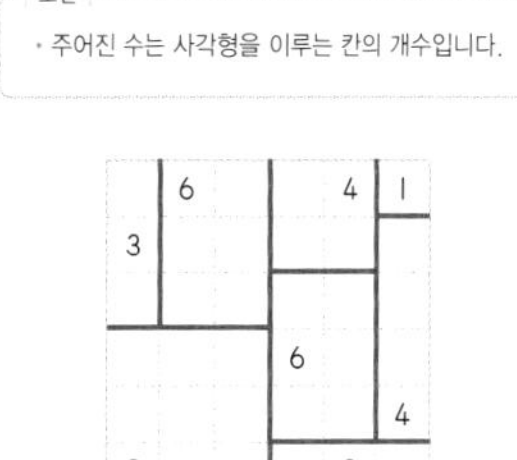

20 21

01 모양은 '○, □, △, ☆'이 반복되고,
색깔은 '흰색, 보라색, 흰색'이 반복됩니다.
24÷4의 나머지가 0이고, 24÷3의 나머지가 0이므로
24째 번에 올 그림은 ☆입니다.

02 (1) 바로 앞의 두 수의 합을 나열하는 규칙입니다.
➡ 21＋34＝55

(2) 홀수째 번은 1부터 시작하며 1씩 커지는 규칙이고,
짝수 째 번은 2부터 시작하여 2씩 커지는 규칙입니다.
➡ 8＋2＝10

03

순서	1	2	3	4	5	6	7	합계
검은색	1		3		5		7	1＋3＋5＋7＝16(개)
흰색		2		4		6		2＋4＋6＝12(개)

따라서 검은색 바둑돌이 16－12＝4(개) 더 많습니다.

04 가장 큰 수 9를 포함하는 정사각형을 그린 후, 6을 포함하는 직사각형을 그려 봅니다.

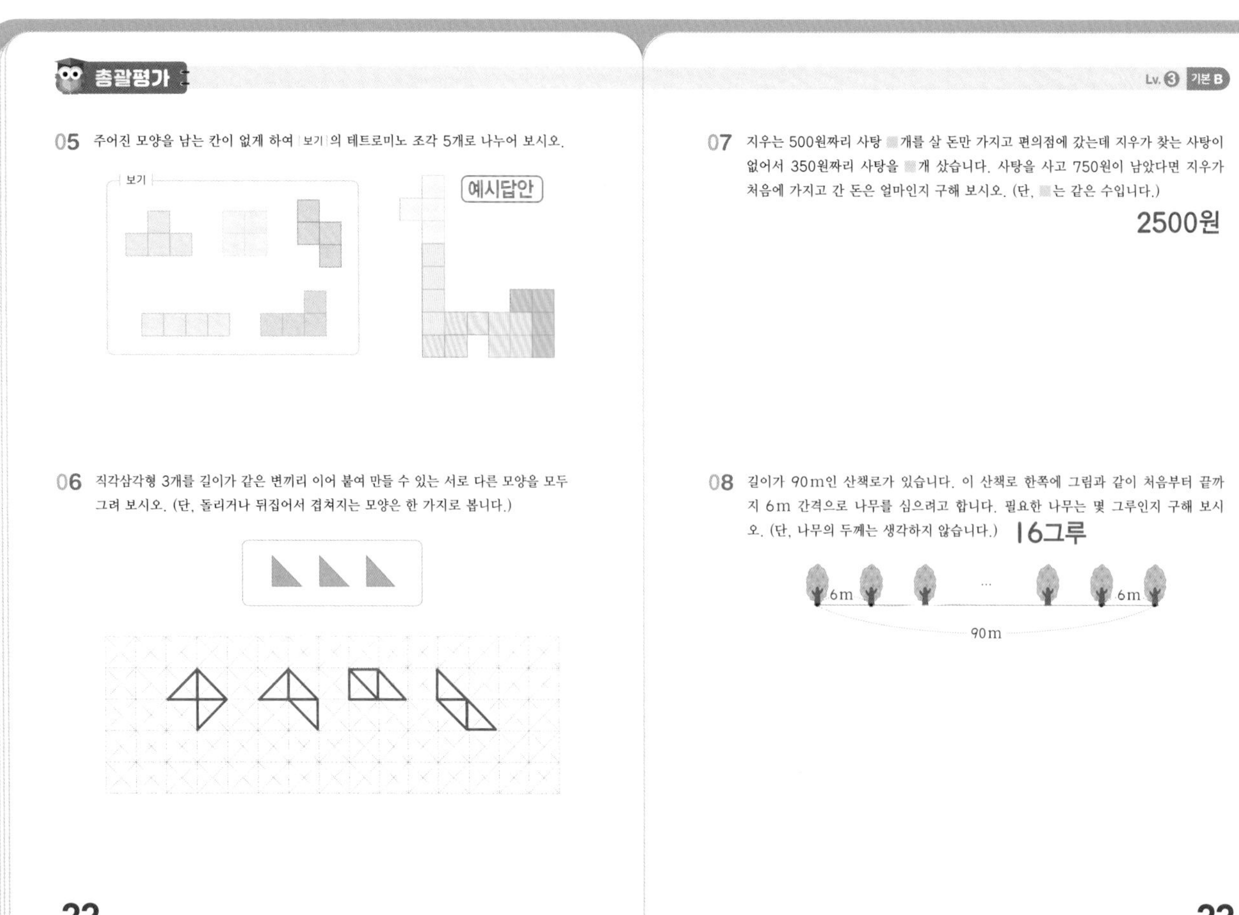

총괄평가 Lv.3 기본 B

05 주어진 모양을 남는 칸이 없게 하여 보기 의 테트로미노 조각 5개로 나누어 보시오.

보기

예시답안

06 직각삼각형 3개를 길이가 같은 변끼리 이어 붙여 만들 수 있는 서로 다른 모양을 모두 그려 보시오. (단, 돌리거나 뒤집어서 겹쳐지는 모양은 한 가지로 봅니다.)

22

07 지우는 500원짜리 사탕 ■개를 살 돈만 가지고 편의점에 갔는데 지우가 찾는 사탕이 없어서 350원짜리 사탕을 ■개 샀습니다. 사탕을 사고 750원이 남았다면 지우가 처음에 가지고 간 돈은 얼마인지 구해 보시오. (단, ■는 같은 수입니다.)

2500원

08 길이가 90 m인 산책로가 있습니다. 이 산책로 한쪽에 그림과 같이 처음부터 끝까지 6 m 간격으로 나무를 심으려고 합니다. 필요한 나무는 몇 그루인지 구해 보시오. (단, 나무의 두께는 생각하지 않습니다.) 16그루

23

05 아래와 같이 나눌 수도 있습니다.

예시답안

06 직각삼각형 2개를 붙여 만들 수 있는 모양은 다음과 같습니다.

3가지 모양에 직각삼각형 1개를 붙여 만들 수 있는 모양은 다음과 같습니다.

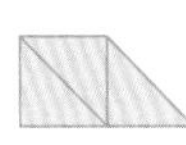 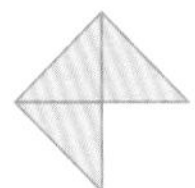 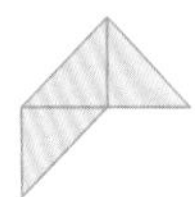 

직각삼각형을 붙이는 방향에 따라 만들어지는 모양이 서로 다름에 주의하여 직각삼각형을 붙여 봅니다.

07 500원짜리 사탕 ■개 대신 350원짜리 사탕 ■개 샀음
➡ (150 × ■)원 남음
└➤ 500 − 350
➡ 750원이 남음

150 × ■ = 750이므로 ■ = 5입니다.

지우가 처음에 가지고 간 돈은 500원짜리 사탕 5개를 살 돈이므로 500 × 5 = 2500(원)입니다.

08 간격의 수는 90 ÷ 6 = 15(개)입니다.
따라서 필요한 나무의 수는 15 + 1 = 16(그루)입니다.

총괄평가 Lv.③ 기본 B

09 1분에 2배씩 수가 늘어나는 세균이 있습니다. 이 세균 1마리를 병에 넣고 뚜껑을 닫아 두었더니 정확히 7분 후에 병 안이 세균으로 가득 찼습니다. 처음에 세균을 2마리 넣으면 세균으로 병이 가득 차는 데 걸리는 시간은 몇 분인지 구해 보시오. 6분

10 현서는 거미와 나비를 합하여 13마리를 키우고 있습니다. 거미와 나비의 다리 수를 세어 보니 모두 94개였습니다. 현서가 키우고 있는 거미는 나비보다 몇 마리 더 많은지 구해 보시오. 3마리

수고하셨습니다!

24

정답과 풀이 59쪽

09 세균 2마리가 병을 가득 채우려면 세균 1마리가 병을 절반씩 채우면 됩니다.
1분에 2배씩 늘어나는 세균 1마리가 7분 후에 병을 가득 채우므로 1분 전에 병의 절반을 채우게 됩니다.
따라서 2마리의 세균이 병을 가득 채우는 데는 6분이 걸립니다.

10 13마리를 모두 거미라고 가정하면 다리 수는 $8 \times 13 = 104$(개)입니다.
현서가 키우고 있는 거미와 나비의 다리 수는 모두 94개이므로 모두 거미라고 가정할 때보다 $104 - 94 = 10$(개) 더 줄어야 합니다.
만약 거미 1마리를 나비 1마리로 바꾸면 다리 수는 $8 - 6 = 2$(개)씩 줄어듭니다.
나비는 $10 \div 2 = 5$(마리)이고, 거미는 $13 - 5 = 8$(마리)입니다.
따라서 거미는 나비보다 $8 - 5 = 3$(마리) 더 많습니다.

MEMO

MEMO

MEMO

팩토는 자유롭게 자신감있게 창의적으로
생각하는 주·니·어·수·학·자입니다.

Free Active Creative Thinking O. Junior mathtian